Python

程式語言第 2 版入門特訓教材 Python

（本書為「TQC+ 程式語言 Python 第 2 版 認證」認證科目指定教材。）

林英志　編　著

財團法人中華民國電腦技能基金會　總策劃

全華圖書股份有限公司　印行

商標聲明

- CSF、TQC、TQC+和 ITE 是財團法人中華民國電腦技能基金會的註冊商標。
- Python 是 Python Software Foundation 的註冊商標。
- 本書所提及的所有其他商業名稱，分別屬各公司所擁有之商標或註冊商標。

智慧財產權聲明

本基金會已竭盡全力來確保書籍內載之資訊的準確性和完善性。如果您發現任何錯誤或遺漏，請透過電子郵件 master@mail.csf.org.tw 向本會反應，對此，我們深表感謝。

範例程式（請下載並搭配本書使用）

http://tinyurl.com/nucfpv3u

延伸練習：CODE JUDGER

提供「TQC+ 程式語言 Python 第 2 版 認證」認證之程式教學與測驗輔助工具，可至 CODE JUDGER 線上練習平台購買。（https://codejudger.com/）

作者序

隨著資訊科技的飛速發展，帶來的各種應用已經成為我們生活和工作中不可或缺的一部分，而如何和電腦對話也逐漸成為現代人必備的技能之一，政府也積極向下扎根，將程式語言納入國高中課程。現代學生的成長歷程與網路、智慧型手機及平板電腦等科技產品緊緊相依，雖然能熟練地運用新科技處理事情，但不代表能夠使用新科技進行創作、表達自己的想法。然而，在學習程式設計的過程中，學生會被要求運用邏輯思考、運算思維來分析、拆解與解決問題，不僅能培養創意、思考以及解決問題的核心素養，也能透過程式將創意轉化為現實。

在琳瑯滿目的程式語言中，Python 除了開源、免費、跨平台等特色外，它簡潔的語法、成熟的社群支持以及豐富應用都深受大家喜愛，也大幅地降低非本科系學生、白領工作者的學習門檻。本書是筆者擷取 Python 課程教材的一部分，再擴充編撰而成，書中也融入筆者在教與學、實務過程所得的經驗與技巧，並點出實作上容易忽略的盲點。同時，搭配每章最後的綜合範例與習題能更熟練各章節的知識與技巧，將重點放在培養創造力和問題解決能力。

儘管對 Python 基礎語法與應用相當熟悉，在撰寫本書的過程中查詢許多先進的文章、書籍以及網路資源，仍然感覺獲益良多。同時，也感謝編輯團隊對教材編輯、排版樣式等提供許多意見回饋，而家人的鼓勵與支持更是讓筆者無後顧之憂，非常感謝。此外，雖然本書在校正程序盡量減少錯誤，仍恐有疏漏與不足之處，誠望各位先進不吝賜教。

逢甲大學應用數學系 副教授

2024 年 1 月

基金會序

有鑑於軟體設計人才乃資通訊產業未來長遠發展之根本，本會進行就業職能分析並期盼能勾勒出相關核心知識與專業技能藍圖，讓需求端之產業機構與供給端之培訓單位，能擁有共同評核與認定人才標準。因此，本會在以設計人才為主體之「TQC+ 專業設計人才認證」架構中，特別納入「軟體設計領域」及各專業設計人員考科，透過發展證照及教育推廣，快速縮短供需差距。本會支持教育部雙管齊下培養學生程式設計之能力，有效帶動軟體及程式設計之學習風潮，為數位經濟產業提供數位人才，並帶動國家資訊力與競爭力之提升。

面對未來快速變化的社會，培養並提升自我專業能力是必要課題，在解決各式複雜問題時，若能以運算思維（Computational Thinking）結合工程的務實與效率，以及數理方面之抽象邏輯思考，善用這些學習得來之能力，即使未來碰到各種挑戰，也能夠迎刃而解。Python 程式語言功能強大，常運用於科學運算、資訊處理、網站架構等方面，適合初次進入程式設計的初學者或是進階學習文字式的學習者，奠定流程思考與邏輯思維能力，貼近產業需求，創造自身價值。

本會特別邀請林英志老師，著手策畫並完成本教材內容。將技能規範完整融入當中，每章均有相關知識觀念且收錄範例參考，只要按照本書引導並按部就班演練，定能將 Python 程式語言逐步內化成心法與實戰技能，融會貫通後運用得更淋漓盡致。

面對就業市場人力缺口，大量數位轉型 AI 應用所需人才的職缺，求職者更應具備 Python 實作專業技術證照，熟練技能並培養紮實能力。本會為此精心策劃本教材，協助您達成對自身之期許。待學成後，推薦您報考本會「TQC+ 程式語言 Python 第 2 版」之相關專業證照，它是展現自身是否具備程式設計與邏輯思維能力的最佳證明，更可保障您在專業及就業上的競爭力，開創出更多職場機會。最後，謹向所有曾為本測驗開發貢獻心力的專家學者，以及採用本會相關認證之公民營機關與企業獻上最誠摯的謝意。

財團法人中華民國電腦技能基金會

董事長 杜全昌

CONTENTS

目錄

Chapter 0　Python 程式設計

Chapter 1　基本認識

Chapter 2 選擇敘述與迴圈

Chapter 3 函式與陣列

Chapter 4 字串與檔案處理

Chapter 5 綜合應用一

Chapter 6 綜合應用二

Chapter 7　綜合應用三

附錄

CHAPTER

0

Python 程式設計

Python 程式設計

如同英文有詞彙與文法規則，用以溝通及解決問題一般，程式語言（programming language）則是用來與電腦溝通，透過人們為其設計的專屬語法，指揮電腦進行特定工作並解決問題。隨著人工智慧、加密貨幣、元宇宙等新興科技如火如荼發展，各式各樣落地應用與生活緊密連結，如何與電腦對話逐漸成為現代人必備的技能之一。許多國家更是將「與電腦對話的能力」視為重要競爭力，積極向下紮根；而對於白領工作者而言，透過程式語言工具為自己加值或是斜槓，更是近幾年的趨勢。

維基百科（Wikipedia）列出高達七百多種知名的程式語言（包括當前使用與以前使用過），著實讓人眼花撩亂。面對這琳瑯滿目的選擇，加上並非人人都是資訊相關背景，找到一個好入門、易上手的學習對象就非常重要。同時，由於程式語言的基本概念大同小異，融會貫通一種後，要上手其他程式語言就會輕鬆許多。因此，一個可行的方式是根據自己興趣或當下需求，從眾多程式語言中找到相對合適的選擇，而若是還沒有頭緒，Python 這個通用型（general-purpose）程式語言是個不錯的選項。由於免費、開源、語法簡潔、有許多官方與協力廠商開發的套件等優勢，Python 在近幾年飛速成長且逐漸攻佔各領域的應用，更是受到全球教育以及開發人員的青睞。

0-1 Python 簡介

Python 程式語言是在 1989 年 12 月由吉多· 范羅蘇姆（Guido van Rossum）所創建，是一種直譯式、通用型且支援物件導向的程式語言。范羅蘇姆在荷蘭出生，1982 年從阿姆斯特丹大學取得數學和計算機科學碩士學位，據說當初是為了打發聖誕節的空閒時間而編寫一個以 ABC 語言作基礎的腳本語言，並以電視劇《蒙提· 派森的飛行馬戲團》（Monty Python's Flying Circus）為該語言命名。隨後更開放讓世界各地的開發者都可以參與 Python 的設計，並於 1991 年推出第一個 Python 編譯器後，越來越受到全球開發人員的關注與喜愛，在學術及教育領域也掀起風潮。

Python 2.0 於 2000 年 10 月發布，而另一個分支 Python 3.0 於 2008 年 12 月發布，有趣的是 3.0 在設計時沒有考慮向下相容，除了當時不可避免地引發許多論戰外，也造成開發者在挑選上的各種糾結。然而，隨著 Python 軟體基金會於 2020 年 1 月正式終止對 2.7 版本的支援，也就是說往後將不再對 Python 2.7 進行安全更新、修補臭蟲（bug）或執行其它改善，Python 用戶得以專注在 3.x 版本的開發及應用。

Python 之所以受到許多程式設計師的喜愛，當然有其獨到之處，以下列舉一部分：

- 簡單易學：Python 的設計哲學是優雅、明確及簡單，其語法簡化而不複雜的並強調自然語言，更貼近使用者的習慣，對新手來說相當友善。
- 免費、開源且跨平台。
- 成熟且具支持性的社群：經過三十數年的養成，Python 的社群已經成長茁壯，能支援橫跨初階入門到專家級別的開發人員，而活躍的社群也意味著來自不同地方的開發人員能獲得即時性的支持。
- 豐富函式庫與套件：Python 有個應用領域的函式庫與套件，可大幅節省開發初期耗費的時間與精力，其豐富的套件可到 PyPI（Python Package Index，網址為 https://pypi.org/）搜尋並下載安裝。
- 數據分析、機器學習與深度學習：針對時下相當火紅的應用領域，Python 都是最受歡迎的工具之一，每天有著成千上百的相關專案以 Python 函式庫為基礎開發出來，在學術界與企業都受到青睞。

此外，也有許多具公信力的單位調查程式語言的熱門程度、開發者傾向、薪資等各個層面，透過這些排行榜不僅能瞭解目前的趨勢，檢驗自身的程式設計技能是否與時俱進，也能在學習或開發新系統時作為選擇的依據。常見的有：

- TIOBE 指數：這是一種衡量程式語言流行度的標準（圖 0-1-1），涵蓋各流行的搜尋引擎與技術社群的統計結果。該指數自 2001 年推出，每月更新一次榜單，反應的是各程式語言的熱門程度，而非該語言的開發難易度或優劣。Python 自 2021 年 10 月在排行榜榮昇第一後，迄今仍盤據榜首。

Nov 2023	Nov 2022	Change	Programming Language	Ratings	Change
1	1		Python	14.16%	-3.02%
2	2		C	11.77%	-3.31%
3	4	^	C++	10.36%	-0.39%
4	3	˅	Java	8.35%	-3.63%
5	5		C#	7.65%	+3.40%
6	7	^	JavaScript	3.21%	+0.47%
7	10	^	PHP	2.30%	+0.61%
8	6	˅	Visual Basic	2.10%	-2.01%
9	9		SQL	1.88%	+0.07%
10	8	˅	Assembly language	1.35%	-0.83%

參考來源：https://www.tiobe.com/tiobe-index/

圖 0-1-1 2023 年 11 月 TIOBE 排行榜前十名

- PYPL（PopularitY of Programming Language）：這個指標反映近一年透過 Google 搜尋該語言教學的頻率，原始數據由 Google 趨勢而來，同樣是每月更新一次，且可針對部分地區挑選數個語言做視覺化比較。Python 自 2018 年 5 月即蟬聯首位至今，且與第二名的差距仍相當大（圖 0-1-2）。

Worldwide, Nov 2023 :

Rank	Change	Language	Share	1-year trend
1		Python	27.99 %	+0.0 %
2		Java	15.91 %	-0.8 %
3		JavaScript	9.18 %	-0.3 %
4	↑	C/C++	6.76 %	+0.2 %
5	↓	C#	6.67 %	-0.3 %
6		PHP	4.86 %	-0.3 %
7		R	4.45 %	+0.4 %
8		TypeScript	2.95 %	+0.1 %
9	↑	Swift	2.7 %	+0.6 %
10	↓	Objective-C	2.32 %	+0.2 %

參考來源：http://pypl.github.io/PYPL.html

圖 0-1-2 2020 年 9 月 PYPL 排行榜前十名

- Stack Overflow 年度開發者調查：開發者社群 Stack Overflow 每年針對全球開發者進行許多程式語言相關的調查，因為參與調查的人數多且分佈區域廣，因此相當受到重視。這份調查主要反映開發人員對程式語言的喜愛程度，與前兩個呈現的熱門程度不同，圖 0-1-3 是 2023 年針對全球近九萬名開發人員的調查結果。

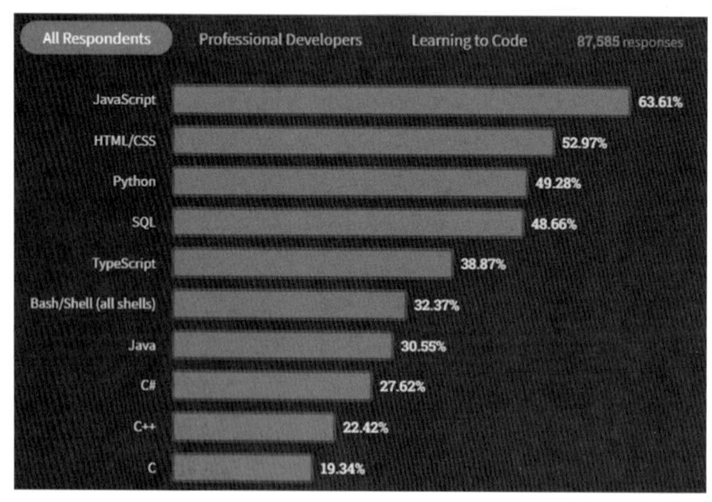

參考來源：https://insights.stackoverflow.com/survey

圖 0-1-3 Stack Overflow 於 2023 年度報告中呈現的程式語言熱門程度

圖 0-1-4 是針對教育程度的年度調查結果，顯示大多數專業開發人員有學士學位（47%），而有四分之一的人則獲得碩士學位（26%）。有趣的是，對於正在學習程式設計的開發人員，超過一半的人年齡在 18-24 歲之間，正式在大學及研究所就讀期間。

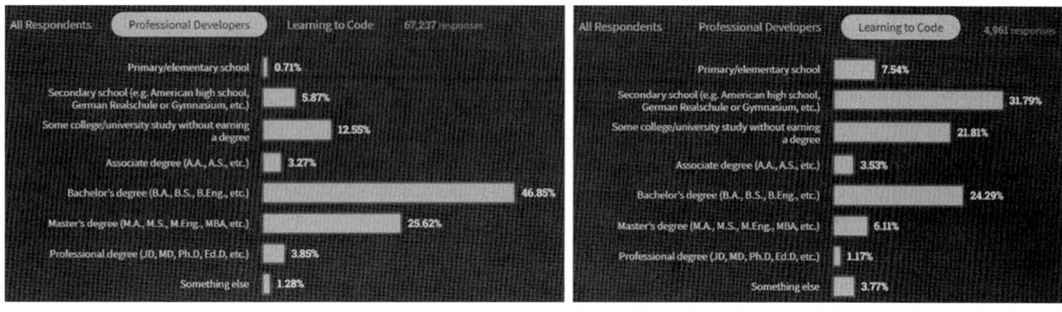

參考來源：https://insights.stackoverflow.com/survey

圖 0-1-4 Stack Overflow 針對教育程度的調查結果

- IEEE Spectrum：這個排名囊括用於支援電子電機工程之硬體和軟體應用的所有程式語言，主要根據 IEEE、各知名社交網站、程式碼代管平臺等來源量化成多個測量指標後，再分三個類別進行評選。其中 Spectrum 排名反應典型 IEEE 成員對程式語言的需求，而趨勢則代表當代特別流行或受到重視的程式語言，這兩類均由 Python 奪得首位。工作類別則顯示當前相關工作所需要的程式語言技能，這裡 Python 為第二（第一名是 SQL）。

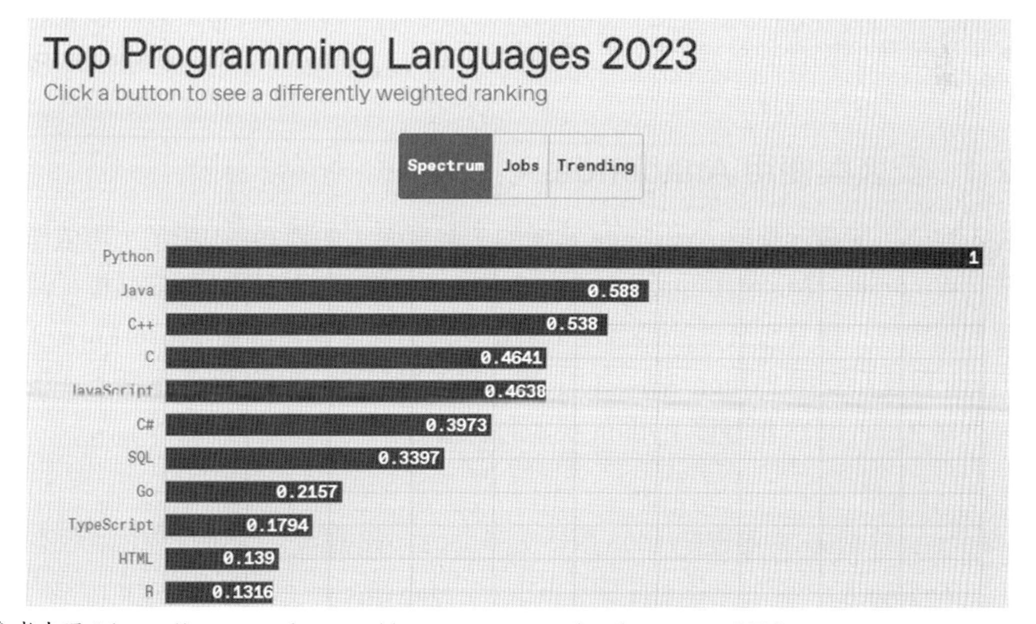

參考來源：https://spectrum.ieee.org/the-top-programming-languages-2023

圖 0-1-5 IEEE Spectrum 於 2023 年呈現的互動式程式語言排名

0-2 建置 Anaconda 開發環境

由於編寫程式需透過撰寫、編譯／直譯、除錯、執行等過程，早期負責這幾個過程的軟體都各自獨立，操作上並不方便，因此目前多數的高階程式語言採用整合式開發環境進行統整。所謂整合式開發環境（Integrated Develop Environment, IDE）是輔助程式設計人員開發軟體的工具軟體，通常會統整程式碼編輯器、編譯／直譯器、除錯輔助、圖形化介面等功能在一起。由於各種編寫工具都能透過同一個軟體操作畫面取得，彷彿置身於一個開發環境中，所以稱為 IDE。一個好的 IDE 能輔助整個程式撰寫流程更加順暢與便利，而一個程式語言要能廣泛流行就不能缺少好上手的 IDE，兩者相輔相成。The Python Wiki 網站列舉三十餘種 Python IDE，大多是開源且免費使用，同時也能滿足各種開發平臺。事實上，Python 官網有一個相當陽春的 IDLE 編輯器可撰寫及執行 Python 程式，可是難以滿足程式設計者的需求。

在眾多有圖形介面的 Python IDE 中，可採用 Anaconda 為第一個學習環境。從 2023 年 Stack Overflow 的開發者調查來看，這套並非全球最多開發者使用的 IDE，但卻是一個讓初學者最容易搭建的 Python 學習環境，擁有下列特點：

- 免費、開源且跨平台。
- 內含 Spyder 單機與 Jupyter Notebook 網頁式編寫環境。
- 內建眾多流行的科學、工程、數據分析套件，但也使其安裝檔超過 1GB。

0-2-1 安裝與使用 Anaconda

首先，我們以瀏覽器開啟 Anaconda 官網的下載頁面，如圖 0-2-1 所示，再依作業系統（Windows, Mac or Linux）點選對應圖示即可下載最新版本的安裝檔。倘若考慮到穩定性、與其它套件的相容性（譬如知名的深度學習框架 TensorFlow 2 與 PyTorch 目前可支援 Python 3.8-3.11）等，可安裝較舊一點的 Python 版本。下表簡單列舉 Anaconda3 與基礎 Python 版本的對應。

Anaconda3 版本	基礎 Python 版本	Anaconda3 版本	基礎 Python 版本
2023.09-0	3.11	2021.05	3.8
2023.03-1	3.10	2020.02	3.7
2022.10	3.9	5.2.0	3.6

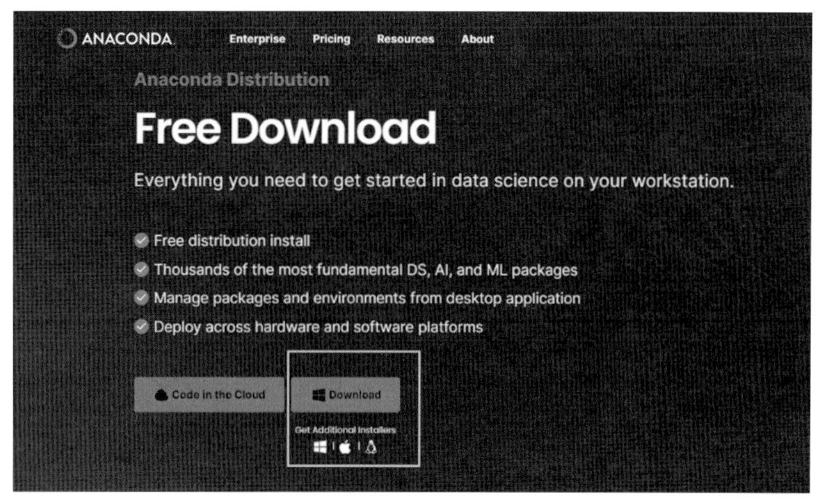

參考來源：https://www.anaconda.com/download

圖 0-2-1 Anaconda 官網的下載頁面

更詳細的版本對應可到 Anaconda 官網的「Old package lists」頁面查看，而若同一個 Anaconda 包括多個 Python 版本，則預設為最高的版本。決定好要安裝的版本後可到 https://repo.anaconda.com/archive/，而檔名內有「Windows-x86_64.exe」字樣代表作業系統為 64 位元的 Windows 皆可使用，再挑選規劃好的版本下載安裝即可。至於安裝過程則是「下一步」懶人安裝方式，過程中可修改安裝資料夾（destination folder）為「C:\anaconda3」以方便日後瀏覽或存取檔案。

安裝過程需要一點時間，若作業系統為 Windows，安裝完成後可在「開始功能表→所有程式」中找到「Anaconda3 (64-bit)」資料夾（圖 0-2-2），打開後即可看到一些程式的連結，其中 Spyder 與 Jupyter Notebook 編輯器會在稍後的小節介紹。圖 0-2-3 為安裝「Anaconda3-2023.03-1-Windows-x86_64.exe」後開啟「Anaconda

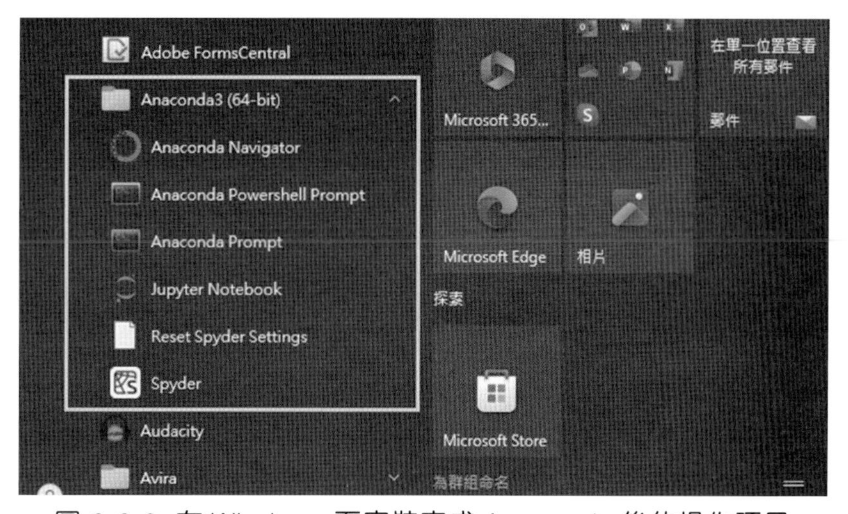

圖 0-2-2 在 Windows 下安裝完成 Anaconda 後的操作項目

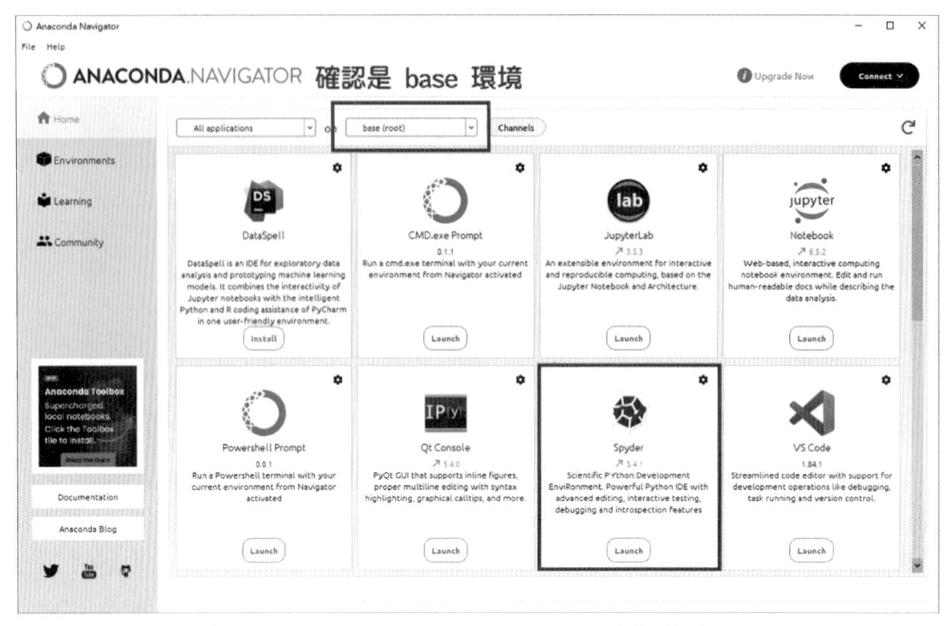

圖 0-2-3 Anaconda Navigator 的初始畫面

Navigator」看到的畫面，這可當成是 Anaconda 的總控台，不僅能協助確認已經安裝的 Python 環境與套件包，也會列出已經安裝的 Anaconda 相關套件。由圖 0-2-3 可看到除了 Spyder 與 Jupyter Notebook 編輯器之外，也能在這裡開啟 VS Code 以及 JupyterLab，往下捲動頁面還可看到一些未安裝的工具，如編寫 R 語言的 RStudio、探索跨檔案資料集的互動式視覺化工具 Glueviz、開源的流程圖式資料探勘工具 Orange3 等，可說是相當方便。此外，點擊開啟「Anaconda Prompt」會啟動類似 Windows 的命令提示字元視窗（圖 0-2-4），在此可用指令「pip」與「conda」來管理套件與建立虛擬環境，要注意部分命令需有系統管理員權限才能執行。

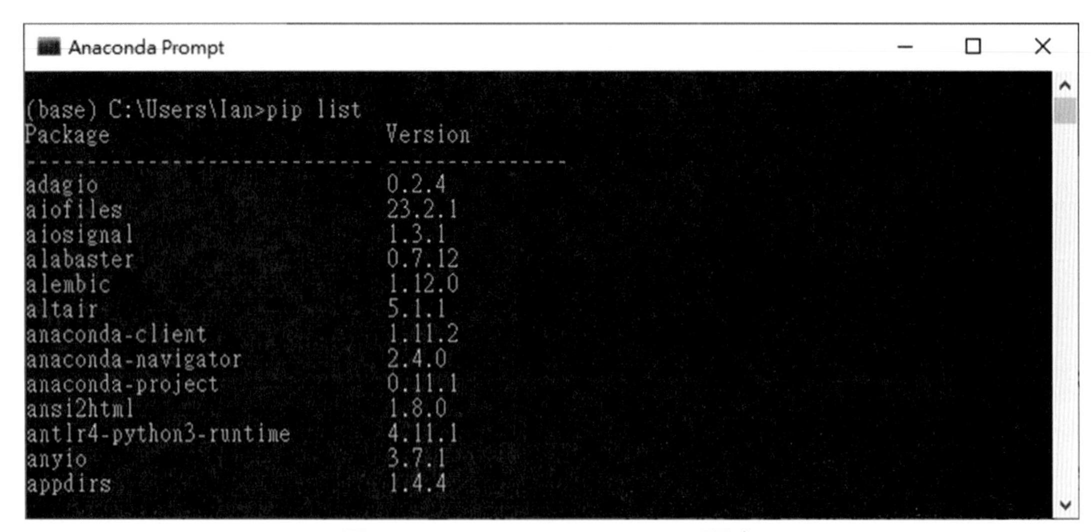

圖 0-2-4 Anaconda Prompt 視窗

0-2-2 Spyder 編輯器

啟動 Spyder 編輯器可在 Anaconda Navigator 內點擊開啟，也可在開始功能表中搜尋或找到捷徑開啟。圖 0-2-5 是 Spyder 開啟後的操作介面，其中編輯器的左側為程式編輯區，可在此編寫 Python 程式；右上方為變數檢視器，可觀看變數值、繪圖結果等；右下方為命令視窗區，這是一個完全獨立的 Python 執行介面，可直接與 Python 互動。

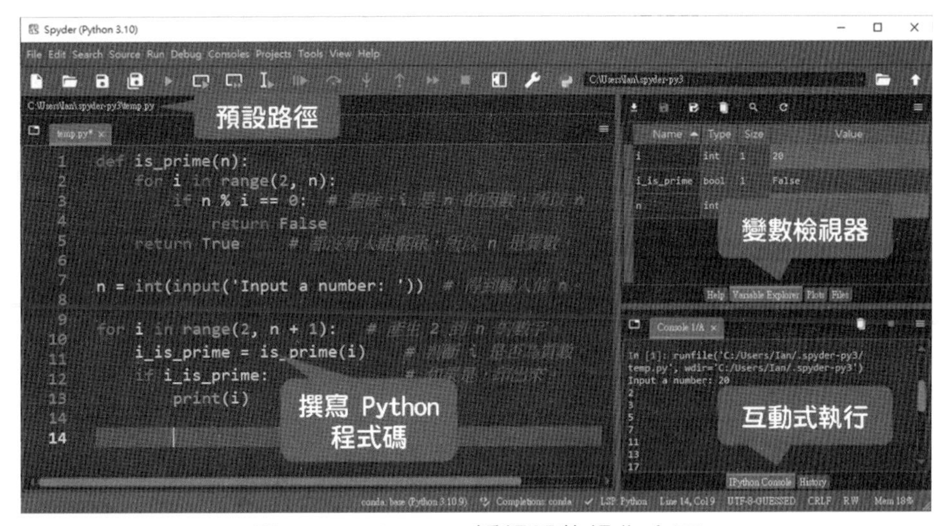

圖 0-2-5 Spyder 編輯器的操作介面

操作介面預設以 Solarized Dark 配色模式顯示，圖 0-2-6 則是修改成深色背景的 Monokai，可由「Tools → Preferences → Appearance」的語法亮度主題（syntax highlighting theme）選擇喜愛的配色模式，右側也可預覽選擇結果，而底下也能調整純文字（plain text）與格式化文字（rich text）的字型大小。

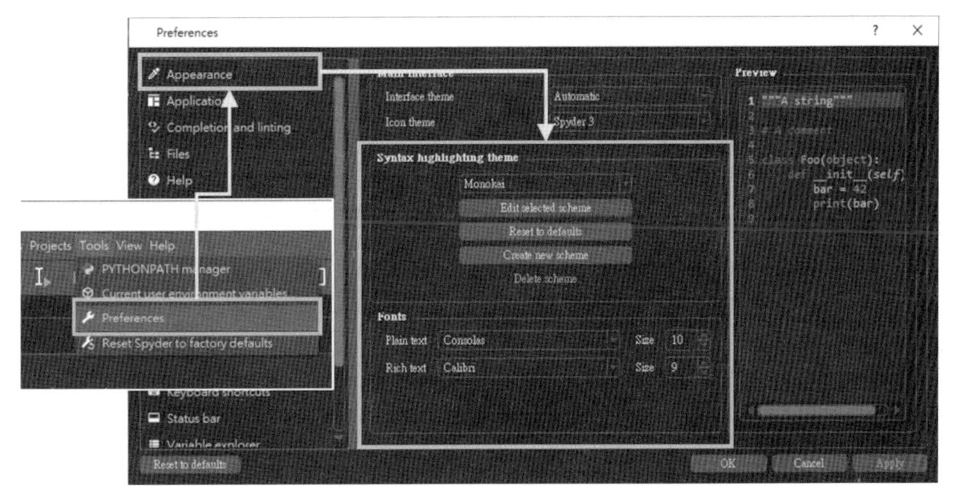

圖 0-2-6 Spyder 編輯器的操作介面

此外，在 Spyder 內編寫程式也有底下幾個方便的操作。

- 放大或縮小文字：對於編輯區及命令視窗區的文字，可透過「Ctrl + 滑鼠滾輪向上或向下」或者「Ctrl 配合 +/ - 」來放大或縮小，對程式開發很方便。
- 自動補齊（auto-complete）：在編寫程式時輸入部分文字後按下「Tab 鍵」，會列出所有可能符合的項目，使用者可用「↑/↓」鍵移動項目，並搭配「Enter 鍵」完成輸入。
- 多行註解：先用滑鼠選取要註解的多行程式碼，按下「Ctrl + 1」即能註解或取消註解，這比 Python 的多行註解（成對引號）要方便。
- Spyder 的除錯工具如圖 0-2-7 所示，足可應付大部分除錯需求。

圖 0-2-7 Spyder 的除錯工具

0-2-3 Jupyter 網頁式編輯器

Jupyter Notebook 是一個基於網頁的互動式計算環境，能在編寫程式時利用其直譯式的特性，達到高互動執行結果。Jupyter Notebook 主要包含兩個組成：

- 網頁應用（web application）：基於網頁瀏覽器的互動創作及應用工具，包括可以計算、文件創作及豐富的多媒體輸出。
- 筆記本文件（notebook documents）：顯示所有前述網頁應用當中的內容，包括計算的輸入/輸出、文件說明/解釋、數學運算及運算式、圖片及所有豐富多媒體內容。

Jupyter Notebook 檔案是以 JSON 格式儲存，包含一個有序的輸入/輸出單元格列表，這些單元格（cell）包含程式碼、文字（使用 Markdown 語法）、數學式、圖表以及多媒體等，通常以「.ipynb」做為副檔名。啟動 Jupyter Notebook 編輯器可在 Anaconda Navigator 內點擊開啟，也一樣可在開始功能表中搜尋或找到捷徑開啟。啟動 Jupyter Notebook 後會在本機建立一個網頁伺服器，其初始畫面如圖 0-2-8。

圖 0-2-8 Jupyter Notebook 的初始畫面

在 Jupyter Notebook 的單元格內撰寫 Python 程式碼，之後可按工具列的「Run」或透過組合鍵「Ctrl + Enter」、「Shift + Enter」執行程式，而執行結果會顯示在單元格下方，如圖 0-2-9 所示。

圖 0-2-9 在 Jupyter Notebook 內撰寫與執行程式

0-3 Visual Studio Code 編輯器

在琳瑯滿目的 Python IDE 中，Visual Studio Code（簡稱為 VS Code）可說是全球眾多開發者中最青睞的 IDE，在 Stack Overflow 的 2023 年度調查中有近 74%的全球開發者在使用（圖 0-3-1）。VS Code 是由微軟於 2015 年開發的一個跨平台、免費開源且短小精悍的 IDE，除了是較輕量的開發工具外，還具有以下特點：

- 在操作方面，VS Code 提供語法突顯、程式碼自動補全（IntelliSense）、語法檢查等許多方便的功能，且其出色的除錯（debug）功能也大幅地減少開發時間。

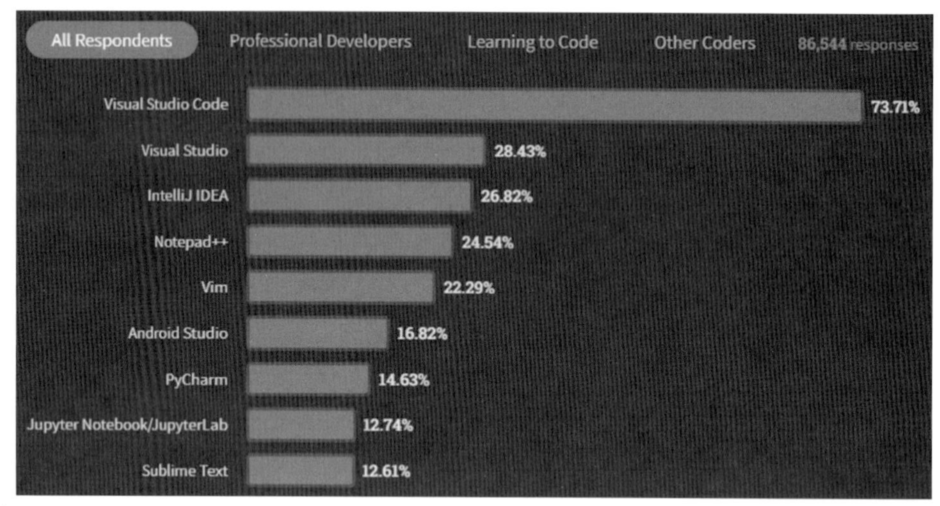

參考來源：https://survey.stackoverflow.co/2023/

圖 0-3-1 Stack Overflow 於 2023 年度開發者報告中對 IDE 的排名

- 有豐富的免費擴充插件（extension），如語言支援、程式碼格式化工具、Git 整合等，可依個人喜好及需求安裝擴充，便於更加高效地進行開發工作。
- 舉凡能想到的程式語言，包括 Python、C\C++、Java、PHP 等，甚至是 Markdown 文件皆有支援，也有對應的擴充程式可增加開發效率。

0-3-1 安裝與使用 VS Code

若是想立馬感受 VS Code 的魅力，可透過瀏覽器連線到 https://vscode.dev/ 直接使用，而本機端如果已經安裝過 Anaconda，那麼啟動 VS Code 也能透過 Anaconda Navigator 來達成，而且啟動後即能編寫與執行 Python 程式。除此之外，當然也可以在本機直接安裝 VS Code 工具。首先，到官網（https://code.visualstudio.com/）依作業系統類型下載 VS Code 安裝檔，下載完成後直接點擊即可安裝，而安裝過程基本上也是直接「下一步」即可。由於安裝檔不大（約 90MB），不用等太久即可安裝完成。

其次，安裝撰寫 Python 必備與更便利的擴充插件。如圖 0-3-2 所示，先到左側點擊擴充插件的頁籤，移動到搜尋框輸入 Python，再從搜尋結果中選擇要安裝的擴充插件，隨後即可點擊安裝按鈕進行安裝程序。對於編寫 Python 來說，建議至少安裝「Python」與「Code Runner」這兩個擴充插件，其中前者提供許多便於編寫 Python 程式的功能，而後者則是眾多程式語言執行套件。此外，「Chinese (Traditional) Language Pack for Visual Studio Code」能將整個介面翻譯為中文。

圖 0-3-2 在 VS Code 中安裝擴充插件

安裝完 VS Code 與其擴充插件後，接著到 Python 官網（https://www.python.org/）下載並安裝 Python 直譯器，有了這個才能將 Python 程式碼翻譯成機器碼後交給電腦執行。在安裝過程中，注意將 python.exe 增加到 Windows 環境變數 PATH（圖 0-3-3），而安裝完成後要讓環境變數生效，可以重新啟動電腦，或者以管理者權限開啟「cmd 視窗」並輸入「set PATH=C」。

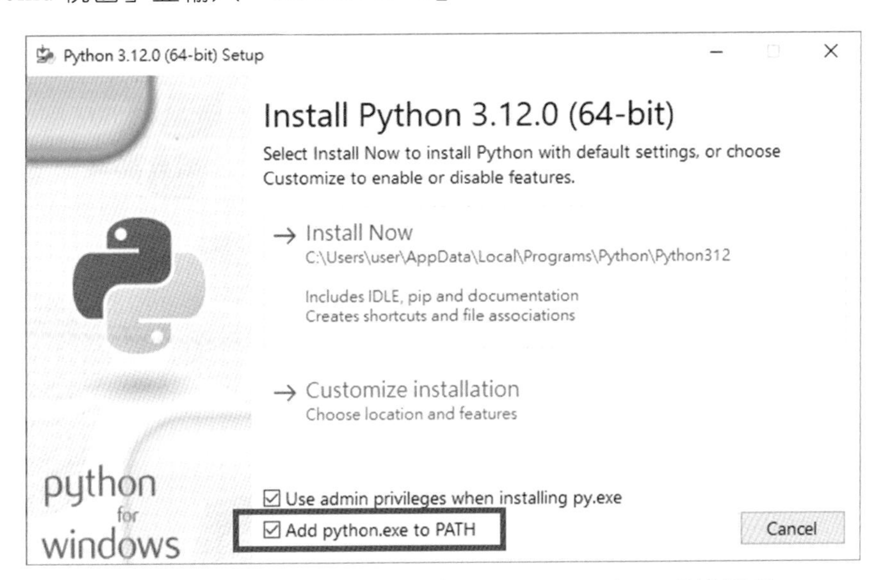

圖 0-3-3 執行 Python 安裝檔時將 python.exe 加入環境變數 PATH

完成上述的安裝程序後，就能在 VS Code 內開啟一個資料夾，並新增一個檔案撰寫 Python 程式。VS Code 的操作介面可分成如圖 0-3-4 般的四個部分，左側的快速功能鍵有探索、搜尋、除錯、擴充插件等功能；中間則是呈現快速功能鍵的相關資訊，譬如圖 0-3-4 以樹狀選單顯示資料夾與檔案的結構；右側上方為程式撰寫區域，可同時編寫多個檔案，而下方則用於顯示執行結果、除錯等資訊；最下方為狀態列，提供正在編寫檔案的資訊，比如游標所在位置、檔案編碼等。

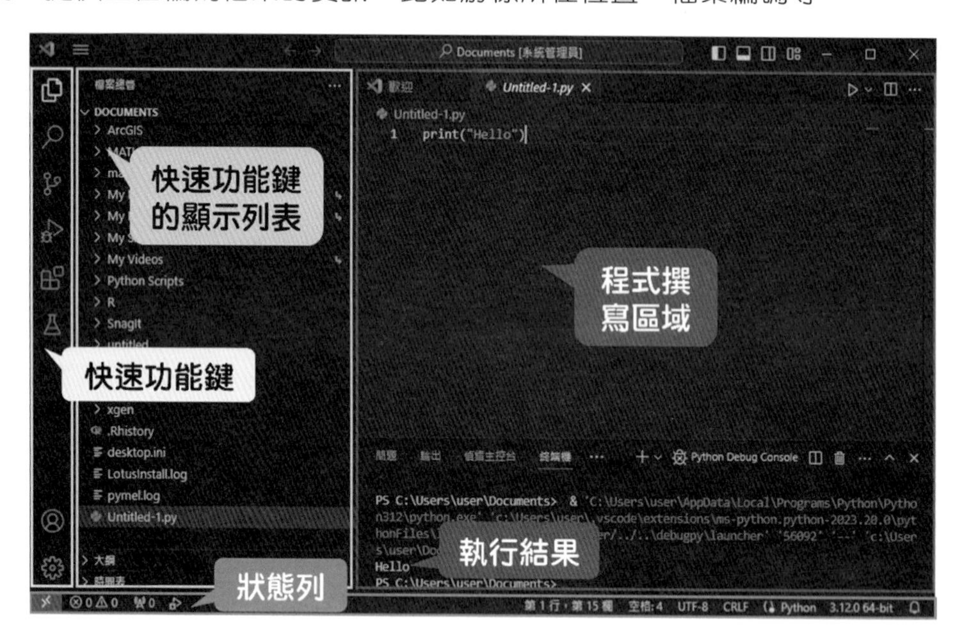

圖 0-3-4 VS Code 操作介面

相比起 Anaconda，VS Code 的安裝方式的確有些繁瑣，對初學者而言並不友善。隨著 TQC+ 各項程式語言認證陸續推出，也越來越多人使用 VS Code 應考，為了讓編輯環境的設定更便利，電腦技能基金會（CSF）製作一個擴充插件組合包「CSF Extension」打包多個相依插件，以便於簡化安裝程序，其安裝與設定方式可參考 https://csfrd.gitbook.io/csfextension-tao-jian-jie-shao/vscode。同時，VS Code 也有豐富的免費擴充套件，如字型、背景主題、圖片預覽等，能提供更好的開發體驗。

0-4 程式設計的邏輯思維

在各種新興科技的推波助瀾下，程式設計受到全球高度重視，不僅是個人視其為職涯加值的工具，許多政府也將其視為打造國家競爭力的利器。因應這股全球的程式浪潮，教育部在 108 課綱裡規定國、高中生必修「資訊科技」課程，讓學生能儘早接觸程式。以運算思維（computational thinking）為核心，期待學生們能學會拆解問題，找出背後運作的規律與邏輯，進而透過程式設計，重複執行演算方式的指令流程。運算思維可以被當成是解決問題的過程，它以結構化形式分解問題並利用觀察、創造力、解決問題等不同能力來設計解決方案，而這樣能重複且逐步執行的簡單步驟，正是電腦解決問題的方式。

我們透過程式語言來與電腦溝通，並以撰寫的程式碼來命令電腦執行特定任務，最終能解決問題；運算思維則是將問題拆解為更小部分，且每個小部分皆能透過電腦可理解的一連串演算步驟來處理，而串連所有處理結果即可解決原始問題。因此，運算思維訓練大腦進行分析並找到問題的合理解決方案，而程式設計則提供一種學習運算並嘗試自己想法的有趣方式，可說運算思維就是程式設計的邏輯思維。根據 BBC 的說法，運算思維有底下四個階段：

- 拆解（decomposition）：將一個任務或問題拆分成數個步驟或部分。
- 模式識別（pattern recognition）：在問題之間與問題內尋找規律或模式。
- 抽象（abstraction）：專注在重要資訊而忽略無關的細節。
- 演算法（algorithms）：設計出能解決類似問題且能重複執行的指令流程。

過去我們側重於「計算」是因為人類的計算能力有限，在沒有更好的替代方案之下，人們透過背誦九九乘法表或諸多公式來提升計算速度與準確性；然而，在這個過程中我們也慢慢地失去分析、拆解問題的能力。在面對一時間難以解決的複雜問題，藉由運算思維模式先將問題分解成一系列更容易處理的小問題（拆解），接著單獨探查每個小問題，考慮以往如何處理類似問題（模式識別），並且只關注重要細節，而忽略無關訊息（抽象），最後就是設計出解決每個小問題的簡單步驟或規則（演算法）。明確整個思維流程後，再透過程式設計實現這些簡單的步驟或規則，以最佳方式解決複雜問題。

時下許多學生，即使在經過多次習題練習之後，對於稍微變化的題型卻只能束手無策，因為他們大多已養成「面對問題先學會對應解法」的既定思維。其實在訓練運算思維的過程中，能逐步培養學生用不同角度及既有資源解決問題的能力，而雖說程式設計並非磨練問題解決能力的唯一做法，卻是一條經濟、快速、靈活且符合當下趨勢的途徑。蘋果公司執行長庫克（Tim Cook）也認為程式語言能夠激發人們的創造力，且學習過程中也能夠發揮個人的批判思考能力。因此，無論未來是否會成為工程師，具備運算思維對於學業與生活，絕對是百利而無一害。

想要以程式實現運算思維的每一個階段，最終準確地操控電腦完成任務，邏輯思考的能力必不可少。從解析問題開始，到設計演算法流程，並能以正確語法語意表達每個步驟，都必須有清晰的思路。在遇到程式無法順利執行，或是得到非預期中的結果時，能反覆檢視程式碼並進行除錯（debug）。因此，下一小節先來看程式設計錯誤的幾種類型，隨後再接著探討生成式 AI 與大型語言模型對於學習以及撰寫程式的影響。

0-4-1 程式設計的錯誤類型

除錯（debug）可說是程式設計人員的日常，尤其對火候不夠的新手來說，單單除錯就常常會佔掉絕大部分時間，更別說整個除錯過程是相當無聊且漫長。常見的程式設計錯誤有以下幾種類型：

- 語法錯誤（syntax error）：這是初學者最容易發生的錯誤，幸好也是最容易處理的錯誤。任何一種程式語言都有其專屬的語法（如縮排、關鍵字、語法結構等），必須嚴格遵守，一旦誤用就會引發錯誤。得力於各程式語言 IDE 的支持，多數語法錯誤皆能被標示出來，甚至還能自動更正。若是執行一段有語法錯誤的程式碼，也會得到「SyntaxError」的相關錯誤訊息，此時只要依照提示修正即可。以圖 0-4-1 為例，原本打算計算 3 的 2 次方（Python 的正確語法為 3**2），卻因為多寫一個星號造成語法錯誤，而不論是 Spyder 還是 VS Code 皆能在編寫時就立即標示有錯誤的程式碼，更是在執行後貼心地顯示語法錯誤的地方。

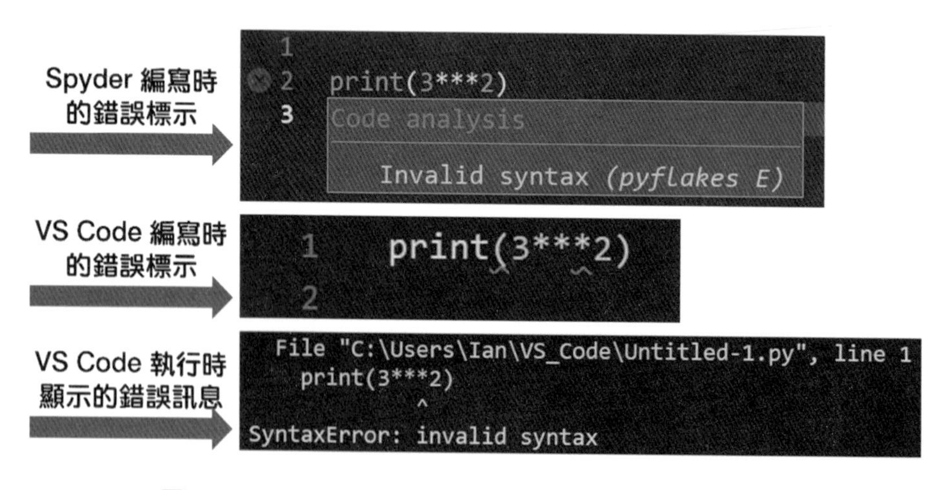

圖 0-4-1 Spyder 與 VS Code 顯示的語法錯誤訊息

- 執行期間錯誤（runtime error）：這是指程式在執行期間引發的錯誤，其肇因往往不是語法問題，而是某些看似正確卻無法執行的程式碼。如圖 0-4-2 所示，三行程式碼的語法皆無誤（因為沒有錯誤的標示），可一旦執行就會得到第 3 行有「ZeroDivisionError」的錯誤訊息，導致程式執行到此處就終止。此時，可直接根據顯示的錯誤訊息做修正，而倘若不明白錯誤訊息的意思，也可直接複製到搜尋引擎查詢，大多數時候都能找到可行的解法，尤其是在 Stack Overflow 網站上更可能看到各式各樣的解決方案，不僅能挑選到合適的解法，無形中也能藉由多看多思考來提升程式設計能力。

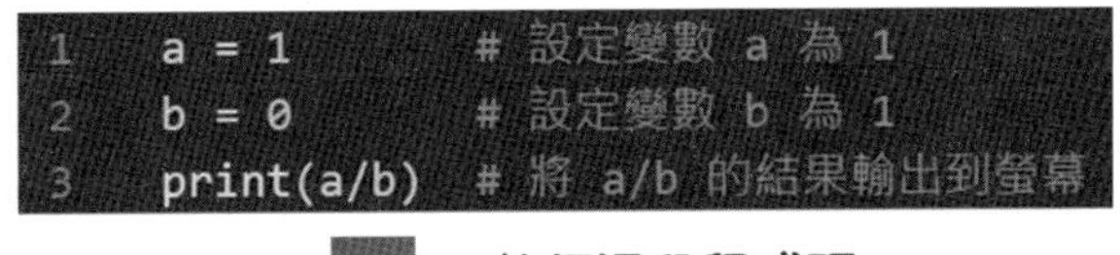

執行這段程式碼
得到的錯誤訊息

```
  File "C:\Users\Ian\VS_Code\Untitled-1.py", line 3, in <module>
    print(a/b)  # 將 a/b 的結果輸出到螢幕
ZeroDivisionError: division by zero
```

圖 0-4-2 在 VS Code 執行程式碼和產生的錯誤訊息

- 邏輯錯誤（logic error）：這是最麻煩的錯誤類型，不管是在編寫過程還是執行程式時皆不會主動產生錯誤訊息，而是需要透過不斷測試才能發掘出錯誤。以圖 0-4-3 為例，程式目的是讓使用者輸入一個整數 x，接著將 x 的平方輸出到螢幕上，可是卻在第 2 行少了一個星號。儘管有這個錯誤，但當輸入 0 或 2 時還是能得到正確答案，得輸入其他整數才能發現計算結果有誤。因為需要由執行結果不符合預期來判斷是否有邏輯錯誤，而經驗不足時不僅僅難以發現有邏輯錯誤，即使知道有邏輯錯誤，很多時候也不知道該如何修正。因此，這類型的錯誤常導致開發及測試人員耗費大量時間與精力。

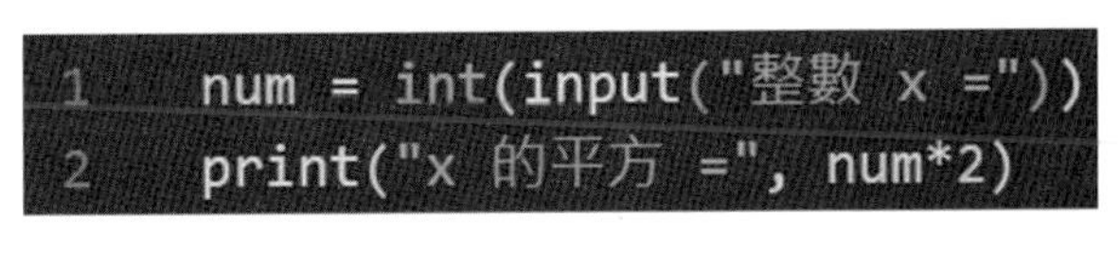

輸入 0 或 2 皆得到正確答案

```
整數 x =0
x 的平方 = 0
```

```
整數 x =2
x 的平方 = 4
```

輸入 3 才發現答案錯誤

```
整數 x =3
x 的平方 = 6
```

圖 0-4-3 程式的邏輯錯誤比較難發現與修正

0-4-2 生成式 AI 與大型語言模型的影響

人工智慧（AI）的發展如日中天，它在各領域的應用（如人臉識別、語音辨識、自動駕駛等）已逐漸融入我們生活中。而生成式 AI（Generative AI）是人工智慧的一個分支，可以創造出文章、音樂、圖像等新內容。例如 OpenAI 推出的 DALL-E 與 Midjourney，能用簡單的文字描述和風格設定快速地生成對應圖像。生成式 AI 的出現，讓人們能以更快、更好、更低成本的方式進行創作，這股革命的浪潮正在各個角落悄然展開，即將帶來前所未有的衝擊。諮詢機構麥肯錫（McKinsey & Company）在 2023 年 6 月發布《生成式 AI 的經濟潛力》研究報告，指出生成式 AI 帶來的價值增長，約 75% 集中在客戶服務、市場行銷、產品銷售、軟體工程和開發等四個領域，這也意味著這四項業務受生成式 AI 影響最大。同時，報告也指出生成式 AI 可能對高薪的腦力工作者產生最大的影響，相較之下，以往自動化的影響主要集中在中低收入族群。

2022 年 11 月 30 日 OpenAI 發表的語言生成模型 ChatGPT 神速爆紅，不到一週突破百萬用戶，兩個月後的月活躍用戶數更突破 1 億。ChatGPT 支援多國語言與友善的人機介面，能透過文字與人類以自然對話方式進行互動。接著，2023 年 3 月 14 日推出進階的 GPT-4 大型語言模型（Large Language Model, LLM），隨後於 2023 年 11 月 6 日發表更強大的 GPT-4 Turbo。除了更便宜的費用，支援高達 128k 的上下文內容（超過 2 萬個中文字）之外，能讀取的外部資料也更新截至 2023 年 4 月。此外，由於訓練資料集中包含程式碼，加上強大的語義理解與程式碼生成能力，ChatGPT 也能生成各程式語言的程式碼，作為協助開發人員編寫程式的工具，能提高工作效率並擴展創意。

前面提到程式設計師等科技工作可能面臨威脅，因為 ChatGPT 可以撰寫程式、去除部分程式臭蟲。圖 0-4-4 是以 ChatGPT 直接生成驗證「3n+1 猜想」（亦即考拉茲猜想），這個猜想是對一個正整數 x 進行一連串運算：如果 x 是奇數，則將其乘 3 再加 1；而如果 x 是偶數，則將其除以 2，如此重複運算最終都能夠得到 1。由圖 0-4-4 可看到以對話方式讓 ChatGPT 生成 Python 程式進行「3n+1 猜想」的驗證，過程中並未告知猜想的內容。隨後，ChatGPT 依要求生成 Python 程式碼，並附上簡單的註解與說明，而生成的程式碼雖然沒有完全符合要求（如驗證過程、讓使用者輸入以及輸出數字序列等），卻也有模有樣且可以正常執行。

由圖 0-4-4 可初窺 ChatGPT 生成程式碼的能力，事實上，GPT-4 生成的程式碼在結構、準確度的品質上已有相當水準，足可提昇開發人員的效率。其實筆者的研究生也有使用 ChatGPT 輔助撰寫應用程式，雖然有流量限制、有時生成的速度過慢等缺點，卻也對其生成的程式碼讚不絕口，能大幅縮短開發時間，讓筆者驚訝不已。正因為如此，一時間類似「程式設計師飯碗不保」的言論甚囂塵上，彷彿要顛覆整個程式設計行業一般，使得程式開發人員如坐針氈，而想從事相關行業也猶豫不決。

然而，從學習的角度來看，即便是有電子計算機，我們仍舊得學算術運算，背誦九九乘法表；而即使有科學計算軟體與程式套件能計算微分積分，微積分仍舊是理工商的大一必修課程。因此，即使 ChatGPT 能生成品質佳的程式碼，相信程式語言

You

請撰寫一段Python程式，讓使用者輸入一個正整數x，驗證x是否符合「3n+1猜想」。如果符合猜想，則輸出x經過運算到1的數字序列。

ChatGPT

當然，雀特居披踢大師。這是我剛才為「3n+1猜想」撰寫的Python程式碼：

```python
def collatz_conjecture(x):
    if x <= 0:
        return "請輸入一個正整數"

    sequence = [x]
    while x != 1:
        if x % 2 == 0:
            x = x // 2
        else:
            x = 3 * x + 1
        sequence.append(x)

    return sequence

# 示範使用函式
# 此處為了展示，我們先假設用戶輸入的數字是6
example_input = 6
collatz_conjecture(example_input)
```

這個函式會先檢查輸入的數字是否為正整數。如果是，它會開始應用「3n+1」的規則，直到數字變為1為止。同時，它會記錄下每一步的數字，最後將這個序列返回。

圖 0-4-4 以 ChatGPT 生成「3n+1 猜想」的 Python 程式碼

仍然是資訊相關科系的必修課，畢竟如前面所述，學寫程式重點在學運算思維與邏輯思考。筆者建議學生在學習階段用 ChatGPT 輔助了解語法使用、除錯等地方，培養閱讀與分析程式碼的能力，萬萬不能照辦煮碗，不加思索就拿來使用。至於有一定程度的程式設計能力後，可以利用它來提升開發效率，但同時也要注意 ChatGPT 的侷限性。比如它有時會產生幻覺，生成虛構、不準確甚至是錯誤的程式碼，需要加以檢查和驗證；當用戶的語義不明時，它會自行猜測而非詢問清楚；另外，它抵抗不懷好意的「提示工程」能力較差，也容易有資安風險。

CHAPTER

1

基本認識

基本認識

首先，我們藉由底下簡單的 Python 範例程式來說明對程式設計的基本認識。程式在第 1 與 2 行把兩組數字存到電腦中，接著第 4 行把儲存的數字作加法運算，並將結果儲存下來，最後第 6 行則是輸出運算結果到螢幕上。

範例程式：

```
1  a = 123
2  b = 456
3
4  result = a + b
5
6  print(result)
```

輸出結果：

```
579
```

程式設計可簡單分為三個部分：輸入、運算以及輸出。一般而言，「輸入」是指使用者的輸入資料，上面的範例程式雖然沒有使用者的輸入，仍可將第 1 與 2 行視為使用者將兩筆資料"輸入"到程式中；「輸出」則通常是將程式的執行結果呈現在螢幕上，以供使用者進一步確認與運用；「運算」往往是一隻程式的核心，雖然在上面範例中僅僅是一個簡單的加法運算，但在專題或服務程式中通常需要經過大量複雜且專業的計算過程，即所謂的「演算法設計」（algorithm design）。這三個部分環環相扣，程式先接收到使用者輸入的正確資料，再經過一系列處理與運算過程，最終將運算結果輸出到螢幕上。要特別注意最後的輸出結果，首先是正確性，其次才是美觀（如排版、彩色字體等）。

此外，一道程式題目通常會具體地敘述輸入資料與輸出要求，而中間的運算過程則需要我們自行構思與撰寫。例如題目是「請輸入 123 與 456 兩個數字，並輸出其相加結果。」，則可以用上面的範例程式來作答。當然，針對這道簡單題目，底下簡單的一行程式碼也能滿足要求：

```
print(123 + 456)
```

1-1 變數與資料型別

程式在執行過程中常常會讓電腦“記住”許多資料，接著再指示電腦如何處理。前面範例程式第 1、2 行分別將數字 123 與 456 記在 a 與 b，也用 result 記錄加法運算的結果。這裡 a、b、result 用來讓電腦記住特定資料，稱之為變數（variable）。

變數是程式用來儲存資料的容器，顧名思義，裡面存放的資料隨時可能改變。可以把變數存放的地方想像成是如下圖般一個很長的收納箱，箱內有著一層層隔板隔出一樣大小的儲存空間。當程式想要記住 123 時，就在收納箱內找個格子放進去，同時為了日後存取方便，前面的範例程式就把這個格子命名為變數 a（也稱為數值變數）；而若程式想放進格子內的資料太大，就把隔板拿開後再放置，如下圖儲存的字串 python 即佔用超過一個格子。

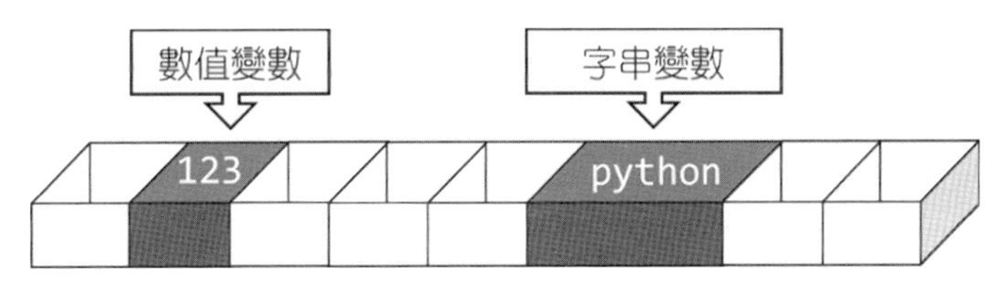

圖 1-1-1 以連續格子表示記憶體的儲存空間

隨之而來的一個問題是，電腦實際上將這些資料儲存在哪裡呢？答案就是在電腦內部的記憶體（memory）。在現今電腦架構下，儲存系統為了追求在最佳成本下取得最佳效能，因此設計出「記憶體階層」（memory hierarchy）。如圖 1-1-2 所示，由金字塔頂端而下，依序為暫存器（register）、快取（cache）、主記憶體（main memory）、快閃磁碟（flash disk）、傳統磁碟（traditional disk）以及遠端次級儲存（remote secondary storage），越靠近金字塔頂端就越接近「中央處理器」（center processing unit，CPU），其存取速度越快且成本也越高，儲存容量也隨之越小（因為成本考量）。金字塔上三層稱為主要儲存（primary storage），而下三層即為次級儲存（secondary storage）。程式在執行前一般以檔案的形式存放在次級儲存中，待到要執行時才由作業系統（如 Windows、macOS 等）載入到主記憶體內，此時會連同要運算的資料也一併載入到記憶體內執行。對資訊相關科系同學而言，撰寫程式前要對記憶體階層有一定的認識，但若是非資訊相關科系同學想要撰寫程式，只要知道程式在執行時，系統會將程式檔及要用到的資料一併載入到記憶體內再執行即可。

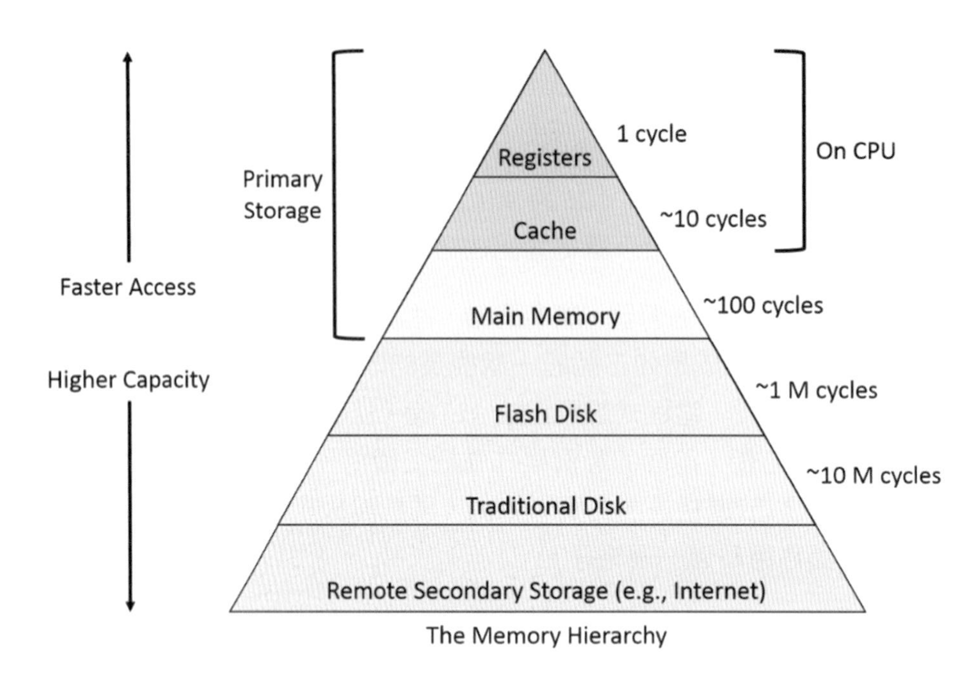

參考來源：https://www.cs.swarthmore.edu/~kwebb/cs31/f18/memhierarchy/mem_hierarchy.html

圖 1-1-2 電腦的記憶體階層

事實上，記憶體內每個空間有固定的標記可供存取，稱之為記憶體位址（memory address），好比 0x7ffff34fff00（最左邊的 0x 代表後面是十六進位表示法）。電腦直接使用這一長串記憶體位址來存取資料是相當直覺的事，但對我們來說則是困難重重，因此透過變數來標記資料在記憶體內儲存的位置，能讓我們專注於撰寫程式本身，而非磨練大腦記憶力。

1-1-1 變數與命名規則

在程式設計中，變數是指一個抽象的儲存位址，它將我們給定的符號與某筆資料關連在一起。對理工科同學來說，變數這個詞彙可能有些混淆，因為在數學中也有變數的概念。在數學表達式中，變數是沒有固定值而可以變動的數或量，可以是隨意亦可以是未指定的數或量，一般也稱為未知數。例如函數 $y = f(x) = \sin(x) + x^2$，其中 y 與 x 皆為變數（更詳細地說，x 為自變數，y 是應變數）。程式設計中的變數值不一定要為數學方程式或公式的一部分，且通常會給定一個較長的名稱，以便於望“字”生義，用名稱來描述所存資料的用途；反觀數學的變數名稱通常較為簡潔，只使用少數幾個字母，以方便抄寫與操作。

有別於數學的變數名稱，為程式的變數命名必須遵守既定規則，否則可能讓程式無法執行，又或者導致錯誤的執行結果。大多數 Python 書籍與文章提及 Python 的變數命名時，會提到有以下四條規則：

1. 可以使用大小寫英文字母（a ~ z、A ~ Z）、數字（0 ~ 9）及底線（_），但不能用一些特殊字元（如&、*等）。
2. 開頭不能為數字。
3. 英文字母大小寫有區分，a 與 A 代表不同變數。
4. 不能使用 Python 的保留字。

保留字（reserved word）也稱為關鍵字（keyword）有較為特殊的意義與功能，並在程式語言的格式說明已被預先定義好，因此不能作為變數名稱使用。Python 常見的保留字有：

and	def	global	or	False
as	del	if	pass	True
assert	elif	import	raise	None
async	else	in	return	
await	except	is	try	
break	finally	lambda	while	
class	for	nonlocal	with	
continue	from	not	yield	

特別注意 True、False、None 這三個保留字的首個字母是大寫，而因為 Python 區分大小寫英文字母，所以 true、false、none 不是保留字，能作為變數名稱。此外，也建議避免使用 Python 的內建函式（build-in function）名稱當作變數名稱，例如 abs、len、max、open、sum 等相當容易被用來命名的文字，馬上想到的困擾是 Python 有多個內建函式，難以一一記憶並避開。好在時下流行的 Python 編輯器可透過語法突顯（syntax highlighting）、自動完成（auto-complete）等功能，輔助我們在撰寫程式時排除這個困擾。如圖 1-1-3 所示，在 VS Code 預先定義的語法突顯下，合法的變數名稱為青藍色（第 1、2 行）；第 3 ~ 6 行的變數名稱都不合法，可以看到有紅色波浪底線警告語法錯誤，第 3 行是違反命名規則第 2 條，第 4、5 行則是違反第 1 條，而第 6 行的變數名稱顯示為紫色，因為 for 是保留字，所以也違反第

4 條規則；第 7 行的 sum 在輸入過程可透過自動完成的窗口得知其為內建函式名稱，雖然也可當成變數名稱使用，但容易造成錯誤的執行結果，因此也不建議使用。

```
1  pokemon_hp = 100
2  true = 90
3  7_11 = 80
4  John&Mary = 70
5  Angela baby = 60
6  and = 50
7  sum
8      sum
9
```

圖 1-1-3 VS Code 編寫 Python 程式碼的語法突顯與自動完成

事實上，上述四條命名規則的第 1 條是 Python 3.0 之前的版本所遵循，官方在 2007 年設計 3.0 版本時增加對 Unicode（也稱為統一碼、萬國碼）的支援，於是誕生重要規範《PEP 3131 - Supporting Non-ASCII Identifiers》，如圖 1-1-4；而 Unicode 不僅支援中文，更編碼世界上大部分文字系統。

PEP 3131 – Supporting Non-ASCII Identifiers

Author:	Martin von Löwis <martin at v.loewis.de>
Status:	Final
Type:	Standards Track
Created:	01-May-2007
Python-Version:	3.0

參考來源：https://peps.python.org/pep-3131/

圖 1-1-4 Python 3.0 支援 Unicode 的規範

因此，在對變數命名時，圖 1-1-5 的變數名稱都可行。事實上，可以讓中文充斥整個 Python 程式碼（圖 1-1-6），雖然看起來相當親切，但仍然不建議使用中文為變數命名。原因除了輸入不便、降低程式可攜性（portability）之外，也讓非中文語系的人不易閱讀。

```
2    寶可夢HP = 100
3    π = 3.14
4    θ = 80
5    ᘓ_ᘓ = 50
```

圖 1-1-5 Python 變數名稱可以使用 Unicode 編碼的字元

```
22  def 主程式():
23      global 最高分數,分數,壞人們,新壞人計數,玩家方塊
24  
25      設定程式共用變數()
26      啟動設定環境()
27      畫出文字做為起始畫面()
28      等待玩家按鍵終止()
29  
30      最高分數 = 0
```

參考來源：https://gist.github.com/renyuanL/26471a5ccf6e68efa39c#file-ry20_dodger_v1-py

圖 1-1-6 Python 程式碼可以用中文（此程式碼需安裝 Pygame 才能執行）

另一方面，對電腦來說，變數名稱的好壞並不重要，只要遵循既定規則即可，但程式設計師一般有自己一套變數的命名習慣（naming convention），這將影響整個程式的可讀性及可維護性。這些習慣雖然不遵守也無妨，但畢竟變數是給人看的，遵守後能讓大家更容易看懂你的程式碼。變數命名習慣的優劣一般可由以下兩點判斷：

- 可讀性：變數名稱要有意義，最好與儲存的資料性質有關。若變數只有少數幾個時，還能輕易記住，但是當有十幾甚至更多時，有意義的變數名稱可大幅增加自己和別人對程式碼的可讀性。
- 一致性：這是指要用相同的規則命名整個程式的變數，可以是團隊成員的口頭約定，也可以是一份代碼風格（code style）文件。

至於怎樣命名變數可增加可讀性，底下列出兩個常被採用的命名方式做為參考：

- 駝峰式命名法（Camel Case）：第一個字母小寫，之後每一個單字的開頭為大寫，不包含空格，例如 studentName、stuName、pokemonHP 等。

- 蛇形命名法（Snake Case）：單字皆為小寫，且單字間以底線（_）分離，如 student_name、stu_name、pokemon_hp 等。

由《PEP 8 - Style Guide for Python Code》的規範可看出 Python 採用蛇形命名法。此外，有些變數儲存的值在程式執行期間不會變動，這類特殊的變數稱之為常數（constant），比如圓周率 π 或自然常數 e，而常數變數可使用全部皆為大寫的字母來表示，以與一般變數有所區別。例如：

```
PI = 3.1415926
E = 2.7182818
```

1-1-2 數值、布林與字串資料型別

每個變數都有資料型別（data type）用來描述該變數所儲存值的型別，Python 的基本資料型別有三種，分別是數值、布林（bool）與字串（str）。數值主要分為整數（int）與浮點數（float）型別，其中整數是指不含小數點的數值，而浮點數則是帶有小數點的數值，如 12.3 與 45.0，舉凡匯率、體溫、經濟成長率、量測值等數值大多用浮點數來表示。

若想在程式中確認變數或者是某個值屬於何種資料型別，可以透過內建函式 type() 來達成。由底下範例程式可以觀察到，明明同樣都是「2」，略微不同的寫法就導致在程式裡以不同資料型別儲存。至於輸出結果內的 class，其實是物件導向的類別，意謂著 Python 也算是「物件導向程式設計」（Object-oriented Programming，OOP）的一種，這部分的知識已經超出本書範圍，有興趣的讀者請參考其他書籍或網路資源。

▶▶ 範例程式：

```
1  print(type(2))     # 整數
2  print(type(2.0))   # 浮點數
3  print(type('2'))   # 字串
4  print(type(True))  # 布林值
```

▶▶ 輸出結果：

```
<class 'int'>
<class 'float'>
<class 'str'>
<class 'bool'>
```

我們先來談談整數（integer），囿於有限的記憶體空間，許多程式語言無法直接將一個超大的數儲存在變數內。以 C 語言為例，一個無號長整數（unsigned long）頂多佔 64 位元的記憶體，因此最大只能到 $2^{64}-1=18446744073709551615$，其實這也已經很大了。有時在科學運算過程中，真的會需要超大數的儲存及運算，這時常見做法是引入所謂「大數運算」（bignum arithmetic）方式。然而，Python 本身就支援大數整數型別及運算，能夠對付任何長度的整數；當然，還是會受到記憶體大小的限制，但相對而言已經方便許多。有興趣的讀者可試著撰寫程式計算 100!，能立即感受到 Python 的魅力。

接著來看浮點數，Python 採用雙精度浮點數（double-precision floating-point），使用 64 位元來儲存一個浮點數，能用來表示極大或是非常接近 0 的小數字，只是過大或過小的數字會直接以科學記號（scientific notation）表示。所謂科學記號是指以 $a \times 10^b$ 的形式來表示的浮點數，而 Python 則以 aEb 的方式呈現，其中字元 E（或 e）表示指數，大寫或小寫皆可。舉例來說，123.456 的科學記號表示法為 1.23456×10^2，Python 內則為 1.234560e+02，而 0.0123456 的科學記號 1.23456×10^{-2} 則表示為 1.234560e-02。再者，兩個特別的數字，即無限大（inf）與未定義數（nan），也是屬於浮點數的類型。

▶▶ 範例程式：

```
1  print(type(3.14))
2  print(1e+30000)
3  print(type(1e+30000))
4  print(0.0000000000000000000000000001)
5  print(type(0.0000000000000000000000000001))
```

▶▶ 輸出結果：

```
<class 'float'>
inf
<class 'float'>
1e-28
<class 'float'>
```

要注意的是不論顯示或儲存一個過大的浮點數，將產生溢位（overflow）問題，此時螢幕上會顯示錯誤訊息。例如：

範例程式：

```
1 | print(123.456 ** 1000)     # ** 為次方運算，之後會介紹
```

輸出結果：

```
OverflowError: (34, 'Result too large')
```

從數學的角度來看，浮點數包含整數，按理整數是可以用浮點數表示，但一般使用上會認為連續的數值資料才用浮點數儲存，可數或是離散的資料，通常選擇用整數儲存。雖然在數學上，整數與浮點數都是數字，沒有太大差異，但是對電腦而言，兩者有相當大的差別。主要原因是有循環小數、無理數等小數點後有無窮多個數字的問題，比如 1/3、$\log_{10}3$、圓周率 π、自然常數 e 等。

前面也提到記憶體的儲存空間有限，自然無法完整儲存這些擁有無窮小數的數值，所以多半退而求其次採用 IEEE 756 雙精度浮點數格式來儲存其近似值，並進行運算；同時，由於數值顯示的方式，很多使用者沒有發現數值其實是近似值。以看起來相當單純的 0.1 為例，若讓 Python 輸出完整的十進位近似值，畫面上會看到 0.1000000000000000055511151231257827021181583404541015625。這位數已經超過一般用途，因此 Python 會將位數保持在可以接受的範圍，只顯示捨入後的數值 0.1，此時就容易讓使用者以為有儲存浮點數的正確值。底下範例以 0.1 進行簡單的加法運算，結果是否出乎意料之外。

範例程式：

```
1 | print(0.1 + 0.1)
2 | print(0.1 + 0.1 + 0.1)
3 | print(0.1 + 0.1 + 0.1 + 0.1)
```

輸出結果：

```
0.2
0.30000000000000004
0.4
```

布林型別是邏輯運算會使用到的一種資料型別，下一章將介紹一種叫作「條件判斷」的運算，而布林型別即為其輸出結果。布林型別只有兩種值：真（True）和假（False），

畢竟當我們在判斷一件事的真假時，結果就只會有這兩種而已，不會有亦真亦假的狀況，但要特別留意的是 Python 布林型別的開頭字母 T 與 F 皆為大寫。

範例程式：

```
1  print(3 > 2)
2  print(-1 > 2)
```

輸出結果：

```
True
False
```

字串型別則是以一對雙引號（"）或單引號（'）包含起來的文字敘述，例如"我是字串"、'我也是字串'，也能把雙引號和單引號混用，比如'胡適說過"要怎麼收穫，先那麼栽"'等，這些都是字串（string）。若是用"123"，則雙引號內看起來像數字的東西也屬於字串型別。

範例程式：

```
1  str_ = '胡適說過"要怎麼收穫，先那麼栽"'
2  
3  print(str_)
4  print(type(str_))
5  print(type('123 + 456'))
```

輸出結果：

```
胡適說過"要怎麼收穫，先那麼栽"
<class 'str'>
<class 'str'>
```

選擇正確的資料型別來儲存資料相當重要，從程式的角度可以配置適當的記憶體空間來儲存，而對我們而言，則是能正確地解讀與處理資料。譬如，有時候一串數字應該被當成字串來對待，像是電話號碼「0912345678」，雖然都是數字但開頭的 0 卻是不能省略，如果直接以整數型別儲存和處理，就會失去它電話號碼的意義。同時，之後也會提到不同的資料型別有不同的內建功能來處理。

再者，字串由一個個字元組成，而一些特殊字元如 Tab、換行字元等也可出現在字串內，但要透過跳脫字元（escape character）的設定。跳脫字元是以倒斜線字元（\）做開頭，後面跟著字母來決定控制碼，如下表所示，並以範例程式展示其用法。

跳脫字元	意義	跳脫字元	意義
\\	反斜線符號（\）	\n	換行符號（LF）
\'	單引號（'）	\r	返回符號（CR）
\"	雙引號（"）	\t	水平移位符號（Tab）
\a	響鈴符號（BEL）	\v	垂直跳位符號（VT）
\b	空格符號（BS）	\o	八進位編碼表示字元
\f	換頁符號（FF）	\x	十六進位編碼表示字元

範例程式：

```
1  print("你好\\歡迎光臨\\")
2  print()
3  print("恭喜\n大家發財")
4  print()
5  print("你好歡迎\r光臨")
6  print()
7  print("你好\t歡迎光臨")
8  print()
9  print("\x48\x45\x4C\x4C\x4F")
```

輸出結果：

```
你好\歡迎光臨\

恭喜
大家發財

光臨歡迎

你好    歡迎光臨

HELLO
```

剛開始學程式設計，等號（=）是相當容易混淆的符號，與數學的等號有完全不同的含義，及早更正既有概念有助於後續平順的學好程式設計。Python 的等號並非數學上的兩邊相等，而是指派（assign）的意思，亦即將等號右邊的值指派給左邊的變數，有時也稱為「賦值」，閱讀時需要從等號右邊讀到左邊，因此「=」被稱為指派運算子（assign operator）。例如 a = 1 + 2，意思是建立一個以 a 為名稱的變數，並指定 1 + 2 的運算結果為此變數值。相對而言，數學運算裡的等於符號，Python 裡要寫成兩個等號（==），初學者非常容易搞錯，要特別注意。

理解 Python 的等號代表是指派後，底下程式碼的邏輯就清楚了。首先，將 1 指派給變數 a，此時 a 的值為 1；接著運算 a + 1，得出結果 2；再將 2 指派給 a，最後得到變數 a 的值為 2。

```
a = 1
a = a + 1
```

想想看底下程式碼的執行結果為何？由於 Python 是由上往下逐一執行每列程式碼，在前面宣告的變數 a 會被後面宣告的同名變數改變儲存的值。以底下範例來說，變數的值不斷被改變，直到 a = 6 才停止，所以最後輸出的值是 6 + 6 + 6 的結果，也就是 18。

```
a = 2
a = 4
a = 6
print(a + a + a)
```

同時也比較容易接受底下具有 Python 特色（pythonic）的寫法，例如有相同值的多個變數可以一起指派，也可以在同一列指定多個變數，且變數間以逗點（,）分隔。

```
a = b = c = 123
name, hp = "皮卡丘", 100
```

此外，大多數程式語言在使用變數前要先宣告（declaration）。當我們說要宣告一個變數時，其實就是告知電腦找一塊大小合適的記憶體空間來儲存某些型別的資料，即所謂的「記憶體配置」（memory allocation）。雖然每個程式語言的宣告做法與其支援的資料型別有關，但過程大同小異。例如底下 C/C++程式碼先宣告整數 a，接著再宣告浮點數 b。

```
int a;
float b;
```

底下 C#的程式碼也是先宣告整數 a，再宣告浮點數 b，而使用 var 宣告的變數會自動判斷資料型別。因為將字串 Hello 指派給變數 c，因此 c 就是字串型別。

```
int a;
float b;
var c = "Hello";
```

最常用來撰寫網頁的 JavaScript（簡稱 JS），其宣告方式不直接表明資料型別，例如透過 var 宣告一個可隨意更改內容的變數，再由指派結果決定其形態。底下 JS 程式碼可得到變數 a 的值是 123，所以是數字型別，而由 b 的值可知道是字串型別。

```
var a = 123;
var b = '123';
```

在 Python 中要如何宣告變數？回想前面看過的程式碼，似乎沒發現有類似的宣告動作。其實 Python 不需要事先宣告變數的型別就可以直接指派，又或者也可以想成是透過指派結果自動設定變數的資料型別。此外，許多程式語言在宣告一個變數後，該變數的資料型別就綁定了，難以在後續程式碼進行變更，這種稱為「靜態型別」（static type）；與之相對的「動態型別」（dynamic type）則允許重複指派，也就是一個變數可以被多次賦值，且每次賦值都會重新決定該變數的型別。例如：

▶▶ 範例程式：

```
1  a = 3
2  print(a, type(a))
3  a = 3.14
4  print(a, type(a))
5  a = '3.14'
6  print(a, type(a))
```

▶▶ 輸出結果：

```
3 <class 'int'>
3.14 <class 'float'>
3.14 <class 'str'>
```

眼尖的讀者不難發現上述其它語言的程式碼，在每行結尾處有分號(;)，但是 Python 沒有。大部分程式語言規定以分號標示該列語句的結束，稱為斷行，而 Python 改用《Enter》鍵來做標示。若是想將數列語句濃縮成一行，可以使用分號做區隔，例如底下程式碼：

```
a = 1; b = 2; c = 3
```

比較"資深"的程式語言大都要求開發者在宣告變數時就設定正確的資料型別，以便於配置足夠的儲存空間。前面也提到 Python 會根據指派給變數的值，自動決定該變數的資料型別，所以在使用變數時不用自行指定，方便我們撰寫程式。

前面提到變數佔用一塊記憶體空間，讓程式能在執行過程中儲存資料。當變數不再使用時，可刪除變數以釋放所佔用的記憶體，雖然相對於現在電腦 32G 甚至是 64G 的記憶體大小來說，目前我們程式的佔用量無異於九牛一毛，但仍然需要有這個概念，日後有助於撰寫執行效率更佳的程式。底下程式碼是刪除名稱為 score 的變數，要注意的是刪除後再使用該變數會因為找不到變數而出現程式執行錯誤。

```
del score
```

1-1-3 資料型別轉換

儘管 Python 自行決定變數的資料型別（data type），對撰寫程式方便許多，卻也無法確保每次自行判斷的結果都盡如人意，與我們期望的資料型別一致。由程式語言的角度，以底下四個運算方式為例，第 1 行是兩個整數相加，最後得到的也是整數 5；第 2 行是整數與浮點數相加，此時 Python 會將整數 2 先轉成浮點數 2.0 在相加，最後得到浮點數 5.0；第 3 行則是先將布林值 True 轉成整數 1，再進行加法運算；最有問題的是第 4 行，一個整數與一個字串相加，Python 不知道開發者的想法是將 2 轉成字串，抑或是將"3"轉成整數，因此只能回應錯誤訊息「TypeError: unsupported operand type(s) for +: 'int' and 'str'」，意思是說加法運算不支援整數與字串相加，這是初學者很容易踩的雷。因此，為了確保資料型別與符合我們的預期，就必須手動進行資料型別的轉換，比如底下第 4 行若將 2 轉成字串，運算結果會得到字串"23"；反之，將"3"轉成整數，運算後得到整數 5。

1. 2 + 3 → 運算結果為 5
2. 2 + 3.0 → 運算結果為 5.0
3. 2 + True → 運算結果為 3
4. 2 + "3" → 運算結果未知

Python 能讓我們透過以下方式強制進行資料型別的轉換：

- int(a)：將變數 a 強制轉換為整數型別。
- float(a)：將變數 a 強制轉換為浮點數型別。
- bool(a)：將變數 a 強制轉換為布林型別。
- str(a)：將變數 a 強制轉換為字串型別。

這裡的強制轉換並非能將任意一個資料型別轉換成另一個，比方說執行 int("x")，會得到「ValueError: invalid literal for int() with base 10: 'x'」的錯誤訊息，意謂著對 int()來說是一個非法的轉換，甚至是執行 int("1.2")也會得到同樣的錯誤訊息，所以要小心使用。原則上，都是數字的字串可分別透過 int()與 float()轉換為整數及浮點數，而有數字與小數點的字串只能轉成浮點數。至於布林型別，對大多數的程式語言來說，除了數字 0、空字串、None 及 False 經轉換後為 False 之外，其餘值轉換為布林型別皆為 True，比如 bool('x')與 bool('0')都會得到 True。使用 str()強制轉換為字串型別就比較隨意，只要轉換的變數有賦值即可，但仍要留意轉換的對象是否符合心中所想。

▶▶ 範例程式：

```
1  print(float(2))      # 整數轉浮點數
2  print(float(12345))
3  print(float(1000000000000000000), end='\n\n')
4
6  print(int(2.3))      # 浮點數轉整數，進行無條件捨去
7  print(int(88.888))
8  print(int(1e+18))
```

▶▶ 輸出結果：

```
2.0
12345.0
1e+18

2
88
1000000000000000000
```

執行底下範例程式會得到錯誤訊息，告知第 2 行有 TypeError，該如何修正呢？若只是要程式能正常執行，可直接將第 2 行的 34 改為 str(34)，亦即轉換為字串型別，如此執行後會得到「結果為 1234」；若期望是進行數字的加法運算，則可以利用 int(num)強制轉換變數 num 為整數型別，如此執行後仍舊有 TypeError 錯誤訊息，因為第 4 行是字串與整數相加，還是不合法的運算方式，所以再將 result 轉換為字串型別後可得到「結果為 46」。另一個方式是將+改成逗點，可得到類似的執行結果。

▶▶ 範例程式：

```
1  num = "12"
2  result = num + 34
3
4  print("結果為" + result)
```

▶▶ 輸出結果：

```
TypeError: can only concatenate str (not "int") to str
```

此外，有時會需要布林型別與其他型別的轉換，把布林型別轉成其他型別相當單純，但反過來轉換就要特別小心謹慎。以整數而言，只有整數 0 轉換成布林型別時會得到 False，其餘整數轉換後皆為 True。

▶▶ 範例程式：

```
1  print(bool(0))
2  print(bool(3))
3  print(bool(3.14))
4  print(bool(-3.14))
```

▶▶ 輸出結果：

```
False
True
True
True
```

類似整數 0 這種轉換成布林值時會變成 False 的資料，稱之為 Falsy value，其它常見型別的有浮點數 0.0、複數 0 + 0j、空字串""（或''）、None 等，其餘大多在轉換成布林值時會得到 True 的結果。

透過 str()可將其它型別的資料強制轉成字串，在範例程式中乍看之下，會以為 str()是將小括號內的東西原封不動轉成字串，實則不然，因為第 4 行的輸出多了一個符號+。事實上，小括號內的東西所屬資料型別會以甚麼形式被輸出成字串，是可以另外設計的。

範例程式：

```
1  print(str(123))
2  print(str(3.14))
3  print(str(11111111111111*9999999999999*100000000000000))
4  print(str(1e32))
5  print(str(False))
```

輸出結果：

```
123
3.14
1111111111110998888888888889000000000000000
1e+32
False
```

1-1-4 註解

註解（comment）是在程式碼中「不會被執行的文字敘述」，主要用來輔助說明程式碼的內容，也是最通用的除錯（debug）手段。每個程式語言用來表示註解的符號不盡相同，Python 使用一個井字號（ # ）做為單行註解（single-line comment），而多行註解（multi-line comment）則用成對的三個雙引號（""" ）或三個單引號（''' ）。在時下流行的 Python 編輯器裡，註解的顏色會和程式碼的顏色有所區隔，能一目了然。

範例程式：

```
1  # 井字號後面可以註解一列
2  '''
```

```
3    這裡是多行註解，
4    程式不會執行這裡。
5    '''
6    print(3*5/2)   # 執行結果為浮點數
```

輸出結果：

```
7.5
```

在 VS Code 中，單行註解可透過組合鍵《Ctrl + /》來達成，若用滑鼠一次選取多列，再加上這個組合鍵，則在選取的每列程式碼開頭都會有井字號，也算是一種"多行註解"，而且這個操作比三個雙引號或單引號方便的多。事實上，這種多行註解方式應該叫作文件說明字串(docstrings)」，即《PEP 257 – Docstring Conventions》規範，寫在模組（module）、函式（function）與類別（class）的第一段敘述中，而該敘述會自動變成__doc__屬性內容，用以說明其用途。順帶一提，VS Code 的多行註解組合鍵為《Shift + Alt + A》。

1-2 輸出與輸入

在程式設計過程中或是執行程式，常常需要將執行結果輸出到電腦螢幕上，以便於進一步除錯、測試與運用等工作。在前面章節的範例程式中，我們已經知道 Python 輸出到螢幕是透過 print()，其實這是 Python 的內建函式（bulid-in function），但更多關於函式或內建函式的概念與用法得等到 Chapter 3 再來介紹，目前把它當成是命令或工具使用即可。

1-2-1 基本輸出

語法

print() 的語法如下：

```
print(項目 1 [, 項目 2, …, sep = 分隔字串, end = 結束字串])
```

在上面的語法敘述內，中括號（[]）內的敘述是可省略，可是若連項目 1 都沒有，那麼 print()就會變成單純的換行而已。print()語法敘述裡的 sep 與 end 一般稱為參數（parameter），有時也稱為引數（argument），從函式的觀點來看，參數用來將資訊傳遞到函式內。底下詳細說明其用法：

- 項目 1, 項目 2, …：這裡的「項目」是指變數與各種資料型別的值，print() 可一次輸出多筆項目資料，唯要求項目之間以逗點（,）分隔即可。
- sep：這個參數指定分隔（separate）字串，當輸出多筆項目時，項目之間將以此分隔字串區分開來。此參數預設值為一個空白字元（" "）。
- end：用來指定結束字串，也就是當輸出完成後會自動加入的字串。因為預設值是換行字元（"\n"），所以每次 print()輸出完畢後就會換到下一列，以便於下一次輸出。

範例程式：

```
1  name = '皮卡丘'
2  hp = 100
3
4  print(name, 'HP=', hp)
```

輸出結果：

```
皮卡丘 HP= 100
```

第 4 行的 print()輸出三個項目，其中包含兩個變數與一個字串，項目間以逗點隔開，且因為預設分隔字串是空格，所以能看到三個輸出項目間都空了一格。

範例程式：

```
1  name = '皮卡丘'
2  hp = 100
3
4  print(name, 'HP=', hp, sep='|')
```

輸出結果：

```
皮卡丘|HP=|100
```

當我們加入參數 sep = '|' 後，可以看到原本輸出在項目之間是空白的地方被「|」字元取代，但因為一個 print()只能設定一個分隔字串，導致上面的輸出結果不太美觀，稍後再搭配參數 end 來做調整。

▶▶ 範例程式：

```
1  name = '皮卡丘'
2  hp = 100
3
4  print(name)
5  print('HP=', hp)
6
7  print(name, end='，')
8  print('HP=', hp, end='。')
```

▶▶ 輸出結果：

```
皮卡丘
HP= 100
皮卡丘，HP= 100。
```

與之前類似，第 4 與 5 行各有一列輸出結果，這是因為由 end 參數控制的結束字串預設是換行字元（"\n"），所以這兩行在輸出完畢後會把游標移動到下一行的開頭，接著再做輸出；而第 7 行因為將結束字串設定為全形逗號（，），導致接下來的 print()繼續接著在同一列輸出，且第 8 行的 end 也改為全形句號（。）。因此，第 7 和 8 行的輸出結果在同一列，並以句號結尾。

▶▶ 範例程式：

```
1  name = '皮卡丘'
2  hp, atk = 100, 90
3
4  print(name, end='|')
5  print('HP=', hp, sep='', end='\t')
6  print('ATK=', atk, sep='')
7
8  print('小火龍|HP=80', 'ATK=85', sep='\t')
```

輸出結果：

```
皮卡丘|HP=100	ATK=90
小火龍|HP=80	ATK=85
```

理解參數 sep 與 end 的用法後，接著我們將兩個混在一起使用。相比之前的範例程式，這個看起來複雜了些，但輸出結果卻是一目了然，排列的頗為工整。由程式碼第 1 行逐一往下解讀，首先設定了三個變數，接著第 4 行利用 print()輸出一個變數值，且因為有設定結束字串，所以當輸出完成後就接著後面繼續輸出。第 5 行比較特別的是結束字串改為水平移位符號（\t），可以看到當輸出完 HP=100 後，游標水平向右移動三個空格到下一個定位點，再接著第 6 行的輸出。第 7 行 print() 的分隔字串改為水平移位符號，這是為了能讓輸出結果能對齊定位點，看起來更美觀。

底下我們搭配返回符號（\r）來撰寫一個類似倒數計時的功能，為了不讓程式的執行結果一閃而逝，而是能輸出部分結果後先暫停一下再接著輸出下一部分，所以這裡匯入（import）一個時間模組，用來暫停程式的執行。

範例程式：

```
1   import time      # 匯入時間模組
2
3   print('\r倒數 3 秒', end='')
4   time.sleep(1)    # 程式暫停 1 秒
5   print('\r倒數 2 秒', end='')
6   time.sleep(1)
7   print('\r倒數 1 秒', end='')
8   time.sleep(1)
9
10  print('\r時間到 ...', end='')
```

輸出結果：

```
時間到 ...
```

程式碼一開始先匯入時間模組（Chapter 3 會再詳細介紹），接著分別在第四、六與八行利用 time.sleep(1)讓程式暫停執行一秒鐘。儘管程式碼裡有四行 print()的輸出，但最後的執行結果僅一列，而且是最後一行程式碼的輸出，原因就在於每行 print()裡的返回符號，能讓游標返回該輸出列的開頭，搭配著暫停一秒鐘，可以看到程式執行結果在同一個輸出列，每隔一秒鐘就更新一次。當然，讀者或許會想這也太陽春了吧！要是我們想倒數計時 10 秒鐘，那不就要重複撰寫類似的程式碼好幾行，萬一倒數計時更多秒，那麼不僅撰寫過程相當繁瑣，寫好的程式碼也很"醜陋"。這個等下一章學到迴圈敘述後，就能以精簡的方式讓程式重複執行既定動作。

有時候輸出的資訊密密麻麻，讓人看得眼花撩亂，抓不到重點，又或者想讓輸出結果多點變化和趣味性。與單調的黑白字體相比，彩色字體可以協助標示重要的輸出訊息，從而提升寫程式的樂趣。Python 的 print()可搭配 ANSI 跳脫序列（ANSI escape sequences）輸出彩色字體，這是一種用於控制輸出的特殊字元序列，能用來改變輸出的字體顏色、背景顏色、效果等，但是不同程式碼的編輯器可能有不同效果，甚至可能會不支援使用 ANSI 跳脫序列。例如要設定字體顏色為黃色，背景為黑色就可以寫：

```
print("小智的\033[33;40m皮卡丘\033[0m討厭進入精靈球")
```

上面程式碼的輸出結果除了「皮卡丘」三個字為黑底黃色外，其餘和原本一樣皆為黑底白字。首先，「\033[」代表 ANSI 跳脫序列的開頭，在這之後可以增加多組數字，而每個數字代表一個效果，不同數字間可用分號（;）隔開，這樣就不用重複寫「\033[」，一串效果數字的最後要加個 m 代表設定完成；也就是說，上面程式碼裡的「\033[33;40m」代表接在後面的字以黑底黃色方式輸出，隨後遇到的「\033[0m」則是重置所有屬性，包含字體顏色（前景色）與背景色。下表是一些常見顏色的代碼：

顏色名稱	字體顏色代碼	背景色代碼
黑	30	40
紅	31	41
綠	32	42
黃	33	43
藍	34	44
洋紅	35	45
青	36	46
白	37	47

也可以設定字體效果，例如底下程式碼與其執行結果：

```
print("皮卡丘為\033[4m電屬性\033[0m，絕招是\033[33;3m十萬伏特。")
```

皮卡丘為電屬性，絕招是十萬伏特。

圖 1-2-1 多種輸出字體的效果

可以看到，因為「\033[4m」設定讓「電屬性」三個字多了底線，而「\033[33;3m」則是將「十萬伏特」改成黃色斜體。經測試，在 VS Code 之下能呈現的字體效果如下表：

代碼	效果	代碼	效果
0	重設	7	反白（前景色與背景色交換）
1	粗體	8	隱藏
3	斜體	9	刪除線
4	底線		

適當地設定輸出字體效果，能帶給撰寫與執行程式更多樂趣，更多 ANSI 跳脫序列的字體顏色與效果的設定可參考 https://en.wikipedia.org/wiki/ANSI_escape_code。

1-2-2 格式化輸出

Python 除了前面的基本輸出外，print()也可以進行格式化輸出。所謂格式化字串（format string）從字面意思解讀是將字串依既定格式轉換成另一種形式，其轉換結果可用於排版輸出，也可在資料處理過程中，將變數值進行格式化字串後做拼接。Python 進行格式化字串的方式有四種：

1. 百分號（%）
2. 利用 format()
3. f-string（也稱為 formatted string literals）
4. 樣板字串（template string）

前兩種是許多 Python 書籍都會提到的格式化輸出方式，其中第 1 種和 C 語言格式化輸出的用法如出一轍；第三種方式要 Python 3.6 之後才有支援，是前三者中效能最好，可讀性也最高，在許多原始碼中經常遇到；最後一種方式主要在處理使用者的惡意輸入，不僅需要匯入 string 模組，也牽涉到物件導向的寫法，這些已經超出本書的涵蓋範圍，所以這裡僅介紹前三種格式化輸出方式。

百分號（%）是 Python 最早的格式化字串方法，在百分符號之後指定格式化方式，比如字串（%s）、十進位整數（%d）、浮點數（%f）等，還有欲格式化的內容。

▶ 範例程式：

```
1  name = '皮卡丘'
2  hp, atk = 100, 90
3
4  print("%s 的 HP=%d" % (name, hp)) # 格式化字串與整數
5  print("ATK=%f" % atk)              # 預設保留6位小數
```

▶ 輸出結果：

```
皮卡丘 的 HP=100
ATK=90.500000
```

在要輸出字串內的對應位置用%s、%f 等方式指定格式化方式，之後再以%標示欲輸出的變數名稱。因為第 4 行有兩個變數要輸出，所以在%符號之後接著一對小括號包含兩個變數，且兩變數間以既定的逗點隔開；而第 5 行只要輸出一個變數，所以就省略%符號後面的小括號。用%符號格式化字串後，能精確控制輸出位置，讓輸出資料排列整齊，達到簡單的排版效果。例如：

- %5d：若輸出值超過 5 位數，則直接輸出；否則先固定 5 個空白位置，再將輸出值以靠右對齊的方式輸出，亦即在該值左側以空白字元補足位數。
- %5s：和前一個類似，當字串長度超過 5 個字元就直接輸出；否則在固定的 5 個空白位置中，以靠右對齊的方式輸出該字串。
- %6.2f：把浮點數的整數及小數點部分拆開來看。先固定小數點後 2 個位置，若輸出值的小數部分超過 2 位數，則小數後第 3 位四捨五入；而如果小數部分低於 2 位數，會在數字右側以字元「0」補足位數。接著再固定 3 個位置（6 – 1 – 2 = 3）給整數部分，其輸出規則與前面一樣。

▶▶ 範例程式：

```
1  print("三位數=%5d" % 123)
2  print("浮點數=%.3f" % 12.3)
3  print()
4
5  PI = 3.1415926
6
7  print("圓周率=%2.3f" % PI)
8  print("圓周率=%.3f" % PI)
9  print("圓周率=%5.1f" % PI)
10 print("圓周率=%5.6f" % PI)
```

▶▶ 輸出結果：

```
三位數=  123
浮點數=12.300

圓周率=3.142
圓周率=3.142
圓周率=  3.1
圓周率=3.141593
```

第 1 行因為設定是「%5d」，先補 2 個空白字元後再將輸出數字 123，總共輸出 5 個位置；第 2 行的格式化設定「%.3f」是要輸出浮點數，且小數點後面限定 3 個位數，整數部分則不受限，可是輸出值 12.3 的小數僅一個位數，因此輸出時會在右側多補兩個 0。接著輸出一個比較多位數的浮點數，第 7 行設定「%2.3f」意謂著輸出值的小數點第 3 位後四捨五入，而由於 2 – 1 – 3 < 0（小數點 1 位、小數點後數字 3 位）代表已經沒有空位給整數部分，因此直接輸出即可，這也導致與第 8 行有一樣的輸出結果；讀者應該不難想像第 9 行的輸出結果，在整數、小數點及小數僅有 3 個位數，但是卻保留 5 個位置，所以最左側才會輸出 2 個空白字元；而第 10 行可以想見在小數位數限制 6 位的前提下，保留 5 個位置根本不夠，因此最終會直接輸出數值。

▶▶ 範例程式：

```
1  print("%.1f" % 0.14)
2  print("%.1f" % 0.15)
```

```
print("%.1f" % 0.16)
```

輸出結果：

```
0.1
0.1
0.2
```

接著看這個關於浮點數輸出精確度的範例，在輸出 1 位小數的限定下，小數點第 2 位要四捨五入，因此第 1 與 3 行的輸出結果不出所料，但第 2 行的輸出按理應該是 0.2，怎會還是 0.1 呢？程式設計的初學者遇到這個問題往往百思不得其解，而因為類似狀況極少遇到，所以也就視而不見。記得在 1-1-2 談資料型別時提到電腦無法精確儲存浮點數的問題，雖然這裡程式碼寫的是 0.15，但事實上電腦裡存的浮點數卻是 0.14999...，導致將小數點第 2 位四捨五入後得到 0.1 的輸出結果。這個誤差在很多時候可能是無關痛癢，但有時卻是失之毫釐差之千里，使用時需謹慎。

範例程式：

```
1  print("%05d" % 123)
2  
3  hp, atk = 95, 87
4  print("<%5d,%-5d>" % (hp, atk))
5  
6  print("%10s" % "Pikachu")
```

輸出結果：

```
00123
<   95,87   >
   Pikachu
```

這個範例以百分號的格式化輸出進行簡易排版，第 1 行的「%05d」設定在輸出位數不足 5 位的情況下，會在左側以字元「0」補足位數。相對於第 4 行「%5d」的靠右對齊，這也是預設對齊方式，而「%-5d」在輸出位數不足時會靠左對齊，因此在輸出 87 的右側插入了 3 個空白字元。

使用百分號（%）進行 Python 的格式化輸出，對熟悉 C 語言的人來說幾乎是無縫接軌，但也存在著不適合輸出多個變數、可讀性低等缺點。因此，Python 設計了一個更好用的 format()方法，它以「輸出字串.format()」方式進行格式化輸出，並在輸出字串內用一對大括號（{}）指定輸出目標在字串裡的位置，接著在 format()中放入欲輸出的變數、字串或數值。

▶ 範例程式：

```
1  name, hp = '皮卡丘', 100
2
3  print("{} 的血量為 {}".format(name, hp))
4  print("{1} 的血量為 {0} {1}".format(name, hp))
```

▶ 輸出結果：

```
皮卡丘 的血量為 100
100 的血量為 皮卡丘 100
```

在大括號內不指定順序的話，就會像第 4 行那樣依序輸出填入 format()內的變數，也可像第 5 行指定放入的位置，此時只要在大括號內加入順序即可，要注意的是由 0 開始。這裡的"順序"其實稱為索引值（index），會在下一章介紹迴圈時提到。對於三個基本資料型別的格式化輸出，format()與百分號的設定有些類似，但以「{:}」代替「%」，例如：

- {:5d}：與百分號的設定一致。
- {:5s}：與百分號的設定類似，但預設以靠左對齊的方式輸出該字串。
- {:6.2f}：與百分號的設定一致。

▶ 範例程式：

```
1  name, hp = '皮卡丘', 100
2
3  print("{:5s}的血量為{:5d}。\n".format(name, hp))
```

▶ 輸出結果：

```
皮卡丘  的血量為   100。
```

可以看到 format()在三個基本資料型別的格式化輸出與百分號相仿，但輸出字串預設是靠左對齊。對 Python 而言，一個中文字的長度為 1，但在有些程式語言（如 C 語言）裡長度為 2。

▶▶ 範例程式：

```
1  print("三位數={:5d}".format(123))
2  print("浮點數={:.3f}".format(12.3))
3  print()
4
5  PI = 3.1415926
6
7  print("圓周率={:2.3f}".format(PI))
8  print("圓周率={:.3f}".format(PI))
9  print("圓周率={:5.1f}".format(PI))
10 print("圓周率={:5.6f}".format(PI))
```

▶▶ 輸出結果：

```
三位數=  123
浮點數=12.300

圓周率=3.142
圓周率=3.142
圓周率=  3.1
圓周率=3.141593
```

這裡 format()對浮點數格式化輸出的方式與百分號相仿，且輸出結果更是一模一樣，但在簡易排版功能上，format()就有較多選擇。如底下範例除，除了補零、左右對齊之外，format()還能補其他字元，也多了置中對齊，且還能指定字元用來補足空位，如底下程式的第 6 行。此外，也能用逗點標記較大數字、科學記號以及百分比等表示方式。

▶▶ 範例程式：

```
1  print("{:0>5d}".format(123))
2  print("{:x<5d}".format(123))
3
```

```
4  print("{:>7d}".format(123)) # 靠右對齊
5  print("{:<7d}".format(123)) # 靠左對齊
6  print("{:-^7d}".format(123))# 置中對齊
7
8  print("{:,}".format(10000)) # 以逗點分隔
9  print("{:.2e}".format(10000))   # 科學記號表示
10 print("{:.2%}".format(0.25))    # 百分比格式
```

▶▶ 輸出結果：

```
00123
123xx
    123
123
--123--
10,000
1.00e+04
25.00%
```

▶▶ 範例程式：

```
1  print("{:4s}\t{:4s}\t{:4s}".format('Name', 'HP', 'ATK'))
2  print("{:4s}\t{:5d}\t{:5d}".format('皮卡丘', 35, 55))
3  print("{:4s}\t{:5d}\t{:5d}".format('六尾', 38, 41))
4  print("{:4s}\t{:5d}\t{:5d}".format('吉利蛋', 250, 5))
```

▶▶ 輸出結果：

```
Name    HP      ATK
皮卡丘     35      55
六尾       38      41
吉利蛋    250       5
```

上述範例以 format()格式化輸出寶可夢的屬性值。這裡要注意一個小地方，在輸出數值且有多餘空位時，預設是靠右對齊，可是輸出字串預設則是靠左對齊，由上面範例的第 3 行可以看見。此外，儘管 format()在使用上比百分號方便些，但當變數一多，要撰寫的程式碼仍然相當冗長。底下我們介紹 f-string 的用法，這是在 Python 3.6+才有支援，只需要在輸出字串前加上「f」即可進行格式化，並在大括號內填入目標變數，是現在比較推薦的格式化方法。例如：

範例程式：

```
1  name, hp = '皮卡丘', 100
2
3  print(f"{name} 的血量為 {hp}")
```

輸出結果：

```
皮卡丘 的血量為 100
```

事實上，f-string 格式化字串的設定與 format()類似，一樣能加入其他數值來指定最小寬度、對齊、精確度等功能。以下範例程式以 f-string 修改前面使用 format() 的範例，可以看到兩者用法很像，且輸出結果完全一樣，但是 f-string 使用起來更加方便與直覺，程式碼看起來也比較清爽。

範例程式：

```
1  print(f"{123:0>5d}")
2  print(f"{123:x<5d}")
3
4  print(f"{123:>7d}")      # 靠右對齊
5  print(f"{123:<7d}")      # 靠左對齊
6  print(f"{123:-^7d}")     # 置中對齊
7
8  print(f"{10000:,}")      # 以逗點分隔
9  print(f"{10000:.2e}")    # 科學記號表示
10 print(f"{0.25:.2%}")     # 百分比格式
```

輸出結果：

```
00123
123xx
    123
123
--123--
10,000
1.00e+04
25.00%
```

範例程式：

```
1  print(f"{'Name':4s}\t{'HP':4s}\t{'ATK':4s}")
2  print(f"{'皮卡丘':4s}\t{35:5d}\t{55:5d}")
3  print(f"{'六尾':4s}\t{38:5d}\t{41:5d}")
4  print(f"{'吉利蛋':4s}\t{250:5d}\t{5:5d}")
```

輸出結果：

```
Name    HP      ATK
皮卡丘      35      55
六尾        38      41
吉利蛋     250       5
```

前面提到跳脫字元是以倒斜線字元（\）做開頭，後面跟著字母來決定控制碼，但有時這個倒斜線字元需要一併出現在輸出字串內，例如要輸出 Windows 下的檔案路徑「C:\Users\Public」，此時要有機制能讓跳脫字元失效。f-string 的作法是加上「r」，這代表以原始（raw）字元方式輸出。例如：

範例程式：

```
1  print(r"C:\Users\Public")
2  print(rf"{'皮卡丘':4s}\t{35:5d}\t{55:5d}")
```

輸出結果：

```
C:\Users\Public
皮卡丘 \t   35\t   55
```

1-2-3 由鍵盤輸入

使用者與程式最常見的互動是在程式執行過程中接收使用者的輸入，此時程式會暫停，且通常會輸出一些提示訊息告知使用者要輸入哪些資料。待使用者輸入完成並按下 Enter 鍵後，程式將這筆輸入資料儲存到某個變數內，以便於之後取用。這裡的輸入指的是由「標準輸入」裝置進行，一般而言是透過鍵盤。Python 的 input() 可暫停程式等待使用者輸入，並將輸入值儲存到變數中；再者，input()也和 print() 一樣是內建函式。

語法

input() 的語法如下：

```
[變數 =] input([提示字串])
```

- 可將 input()取得輸入資料儲存在變數內，當然若沒有這個需求，也可以省略。
- 提示字串是在程式等待輸入時顯示在畫面的提示訊息，告知使用者如何輸入以及一些注意事項，而使用者按下 Enter 鍵即視為輸入結束。如果不想提示使用者，也可以省略不寫。

▶▶ 範例程式：

```
1  score = input("請輸入成績：")    # 等待輸入
2  print(score, '\n')
3
4  print(input())    # 等待輸入完成後立即輸出
```

▶▶ 輸出結果：

```
請輸入成績：87
87

87
87
```

前面範例的第 1 行會暫停程式，畫面上顯示「請輸入成績：」並等待使用者輸入，隨後也將輸入值儲存到變數 score 內；而第 4 行同樣是暫停等待輸入，只是缺少提示訊息容易讓人混淆，不知道要輸入什麼，甚至可能誤以為程式掛掉。此外，第 4 行也沒有儲存使用者的輸入資料，後續的程式碼將無法取得本次的輸入結果。

▶▶ 範例程式：

```
1  score = input("請輸入成績：")
2
3  print(score)
```

```
4  print(score + 10)
```

▶ 輸出結果：

```
請輸入成績：87
87
TypeError: can only concatenate str (not "int") to str
```

乍看之下這個範例沒甚麼問題，第 1 行讓使用者輸入成績並儲存到變數內，第 2 行則好心地增加 10 分；可一旦使用者輸入完資料，立即得到「TypeError」的錯誤訊息。發生這個錯誤的原因在於透過 input()取得輸入資料一律是字串型別，導致第 2 行將字串與數字進行加法運算，一不小心就踩到坑。之前提到過，可利用強制型別轉換來對付這個狀況，因此只要在第 1 行加入 int()：

```
score = int(input("請輸入成績："))
```

又或者在第 2 行強制轉換變數 score 為整數型別，都能讓程式正常運作，且符合「將成績加 10 分」的目的。

```
print(int(score) + 10)
```

雖然輸入看起來是數字，但其實是字串型別，得將其轉為整數或浮點數型別才能進行算術運算，而這裡的強制轉換是有點小困擾的。例如：

▶ 範例程式：

```
1  print(int(input("請輸入整數：")))        # 轉成整數
2  print(float(input("請輸入整數：")))      # 轉成浮點數
3  print(float(input("請輸入浮點數：")))    # 轉成浮點數
4  print(int(input("請輸入浮點數：")))      # 轉成整數
```

▶ 輸出結果：

```
請輸入整數：3
3
請輸入整數：3
3.0
請輸入浮點數：3.14
3.14
請輸入浮點數：3.14
ValueError: invalid literal for int() with base 10: '3.14'
```

執行前三行程式碼沒有問題，第 1 和 3 行使用者根據提示訊息分別輸入對應整數與浮點數的字串，再透過強制轉換成對應型別；第 2 行雖然是將輸入的整數強制轉成浮點數，也能正常執行，只是在輸出時多了小數點，有點彆扭；但是執行第 4 行就得到錯誤訊息「ValueError」，原因在於這裡要將使用者輸入看起來像浮點數的字串，強制轉換為整數型別。這裡的困擾在於不知道要將使用者的輸入轉換成對應的整數或者浮點數型別，畢竟難以只靠提示訊息就制約使用者輸入，可能提示的是要輸入一個整數，但使用者卻輸入浮點數。

熟悉程式設計的人可能會想多寫幾行程式碼來判斷輸入的是整數還是浮點數，畢竟這兩者的差別僅在於小數點的存在與否，但這牽涉到字串處理，得等到 Chapter 4 才會介紹。那麼是否有比較簡單的方式可處理這個問題？答案是有的，可“挪用”Python 的內建函式 eval()來處理。例如：

範例程式：

```
1  print(eval(input("請輸入整數：")))       # 轉成整數
2  print(eval(input("請輸入浮點數：")))     # 轉成浮點數
```

輸出結果：

```
請輸入整數：3
3
請輸入浮點數：3.14
3.14
```

可看到不管輸入的是整數或者浮點數資料型別，eval()皆可將其轉換成對應的資料型別，且以該型別進行算術運算，如底下範例。

範例程式：

```
1  score = eval(input("請輸入整數："))
2  print(score + 10)
3
4  pi = eval(input("請輸入圓周率："))
5  print(3 * pi)
```

▶ 輸出結果：

```
請輸入整數：50
60
請輸入圓周率：3.14
9.42
```

事實上，內建函式 eval()真正用途是執行字串運算式（expression），並回傳該運算式的運算結果。這個運算式可包含變數，也可由使用者直接輸入，例如：

▶ 範例程式：

```
1  exp = input("請輸入數學運算式：")
2  print(type(exp))
3  print(eval(exp))
4
5  x = 10
6  print(eval("x + 5"))
```

▶ 輸出結果：

```
請輸入數學運算式：2*3+5
<class 'str'>
11
15
```

第 2 行使用 typr()查看使用者輸入的的確是字串型別，隨後經過 eval()就計算出運算式的結果，而第 6 行 eval()也直接把變數值帶入做運算。有時候，eval()也能讓輸入更簡單些，例如一次輸入多個變數：

▶ 範例程式：

```
1  x, y = eval(input("請輸入兩個變數，並以逗點隔開："))
2
3  print(f"x 的型別為{type(x)}")
4  print(f"y 的型別為{type(y)}")
5  print(x + y)
```

▶ 輸出結果：

```
請輸入兩個變數，並以逗點隔開：5, 3.14
x 的型別為<class 'int'>
y 的型別為<class 'float'>
8.14
```

eval()會嘗試將一個字串轉換成可執行的程式碼並執行，但不能進行複雜的邏輯運算，比如賦值、迴圈等。儘管方便使用，但也具有潛在的資安風險，尤其是面對使用者惡意輸入類似「系統指令」的字串，可能導致程式碼注入漏洞。例如當 eval() 接收到字串「__import__('os').system('dir')」，就能直接獲得當前資料夾的目錄與檔案資訊，因此使用時需小心謹慎。

1-3 運算式

我們已經學習到關於資料的基本概念，接下來要能對資料進行運算，以獲取所需資訊。這裡所謂的「運算」，其實不外乎算術運算、邏輯運算等基本運算動作，而透過組合各種基本運算，程式得以表現出複雜的行為。在整個運算（operation）過程中主要有兩個角色進行互動，分別是運算元（operand）與運算子（operator），其中前者是指參與運算的數值或者變數，而後者則是特定運算動作的符號。例如運算式「3 + 2」裡的 3 與 2 都是運算元，而「+」則是運算子；如果是「 - 5」，那麼運算元是 5，運算子是負號。

從前面的例子可看到有些運算子需要兩個運算元，有些卻只需要一個運算元。因此，根據參與的運算元數量，可將運算子區分為一元、二元以及三元運算子。一元運算子（unary operator）只需要一個運算元，比如前面看過的負號、階乘符號、矩陣的轉置、開平方等都是；二元運算子（binary operator）需要二個運算元，像是加減乘除，而經常使用的指派（賦值）運算子「=」會將等號右邊的結果指派給等號左邊的變數，因此也算是一種二元運算子。這裡要注意有些二元運算子左右兩邊的運算元是不能交換，如果交換可能得到不同的運算結果，也就是不滿足交換律，例如減法與除法；至於三元運算子（ternary operator）則與條件式判斷有關，等到下一章介紹選擇敘述時再來談。

其實數學上也有所謂的一元、二元及三元運算，其定義與程式語言的三種運算子雖有相似之處，但並非同一個概念。比如若函數 f: A → A 且 A 是一個集合，則函數 f 是在 A 上的一元運算，二元運算的話就考慮函數 f: A × A → A，三元運算則依此類推。根據這個定義，稍後會介紹的比較運算子大於（>）是二元運算子，但因為運算結果是布林值（True 或者 False），因此不是數學上的二元運算。

稍後我們會看到許多不同種類的運算子，而稍微複雜一點的運算往往使用到多個運算子，這時就要注意運算子的優先順序（operator precedence），能有效避免明明了解透澈的公式，實作後卻得到意外結果的窘況。比方說，統計上經常對資料進行標準化（standardization）得到所謂的 z 分數（z-score），計算公式如下：

$$z = \frac{x - \mu}{\sigma}$$

其中是 μ 資料的平均數、σ 則是資料的標準差。假設 $\mu = 10$、$\sigma = 2$，那麼當資料 $x = 8$ 時，得到的 z 分數會是 –1，代表這筆資料比平均數要小一個標準差。

$$z = \frac{x - \mu}{\sigma} = \frac{8 - 10}{2} = -1$$

這個計算 z 分數的運算同時涉及到減法與除法運算，以程式實作時一不小心就可能犯錯而不自知，例如以下寫法：

▶▶ 範例程式：

```
1  mu, sigma = 10, 2
2  x = 8
3
4  z = x - mu / sigma
5  print(z)
```

▶▶ 輸出結果：

```
3.0
```

程式執行結果明顯與我們手算結果不符，元凶就是忽略了運算子的優先順序。記得以前學過「先乘除，後加減」的規則，當數學運算式內同時有減法與除法時，必須先計算除法，接著才是減法，即便減法寫在除法前面也一樣。因此，上述第 4 行的寫法，程式認為的計算優先順序是：

```
z = (x - (mu / sigma))
```

也就是說程式先計算 mu / sigma，得到 5.0 之後再計算 x – 5.0，最後得到 3.0。這與我們認知的 z 分數計算方式不同，若想修正回正確的計算順序，可以利用小括號標示需要優先計算的部分，例如：

範例程式：

```
mu, sigma = 10, 2
x = 8

z = (x - mu) / sigma
print(z)
```

輸出結果：

```
-1.0
```

這還只是加減乘除而已，稍後我們會看到各式各樣的運算子，當它們混合在一起進行計算時，若無明確規定計算優先順序，一不小心就會挖坑給自己跳，引用錯誤的運算結果。有鑑於運算子的種類繁多，且大多還沒介紹過，所以建議有興趣的讀者可以到 Python 官方文件中搜尋「operator precedence」，以取得詳細的運算子優先順序列表。這其中，高優先順序的運算子會先執行，而同樣優先順序的則是由左而右計算，舉例來說：

範例程式：

```
print(1 + 2 * 3 / 4 - 5)
```

輸出結果：

```
-2.5
```

如果擔心犯錯，或是記不住優先順序，可以一律使用小括號明白地標示希望優先計算的部分，如此既可提高程式可讀性，也能減少無意間犯錯的機會。以下把 Python 的運算子簡單分成五類：算術運算子、複合指定運算子、比較運算子、邏輯運算子以及其它運算子，分別簡介其功能與特性。

1-3-1 算術運算子

算術運算子(arithmetic operator)進行數值的數學計算，得到的結果是另一個數值。Python 基本算術運算子如下表所示：

運算子	說明	範例	範例結果
+	兩運算元相加	2 + 3	5
–	兩運算元相減	2 – 3	–1
*	兩運算元相乘	2 * 3	6
/	兩運算元相除	32 / 5	6.4
//	兩運算元相除的商數（無條件捨去）	32 // 5	6
%	兩運算元相除的餘數	32 % 5	2
**	兩運算元進行指數運算	2**3	8

算數運算子的行為大多符合我們的想像，其中就屬除法比較特別，Python 設計三種不同的除法運算，以滿足各種常見的數值運算需求。這其中的取商數運算子「//」，其實就是將相除後的浮點數，無條件捨去小數點的結果；而「%」稱為餘數運算子，運算結果是經過除法後的餘數（remainder），有時也叫做模數（modulo）。以圖 1-3-1 為例，「19 // 7」會得到 2，而「19 % 7」則是 5。

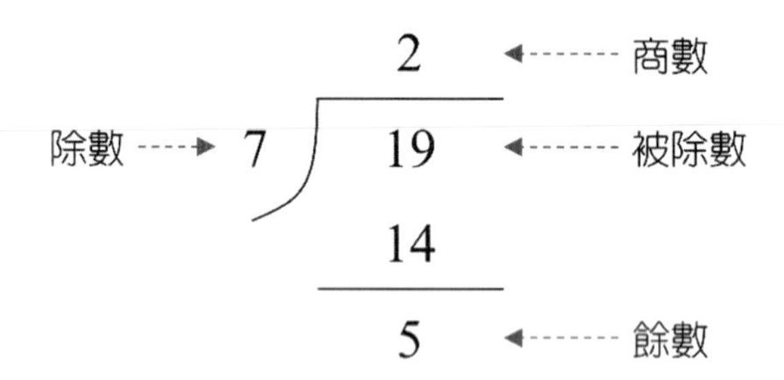

圖 1-3-1 除數、被除數、商數及餘數在長除法（直式除法）的位置

▶▶ 範例程式：

```
1  print(6 / 3)       # 除法的結果為浮點數
2  print(3 / 2)
3  print(12.5 / 0.25)
4  print(1.27 / 3, end='\n\n')
```

```
5
6   print(10 // 3)    # 除法結果的商數，可能是整數或浮點數
7   print(10.0 // 3)
8   print(10 // 0.3, end='\n\n')
9
10  print(10 % 3)     # 除法結果的餘數，可能是整數或浮點數
11  print(10 % 3.0)
12  print(10.0 % 3)
13  print(10 % -3)
14  print(-10 % 3)
```

▶▶ 輸出結果：

```
2.0
1.5
50.0
0.42333333333333334

3
3.0
33.0

1
1.0
1.0
-2
2
```

相除運算得到的結果，其資料型別可能是整數，也可以是浮點數，規律如下：

- 除法的結果為浮點數：從第 1 ~ 4 行可以看出來，即使是可以整除的兩個整數，相除的結果仍然是浮點數型別。此外，Python 預設最多輸出小數點後 17 位數字。
- 除法結果的「商數」可能是整數或浮點數：當被除數與除數都是整數時，運算結果為整數（第 6 行），否則結果為浮點數（第 7 ~ 8 行）。
- 除法結果的「餘數」可能是整數或浮點數：與前面一樣，當被除數與除數皆為整數時，結果為整數（第 10、13、14 行），否則為浮點數（第 11 ~ 12 行）。

此外，算術運算部分還有幾個小地方要注意。首先，如果參與計算的兩個運算元不同資料型別（如一個整數，一個是浮點數），Python 會先進行隱式轉型（implicit type conversion），也就是偷偷把兩個資料都轉換成相同型別之後再運算。若遇到整數與浮點數做運算，由於浮點數包含整數，所以 Python 會統一把整數轉換成浮點數再進行；而若是整數與布林值運算在一起（雖然這樣做有點怪），則會將布林值先轉為整數。例如：

▶▶ 範例程式：

```
1  print(3 + 0.2)
2  print(3e2 - 120)
3  print(3.0 * 2)
4  print(3 ** 2.0)
5  print(3 * True)       # True 先轉成 1 再運算
6  print(3 * False)      # False 先轉成 0 再運算
```

▶▶ 輸出結果：

```
3.2
180.0
6.0
9.0
3
0
```

其次，整數的運算結果大致上符合我們的預期，但是浮點數的運算有時會出現奇怪的結果，如底下範例。這主要是前面提到的「浮點數精確度」問題所造成，這個小誤差在平常運算時可以忽略不計，但隨著運算次數越多，誤差也會逐漸累加放大，導致最後的計算結果嚴重偏離。因此，在一些非常講究精確度的應用，比如銀行的金融系統、火箭的軌道計算、工業的精密量測等，會避免直接用內建的浮點數表示法來表達數字，而是改用其它方式進行計算。

▶▶ 範例程式：

```
1  print(0.1 * 5)
2  print(0.1 + 0.2)
```

▶▶ 輸出結果：

```
0.5
0.30000000000000004
```

要是運算結果過於龐大，Python 會以無窮大（inf）來表示，而使用無窮大進行計算常會得到未定義的結果，會在畫面上看到未定義數（nan）的輸出。

▶▶ 範例程式：

```
1  a = 1e20000 ** 2
2
3  print(a)
4  print(a - 10)
5  print(a - a)
6  print(a / a)
7  print(a * 0)
```

▶▶ 輸出結果：

```
inf
inf
nan
nan
nan
```

最後，Python 這三個與除法相關的運算子，第二個運算元不能為零，否則會得到錯誤訊息「ZeroDivisionError」。順帶一題，有個小技巧能透過次方運算來實現開根號，例如：

▶▶ 範例程式：

```
1  print(16 ** 0.5)
```

▶▶ 輸出結果：

```
4.0
```

1-3-2 複合指定運算子

程式中常常需要將某些變數值做某種規律性的變化，例如在迴圈敘述中規律地增加某個變數值，而一般的做法是將該變數值進行運算後，再指派給原變數，例如：

```
i = i + 2
```

這個寫法有些累贅，畢竟同一個變數名稱寫了兩次，要是變數名稱太長，對輸入來說的確不太方便。因此，有了複合式的寫法，亦即複合指定運算子（compound assignment operator），將運算字放在「=」前方來取代重複輸入變數名稱，如：

```
i += 2     # 即 i = i + 2
```

這個寫法裡的「+=」即為複合指定運算子，它同時進行「運算」與「指派」兩個工作，可以口語化解釋成「把 i 加 2，然後將結果指派給 i」。在尚未熟悉這個運算子之前，可能它帶來的疑惑會多於幫助，需要一點時間與練習來適應。對電腦而言，複合指定運算子能讓編譯器（把目前程式碼轉換成另一個目標程式碼的一種程式）產生更有效率的目的碼；對我們而言，不但能節省輸入時間，也讓敘述看起來更簡潔。更多複合指定運算子可參考下表：

運算子	說明	範例（a = 5）	範例結果
+=	相加後再指定給原變數	a += 2	7
–=	相減後再指定給原變數	a –= 2	3
*=	相減後再指定給原變數	a *= 2	10
/=	相除後再指定給原變數	a /= 2	2.5
//=	相除後取得商，再指定給原變數	a //= 2	2
%=	相除後取得餘數，再指定給原變數	a %= 2	1
**=	指數運算後再指定給原變數	a **= 2	25

舉個簡單範例，已知圓周長為 314 公分，要求圓面積。這道題目可以依公式先求出半徑後再計算圓面積，也能利用周長與面積的關係直接計算，例如：

▶▶ 範例程式：

```
1  PI = 3.14
2  圓周長 = 314
3  圓周長 **= 2
4  圓面積 = 圓周長 / (4*PI)
```

```
5
6    print(f"圓面積 = {圓面積}")
```

輸出結果：

```
圓面積 = 7850.0
```

1-3-3 比較運算子

比較運算子（comparison operator）也稱為關係運算子（relational operator），是進行大小比較關係的運算，其比較結果會得到一個布林值，代表這個大小關係是否成立。若比較結果正確，則得到 True；反之，比較結果錯誤會得到 False，這種比較常見於邏輯判斷使用。

運算子	說明	範例	範例結果
==	左右兩邊是否相等	3 == 2	False
!=	左右兩邊是否不相等	3 != 2	True
>	左邊是否大於右邊	3 > (2**2)	False
<	左邊是否小於右邊	3 < (2**2)	True
>=	左邊是否大於或等於右邊	3 >= 4	False
<=	左邊是否小於或等於右邊	3 <= 3	True

通常整數的比較運算可正常運用，但浮點數因為精確度的緣故，有時候會得到錯誤的比較結果，而這個問題常發生在等於判斷的時候。舉例來說，底下範例在運算「0.1 + 0.2」會得到比「0.3」稍大一點的結果，才會在比較過後得到 False。因此，宜盡量避免直接對浮點數進行等於判斷，若逼不得已也可自訂一個可容忍的誤差值。

範例程式：

```
1    print(0.1 + 0.2 == 0.3)
```

輸出結果：

```
False
```

1-3-4　邏輯運算子

與比較運算子一樣，邏輯運算子（logical operator）的運算結果也會得到一個布林值，Python 可以判斷的三種邏輯狀態有且（and）、或（or）、非（not），其中除了第三個是一元運算子外，其餘兩個皆為二元運算子。邏輯運算的結果依下面的真值表（truth table）來決定，表中 T 與 F 分別代表 True 與 False。

x	y	x and y	x or y	not x
F	F	F	F	T
F	T	F	T	T
T	F	F	T	F
T	T	T	T	F

常見在一般程式語言使用的邏輯運算子符號為「&&」（且）、「||」（或）與「~」（非），而 Python 則以直覺的方式表達邏輯運算（如下表）。另外，也可以使用「&」代替 and，「|」代替 or。

運算子	說明	範例	範例結果
and	當兩個運算元皆為 True 時，邏輯運算結果為 True；其餘情況皆得到 False。	(3>2) and (5>3)	True
or	當兩個運算元皆為 False 時，邏輯運算結果為 False；其餘情況皆得到 True。	(3<2) or (5<3)	False
not	得到與運算元相反的值。	not (5>3)	False

範例程式：

```
1  x, y = 2, 5
2
3  print((3 > x) and (y < 5))
4  print((3 > x) & (y < 5))
5  print((3 < x) or (y <= 5))
6  print(not (3 > x))
```

輸出結果：

```
False
False
True
False
```

這裡提到 and 與 or 兩個邏輯運算子，與數學上兩個集合（set）的基本運算有異曲同工之處。and 相當於兩個集合的交集（intersection），而 or 則對應到聯集（union）。需要注意集合經運算後可以有許多元素（element），可是邏輯運算的結果只能是兩個布林值中的一個。順帶一提，常見的邏輯運算有五個，除了本節提及的三個之外，還有條件（→）以及雙條件（↔），其中前者有點像下一章要介紹的選擇敘述。

另一方面，複雜的邏輯判斷可能涉及數個運算式，連帶使得程式碼顯得冗長不易閱讀，可以用 Pythonic 寫法簡化之，使其更符合平常使用習慣，如以下範例：

範例程式：

```
1  a, b = 3, 1
2
3  print((1<=b) and (b<=a) and (a<10))
4  print(1 <= b <= a <= 10)    # Pythonic 寫法
```

輸出結果：

```
True
True
```

此外，一般用來交換兩個變數值的程式寫法，需要引入一個暫時變數才能順利進行交換，而 Pythonic 寫法可以直接交換（如底下範例的第 10 行）。這裡若已經理解等號是指派動作，會比較容易理解與接受；若不然，可能要糾結好一陣子。

範例程式：

```
1  a, b = 99, 1     # 指派變數a和b的值
2  print(f"交換前：a = {a}, b = {b}")
3  tmp = a
4  a = b
```

```
5   b = tmp
6   print(f"交換後：a = {a}, b = {b}")
7   print("=======================")
8   a, b = 99, 1     # 重新指派變數a和b的值
9   print(f"交換前：a = {a}, b = {b}")
10  a, b = b, a
11  print(f"交換後：a = {a}, b = {b}")
```

輸出結果：

```
交換前：a = 99, b = 1
交換後：a = 1, b = 99
=======================
交換前：a = 99, b = 1
交換後：a = 1, b = 99
```

1-3-5 位元運算子

以上四種類型的運算子是一般在撰寫 Python 程式時比較常使用的運算方式，而本小節將介紹比較“底層”的位元運算子（bitwise operator）。基本上，電腦內的所有數值皆以二進位表示（即 0 與 1），而位元運算子即是針對每個數值的二進位數字進行運算。在資深的 C 語言裡，有一些運算子可以對記憶體裡的值進行位元（bit）操作，正因為如此，有人把 C 定位為橫跨低階語言（如組合語言）與高階語言（如 Pascal、Basic 等）兩者的語言，而這裡所謂的低階或高階是以該語言離電腦硬體層面多遠來決定。C 語言的位元運算子允許在記憶體內探索，同時也能撰寫軟體應用程式。

倘若今天使用 C 語言撰寫科學或商用軟體，也許幾乎用不到位元運算；但若是要寫系統程式（system program）、數位邏輯設計（digital logic design）或嵌入式系統（embedded system）等，則免不了要用到位元運算子。Python 承襲自 C 語言，自然有與之對應的六個位元運算子，下表以數值 4（二進位為 0100）與 5（二進位為 0101）為例說明。注意，位元運算與之前的邏輯運算，不管是符號或運算方式，皆有其相似之處，切勿混淆。

運算子	說明	範例	範例結果
&	進行位元間的且（AND）運算	4 & 5	4
|	進行位元間的或（OR）運算	4 | 5	5

^	進行位元間的互斥或（XOR）運算	4 ^ 5	1
~	進行位元間的否（NOT）運算	~ 4	–5
>>	所有位元往右移動指定位數	5 >> 2	1
<<	所有位元往左移動指定位數	5 << 2	20

圖 1-3-2 說明 4 與 5 進行 AND 運算的結果為何為 4。先將兩個數字分別以二進位表示，再把每組對應的兩個位元進行 AND 運算，最後將得到的二進位表示法轉為十進位即可得到兩數字做 AND 運算的結果。

此外，上表內的「>>」與「<<」也稱為位移運算子（shift operator），因其往左或右移動整組位元而得名。以上述「5 >> 2」為例，把整組用來表示 5 的二進位數字往右移動 2 個位數，移動超過最低位元的部分就直接丟棄，而左邊空出來的部分則補 0（圖 1-3-3）。如此一來，最後得到的二進位結果為「0001」，亦即十進位的數值「1」。

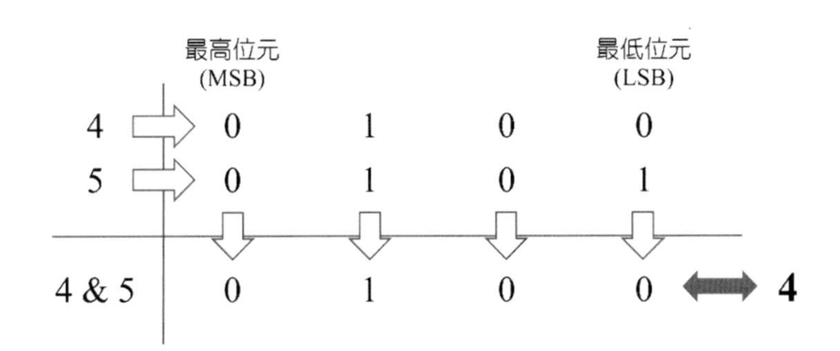

圖 1-3-2 4 與 5 進行 AND 運算的結果說明

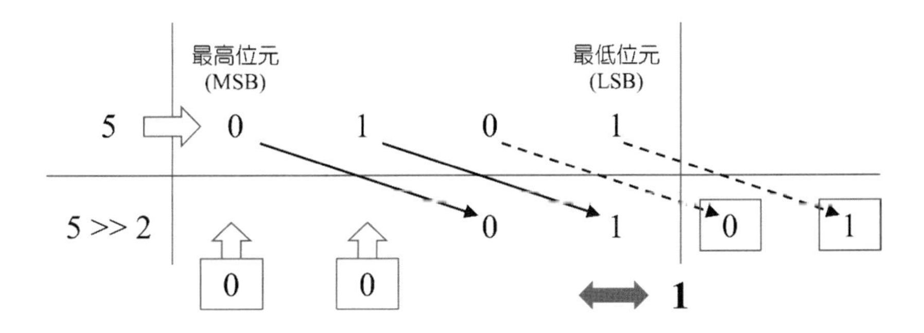

圖 1-3-3 「5 >> 2」的運算結果說明

左移也是類似的作法，下圖以「5<< 2」為例，整組表示 5 的二進位數字往左邊移動 2 個位數，右邊空出來的部分一樣補 0，最後得到「010100」，即為「20」。

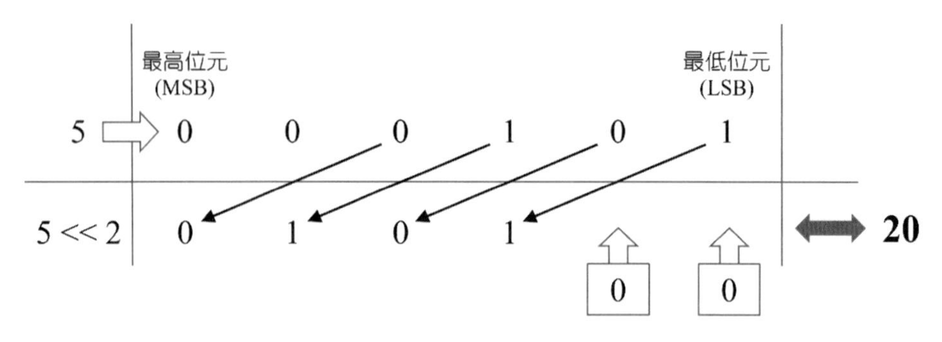

圖 1-3-4 「5 << 2」的運算結果說明

事實上，把一個數值的二進位表示往右移動 1 個位元，相當於把該數值除以 2 取商；而往左移動一個位元，則是把該數乘以 2 的結果。

接著舉個運用位元運算的例子。欲判斷給定整數是奇數還是偶數，一般作法是將該數除以 2 取餘數，若為 0 則該數為偶數，反之為奇數。此外，若奇數的數值以二進位表示，則最右邊的位元必為 1，而偶數最右邊的位元必為 0。利用這個性質把該整數與 1 做 AND 運算，由於 1 除了最右邊的位元為 1 之外，其餘皆為 0，與輸入數值 AND 運算的結果，只會留下最右邊位元為 0 或 1 的結果，其它部分與 0 做 AND 運算都遮掉了。例如：

▶▶ 範例程式：

```
1  a = 5
2
3  print(f"整數為：{a}")
4  print(f"是奇數？{bool(a % 2)}")
5  print(f"是奇數？{bool(a & 1)}")
```

▶▶ 輸出結果：

```
整數為：5
是奇數？True
是奇數？True
```

在上述幾個位元運算中，比較不熟悉的應該是互斥或（exclusive OR，XOR）運算，這個二元運算子當兩個運算元相同時，結果會得到 False，反之不同時為 True。底下範例運用 XOR 性質進行簡單的加解密，將字元「A」加密的過程是將其與數字「7」（二進位為 000111）做 XOR 運算，此時 A 會先轉換為對應的 ASCII（美國標準資訊交換碼，以後介紹字串時再來談）再進行運算；而解密步驟則是將前面的加密結果進行同樣運算，也就是再與數字「7」進行 XOR 運算即可得到。

範例程式：

```
1  inp = 'A'
2  print(f"加密前：{inp}")
3
4  enc = ord(inp) ^ 7
5  print(f"加密後：{chr(enc)}")
6  print(f"解密後：{chr(enc^7)}")
```

輸出結果：

```
加密前：A
加密後：F
解密後：A
```

這個範例用到兩個內建函式 ord()與 chr()，前者是取得一個字元的 ASCII，而後者則是相反的動作，亦即把 ASCII 轉為字元。

綜合範例

綜合範例 1：

基本算術運算

1. 題目說明：

   請依下列題意進行作答，使輸出值符合題意要求。

2. 設計說明：

   請撰寫一程式，讓使用者輸入一整數，並輸出該整數「加 9」後的結果。

3. 輸入輸出：

   (1) 輸入說明

   一個整數

   (2) 輸出說明

   輸入值加 9

   (3) 範例輸入

   ```
   0
   ```

   範例輸出

   ```
   9
   ```

4. 參考程式：

   解法 1：

```
1  n = int(input())
2  print(n + 9)
```

   解法 2：

```
1  print(eval(input()) + 9)
```

綜合範例 2：

計算並輸出浮點數

1. 題目說明：

   請依下列題意進行作答，使輸出值符合題意要求。

2. 設計說明：

   請撰寫一程式，讓使用者輸入要購買的瓶果汁數量，蘋果汁一瓶單價 23.34 元，計算總共要花多少錢並輸出至小數點後第二位。

3. 輸入輸出：

   (1) 輸入說明

   一個自然數

   (2) 輸出說明

   總共要花多少錢並輸出至小數點後第二位

   (3) 範例輸入

   ```
   5
   ```

   範例輸出

   ```
   116.70
   ```

4. 參考程式：

   解法 1：

```
1  n = int(input())
2  print("%.2f" % (n * 23.34))
```

   解法 2：

```
1  n = eval(input())
2  print("{:.2f}".format(n * 23.34))
```

   解法 3：

```
1  n = eval(input())
2  print(f"{n * 23.34:.2f}")
```

   解法 4：

```
1  print(f"{eval(input())* 23.34:.2f}")
```

綜合範例 3：

計算並輸出運算式與結果

1. 題目說明：

   請依下列題意進行作答，使輸出值符合題意要求。

2. 設計說明：

   請撰寫一程式，讓使用者輸入三個整數，輸出計算總和的算式與平均值（四捨五入至小數點後第二位）。

3. 輸入輸出：

   (1) 輸入說明

   三個整數

   (2) 輸出說明

   計算總和及平均值（四捨五入至小數點後第二位）

   (3) 範例輸入

```
11
22
33
```

範例輸出

```
11+22+33=66
22.00
```

4. 參考程式：

解法 1：

```
1  a = eval(input())
2  b = eval(input())
3  c = eval(input())
4
5  sum_ = eval('a+b+c')
6  print("%s+%s+%s=%d" % (a, b, c, sum_))
7  print("%.2f" % (sum_/3))
```

解法 2：

```
1  a = eval(input())
2  b = eval(input())
3  c = eval(input())
4
5  sum_ = a + b + c
6  print(f"{a}+{b}+{c}={sum_}")
7  print(f"{sum_/3:.2f}")
```

綜合範例 4：

浮點數相加

1. 題目說明：

   請依下列題意進行作答，使輸出值符合題意要求。

2. 設計說明：

   請撰寫一程式，讓使用者輸入兩個浮點數，計算兩浮點數之總和（四捨五入至小數點後第二位）。

3. 輸入輸出：

   (1) 輸入說明

   兩個浮點數

   (2) 輸出說明

   計算總和（四捨五入至小數點後第二位）

   (3) 範例輸入

   ```
   2.222
   3.666
   ```

   範例輸出

   ```
   total=5.89
   ```

4. 參考程式：

   解法 1：

```
1  a = eval(input())
2  b = eval(input())
3
4  sum_ = a + b
5  print("total=%.2f" % sum_)
```

   解法 2：

```
1  a = eval(input())
2  b = eval(input())
3
4  print(f"total={a+b:.2f}")
```

綜合範例 5：

根號運算

1. 題目說明：

   請依下列題意進行作答，使輸出值符合題意要求。

2. 設計說明：

   請撰寫一程式，讓使用者輸入兩個正整數，計算兩個正整數的總和後開根號（四捨五入至小數點後第二位）。

3. 輸入輸出：

   (1) 輸入說明

   兩個正整數

   (2) 輸出說明

   兩個正整數相加後開根號（四捨五入至小數點後第二位）

   (3) 範例輸入

   範例輸出

```
result=13.23
```

4. 參考程式：

   解法 1：

```
1  a = eval(input())
2  b = eval(input())
3
4  ans = (a + b)**0.5
5  print("result=%.2f" % ans)
```

   解法 2：

```
1  a = eval(input())
2  b = eval(input())
3
4  print(f"result={(a+b)**0.5:.2f}")
```

綜合範例 6：

歐式距離

1. 題目說明：

   請依下列題意進行作答，使輸出值符合題意要求。

2. 設計說明：

   請撰寫一程式，讓使用者輸入四個整數，依序分別為點 $A(x_1, y_1)$及點 $B(x_2, y_2)$的座標值，接著計算兩點距離並輸出（四捨五入至小數點後第二位）。

   兩點距離公式 $= \sqrt{(x_2 - x_1)^2 + (y_2 - y_1)^2}$

3. 輸入輸出：

   (1) 輸入說明

   四個整數

   (2) 輸出說明

   計算兩點座標距離（四捨五入至小數點後第二位）

   (3) 範例輸入

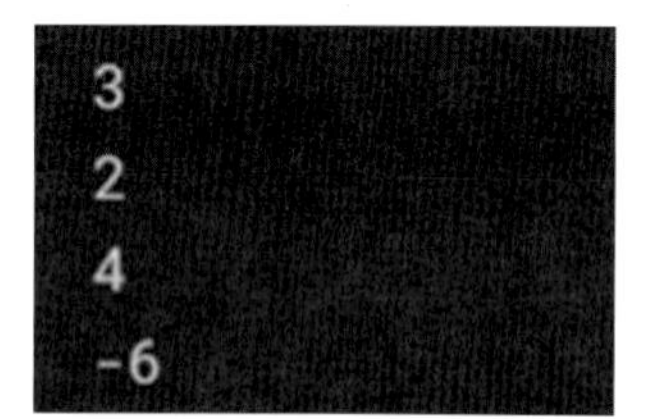

範例輸出

```
8.06
```

4. 參考程式：

解法 1：

```
1  x1 = eval(input())
2  y1 = eval(input())
3  x2 = eval(input())
4  y2 = eval(input())
5
6  dist = (x2 - x1)**2 + (y2 - y1)**2
7  dist **= 0.5
8  print("%.2f" % dist)
```

解法 2：

```
1  x1, y1 = eval(input()), eval(input())
2  x2, y2 = eval(input()), eval(input())
3
4  dist = ((x2 - x1)**2 + (y2 - y1)**2)**0.5
5  print(f"{dist:.2f}")
```

 綜合範例 7：

對齊輸出

1. 題目說明：

   請依下列題意進行作答，使輸出值符合題意要求。

2. 設計說明：

   (1) 請撰寫一程式，讓使用者輸入六個整數，將每三個整數列印在同一列（整數之間間隔一個空白字元）。

   (2) 為了輸出美觀，每個整數給予 10 個欄位寬，並分別輸出靠右與靠左對齊。

3. 輸入輸出：

   (1) 輸入說明

   六個整數

   (2) 輸出說明

   每三個整數輸出在同一列共分兩列，且每個整數給予 **10** 個欄位寬，分別輸出靠右與靠左對齊

   (3) 範例輸入

範例輸出

```
        10        100     100000
    100000        100         10
10         100        100000
100000     100        10
```

程式輸出擷圖

下圖中的 黃色點 為 空格

```
········10········100·····100000
····100000········100·········10
10·········100········100000····
100000·····100········10········
```

4. 參考程式：

解法 1：

```
1   num1 = eval(input())
2   num2 = eval(input())
3   num3 = eval(input())
4   num4 = eval(input())
5   num5 = eval(input())
6   num6 = eval(input())
7   
8   print("%10d %10d %10d" % (num1, num2, num3))
9   print("%10d %10d %10d" % (num3, num2, num1))
10  print("%-10d %-10d %-10d" % (num1, num2, num3))
11  print("%-10d %-10d %-10d" % (num3, num2, num1))
```

解法 2：

```
1   num1 = eval(input())
2   num2 = eval(input())
3   num3 = eval(input())
4   num4 = eval(input())
5   num5 = eval(input())
6   num6 = eval(input())
7   
8   print(f"{num1:10d} {num2:10d} {num3:10d}")
9   print(f"{num3:10d} {num2:10d} {num1:10d}")
10  print(f"{num1:<10d} {num2:<10d} {num3:<10d}")
11  print(f"{num3:<10d} {num2:<10d} {num1:<10d}")
```

綜合範例 8：

圓的半徑與面積

1. 題目說明：

   請依下列題意進行作答，使輸出值符合題意要求。

2. 設計說明：

   請撰寫一程式，讓使用者輸入一整數為圓形的直徑，分別輸出直徑、半徑（四捨五入至小數點後第二位）及面積（四捨五入至小數點後第四位），欄位寬度皆為 10 個字元且靠左對齊。

3. 輸入輸出：

   (1) 輸入說明

   一個整數

   (2) 輸出說明

   圓的直徑、半徑（四捨五入至小數點後第二位）、面積（四捨五入至小數點後第四位）

   (3) 範例輸入

   ```
   90
   ```

   範例輸出

   ```
   90
   45.00
   6361.5375
   ```

4. 參考程式：

解法 1：

```
1  PI = 3.1415
2  R = eval(input())
3
4  r = R/2
5  area = PI*r*r
6
7  print("%-10d" % R)
8  print("%-10.2f" % r)
9  print("%-10.4f" % area)
```

解法 2：

```
1  PI = 3.1415
2  R = eval(input())
3
4  r = R/2
5  area = PI*r*r
6
7  print(f"{R:<10d}\n{r:<10.2f}\n{area:<10.4f}")
```

綜合範例 9：

及格分數判斷

1. 題目說明：

   請依下列題意進行作答，使輸出值符合題意要求。

2. 設計說明：

   請撰寫一程式，讓使用者輸入分數，判斷此分數是否及格（及格分數為 60 分以上），若及格，則輸出「pass」；若不及格，則輸出「fail」，再判斷此分數為奇數或偶數，若為奇數，則輸出「odd」；若為偶數，則輸出「even」，若輸入的分數不在 0~100 中，則輸出「error」。

3. 輸入輸出：

   (1) 輸入說明

   一個整數

   (2) 輸出說明

   該分數 pass 或 fail 與該數為 odd 或 even；若分數不在 0~100 中，輸出 error

   (3) 範例輸入 1

```
90
```

   範例輸出 1

```
pass
even
```

   範例輸入 2

```
59
```

   範例輸出 2

```
fail
odd
```

   範例輸入 3

```
101
```

   範例輸出 3

```
error
```

4. 參考程式：

   請參考 Chapter 2 的綜合範例 11。

綜合範例 10：

判斷大小後輸出

1. 題目說明：

   請依下列題意進行作答，使輸出值符合題意要求。

2. 設計說明：

   (1) 請撰寫一程式，讓使用者輸入三個整數 a、b、c，並依序輸出(2)~(4)。

   (2) 若 a 大於等於 60 且小於 100 則輸出 1，否則輸出 0。

   (3) 計算 b+1 再除以 10 的值，四捨五入至小數點後第二位。

   (4) 若 a 大於等於 c，則輸出 a，否則輸出 c。

3. 輸入輸出：

   (1) 輸入說明

   三個整數

   (2) 輸出說明

   依序輸出設計說明 2~4

   (3) 範例輸入

```
70
100
60
```

   範例輸出

```
1
10.10
70
```

4. 參考程式：

   請參考 Chapter 2 的綜合範例 12。

Chapter 1 習題

習題 1：華氏攝氏溫度轉換

1. 請撰寫一程式，讓使用者輸入華氏溫度（degrees Fahrenheit），然後輸出其對應的攝氏溫度（degrees Celsius），輸出值請四捨五入至小數點後第二位。
2. 輸入輸出：

   (a). 輸入說明

   一個數值

   (b). 輸出說明

   轉換後的攝氏溫度（四捨五入至小數點後第二位）

   (c). 範例輸入

   ```
   請輸入華氏溫度：100
   ```

   範例輸出

   ```
   轉換後的攝氏溫度：37.78
   ```

提示

```
攝氏溫度 = (華氏溫度 - 32)*5/9
```

習題 2：計算 BMI

1. 請撰寫一程式，讓使用者輸入身高（cm）與體重（kg），然後輸出其對應的 BMI 值（四捨五入至小數點後第二位）。
2. 輸入輸出：

   (a). 輸入說明

   兩個數值

   (b). 輸出說明

   BMI 值（四捨五入至小數點後第二位）

(c). 範例輸入

```
請輸入身高(cm)、體重(kg)，輸入值以逗點隔開：176, 75
```

範例輸出

```
BMI = 24.21
```

提示

```
BMI = 體重(kg) / 身高²(m)
```

習題 3：歐德斯猜想

1. 請撰寫一程式，讓使用者輸入一個大於 1 的整數 n，以及三個正整數 x, y, z，並驗證其是否滿足「歐德斯猜想」，亦即是否滿足下列式子：

$$\frac{4}{n} = \frac{1}{x} + \frac{1}{y} + \frac{1}{z}$$

2. 輸入輸出：

(a). 輸入說明

一個大於 1 的整數 n，以及三個正整數 x, y, z

(b). 輸出說明

滿足「歐德斯猜想」則為 True，否則為 False

(c). 範例輸入 1

```
請輸入一個大於1的整數：2
請輸入三個正整數，以逗點隔開：1, 2, 2
```

範例輸出 1

```
True
```

範例輸入 2

```
請輸入一個大於1的整數：5
請輸入三個正整數，以逗點隔開：4, 4, 5
```

範例輸出 2

```
False
```

習題 4：計算導數值

1. 請撰寫一程式，讓使用者輸入一個數 a，並給定一個函數$f(x)$如下，請計算$f(x)$在$x = a$的導數值（derivative）。

$$f(x) = 3x^4 - 7x^2 + 5$$

注意：請利用導數的極限定義來計算，勿直接將導數寫在程式碼裡。

2. 輸入輸出：

(a). 輸入說明

一個數值 a

(b). 輸出說明

函數$f(x)$在$x = a$的導數值

(c). 範例輸入 1

```
2
```

範例輸出 1

```
導數值 = 68.00000100781745
```

範例輸入 2

```
0
```

範例輸出 2

```
導數值 = -8.881784197001252e-08
```

提示

若函數$f(x)$於$x = a$有定義，且以下極限存在，則$f(x)$在$x = a$的導數值為：

$$\lim_{x \to a} \frac{f(x)-f(a)}{x-a} \quad 或 \quad \lim_{h \to 0} \frac{f(a+h)-f(a)}{h}$$

CHAPTER

2

選擇敘述與迴圈

選擇敘述與迴圈

我們在日常生活中經常要面對各種做決策的情況，簡單的情況有出門前看到天空灰濛濛的，猶豫是要騎車到學校，還是改搭公車比較方便呢？又比如最近大家在瘋買 AI 股，連輝達 CEO 黃仁勳都強調「AI 是台廠黃金機遇」，我要不要也跟風撈一筆呢？而複雜的決策情況也不少，諸如前面除了騎車或搭公車到學校之外，也能有找朋友載、乾脆翹課☹等選擇，而就算想買 AI 股，也得決定哪一檔後勁更足，能帶來更多收益。

這裡所謂的「決策」是指根據當下條件，判斷是否行動甚至是採取哪些對應的作為。以到校的方式為例，可能會根據氣象預報來選擇不同方式抵達學校，而此處的「氣象預報」就是給定條件，騎車、搭公車或搭便車等都是可能採取的行動。也就是說，我們的內心話可能是「如果氣象預報說會下雨的機率有超過 50%，則就搭公車，否則還是騎車上學」。程式設計也類似，常會依不同條件執行不同處理方式，這就是條件表達式（conditional expression）。

另一方面，生活中也不乏反覆出現的行為或狀況，例如因為不擅長罰球，屢屢在關鍵時刻被「駭客戰術」難有貢獻，因此時常在罰球線上反覆地練習投籃；也有許多與反覆有關的成語，如重三疊四、翻來覆去、一鼓作氣，再而衰，三而竭等。電腦最擅長處理的工作就是執行重複動作，在程式語言中用來反覆執行程式碼的敘述稱為迴圈（loop）。

Python 支援結構化程式設計（structured programming），而結構化的程式是以一些簡單、有層次的程式流程架構所組成，主要可分為循序（sequence）、選擇（selection）及重複（repetition），如圖 2-0-1 所示，其中：

- 循序：指程式碼一行接著一行，循序漸進的執行方式。
- 選擇：依程式的條件狀態，選擇數段程式碼中的一部分來執行，也就是前面提到的條件表達式。
- 重複：一直執行某一段程式碼，直到滿足某個特定條件為止，這種重複動作的執行方式即為迴圈。

結構化程式設計是一種程式設計典範（programming paradigm），亦即軟體工程中的一類典型程式設計風格，主要採用子程式、程式區塊、迴圈等結構來取代傳統的 goto 敘述，希望藉此改善程式的明晰性、品質以及開發時間。

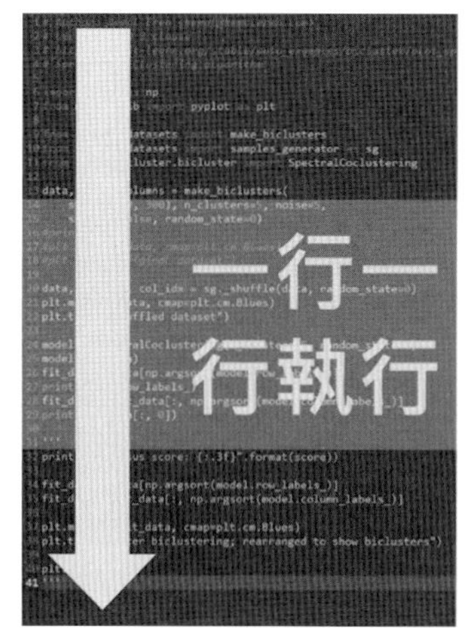

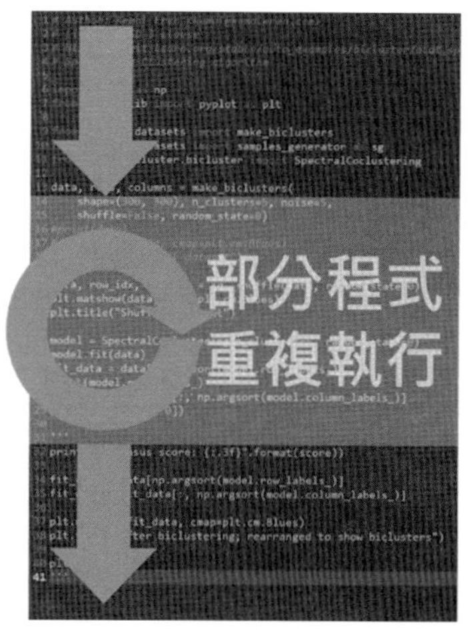

圖 2-0-1 結構化的程式主要以循序（左）、選擇（中）、重複（右）結構來進行程式的流程

不論是條件表達式還是迴圈，其實都屬於流程控制指令（flow control statement），這是指會改變程式執行順序的指令，有可能是執行不同行的程式碼，或是在二段（或多段）程式中選擇一個執行，其他類似的還有函式（下一章介紹）、break 與 continue 敘述、終止指令等。

2-1 選擇敘述

我們在要做決策的當下，通常手邊會有一些輔助資訊或情報，作為未來行動的參考依據。一旦這些資訊滿足某個條件時，我們就能依既定的動作來進行。注意手上作為判斷的資訊，要不在當下就滿足既定條件，否則就不滿足，沒有模糊空間（有時滿足有時又不滿足）或是猶豫不決（條件不夠嚴謹）的情況。因此，條件判斷只有真、假兩種結果（即布林值），用以代表條件是否滿足。

值得一提的是，在電腦內的每一個運算步驟都要非常明確，不能模稜兩可或者模糊不清（ambiguous）。因此，用來作為條件判斷的資訊通常是可以量化，或是有明確定義的具體敘述。例如類似「氣象預報是晴時多雲偶陣雨」的敘述，對於讓電腦判斷今天是否會下雨而言，並無太大意義，因為不清楚究竟「偶陣雨」會多頻繁發生；如果改成「氣象預報有 70%的降雨機率」，那就相當明確且具體，儘管仍有些不確定性，但敘述中有量化數字可供比較。底下範例程式展示幾個簡單的條件表達式，而在條件式中大多有比較運算子或關係運算子。

▶▶ 範例程式：

```
1   score = 85
2   print(score >= 60)
3
4   bmi = 24.21
5   print(18.5 <= bmi < 24)     # 健康體位
6
7   print(0.1 + 0.1 + 0.1 == 0.3)
8
9   a, b = 1, 3
10  print(a = b)
```

▶▶ 輸出結果：

```
True
False
False
TypeError: 'a' is an invalid keyword argument for print()
```

第 7 行是個簡單判斷是否相等的敘述，按理來說，0.1 連加三次應該會等於 0.3，但因為前一章提到的浮點數精確度問題，導致第 7 行的執行結果為 False。因此，我們要盡量避免將浮點數是否相等的運算放到判斷式內。第 10 行得到「TypeError」的執行結果，這是因為一個等號是指派運算子，對 print()來說是不合法的敘述，要判斷是否相等要改用第 7 行的兩個等號。

2-1-1 單向條件式（if …）

語法

單向條件式 if 敘述的語法如下：

```
if (條件式):
    程式區塊
```

這是選擇敘述中最基本的型態，當條件式為 True 時，就會執行程式區塊（block）的敘述；反之，若為 False，則跳過程式區塊而不執行，執行流程可參照圖 2-1-1。

條件式可以是比較運算，如「a < 2」，也可以是邏輯運算，如「(a > 2) and (a < 5)」。可以看到條件式可以不用放在小括號內，但為了提高可讀性，建議還是適度使用小括號；此外，程式區塊內一般會有數行程式碼，若只有單行也可與 if 敘述合併成一行，例如：

```
if (a < 60):    a = 10
```

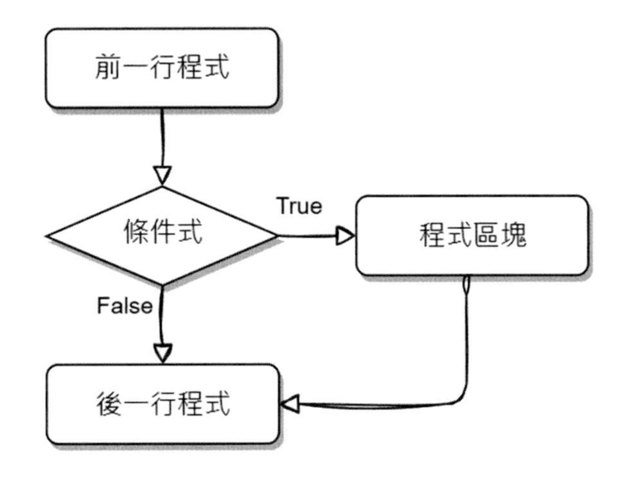

圖 2-1-1 單向條件式 if 敘述的流程圖

在前一章學過，比較運算子與邏輯運算子的運算結果為布林值，自然可以作為條件式。事實上，只要最後的運算結果是一個布林值，皆可用在條件式上，往後在函式與字串處理那邊會看到更多用法。此外，底下範例也是一種常見的寫法：

範例程式：

```
1  n = int(input())
2
3  if n:
4      print(n, end='')
5
6  if n%2:
7      print("不是偶數")
```

輸出結果：

```
23
23不是偶數
```

剛剛才說 if 敘述內的條件式要放能產生布林值的運算，但這裡的第 3 和 6 行運算結果都不是布林值？其實當一個運算結果不是布林值的敘述作為條件式時，Python 會偷偷透過內建函式 bool()，將其運算結果強制轉換為布林值再進行條件判斷。因此，若原始運算結果為 Falsy value，則條件判斷的結果為 False，否則為 True。依照這個原則，第 3 行與「if n != 0:」是同樣意思，而第 6 行與「if n%2 == 1:」一樣，只是這樣寫更簡潔些。

在 if 敘述的語法中，還有幾件值得注意的事。首先，程式區塊是首次遇到的概念，這是指由一行或數行程式碼所構成特殊結構的有效範圍。比如在 if 敘述中，程式區塊定義了如果條件式成立就必須執行的程式碼範圍，往後我們在介紹迴圈、函式時，程式區塊都會被用來限制這些特殊結構能影響的範圍。

再者，圖 2-1-2 是兩段簡單的 C 語言程式碼，即使沒學過 C 語言，但相信憑藉著已建立的一點 Python 基礎，不難看懂這幾行程式碼的用途。比較一下圖 2-1-2 左圖的程式碼與我們想像中的 Python 程式，除了前一章提到的宣告與斷行符號（;）外，C 語言的 if 敘述中「多了一對分號（{}）」，而且考量到圖 2-1-2 是兩段同樣功能的程式碼，但右圖中的每行程式都是靠左對齊，不像左圖第 4 和 5 行「程式碼有內縮」，也就是該行程式碼前面有一定數量的空白字元。

```
1  int score = 80;
2
3  if (score >= 60){
4      printf("得分為%d", score);
5      printf("恭喜及格！");
6  }
```

```
1  int score = 80;
2
3  if (score >= 60){
4  printf("得分為%d", score);
5  printf("恭喜及格！");
6  }
```

圖 2-1-2 兩段同樣功能的 C 語言程式碼

前面提到緊接在 if 敘述之後是它的程式區塊，而許多程式語言是使用大括號來標示屬於 if 敘述的程式區塊，例如圖 2-1-2 的 C 語言。至於程式區塊內程式碼往內縮的寫法，稱之為縮排（indentation），在圖 2-1-2 的兩段同功能程式，說明對 C 語言來說，縮排並非必要。事實上，縮排在大多數程式語言都不是必要寫法，而只是作為輔助用途。相信讀者看著圖 2-1-2 的兩段程式，可以感覺到左邊比較清晰、易懂，這還只是短短的六行程式碼，試想若被迫閱讀上百上千行都靠左對齊的程式碼，大概會躁鬱症發作吧！一般來說，程式縮排帶來的好處有：

- 自己寫程式時，能更清楚程式區塊與結構關係。
- 幫程式除錯時，能更容易找到有問題的區塊或位置。
- 看別人程式時，能更快速了解整個程式架構。

對電腦來說，是否縮排不影響執行結果，畢竟縮排是方便我們閱讀而使用。許多程式語言有自己的縮排風格（indent style），比如大括號位置、內縮多少格等，而 Python 則取消大括號，改用冒號（:）加縮排的方式來定義程式區塊，以此「強制」程式設計者進行縮排。回想 if 敘述的語法，在條件式之後有個冒號，且冒號底下往內縮的程式碼即為該 if 敘述的程式區塊，如底下範例：

範例程式：

```
1  score = 80
2
3  if (score >= 60):
4      print("得分為%d" % score)
5      print("恭喜及格！")
```

輸出結果：

```
得分為80
恭喜及格！
```

實際進行 Python 程式縮排時，還要留意兩個小地方：

- 內縮數量：雖然根據《PEP8》的規定，使用四個空白作為內縮標準，但其實理論上想要用幾個都可以，只是常見的 Python IDE 大多預設為四個空白。
- 內縮方式：除了使用空白鍵增加數個空白字元進行程式內縮外，也可以使用一個 Tab 鍵來縮排。注意，同一個段落裡盡量只用一種縮排方式，因為 Tab 字元在不同平台編輯器的長度不同，例如：Unix 是 8 個字元，而 Windows、macOS 則是 4 個字元。筆者就曾經遇過學生的 Python 程式在 Linux 可以正常執行，但在 Windows 裡執行卻發生錯誤，猶記得當時是一頭霧水，摸不著頭緒。因此，空白鍵與 Tab 擇一即可，不宜混用。

既然常見有兩種方式進行縮排，除了個人使用習慣外，孰優孰劣呢？下表整理出兩種方式的優缺點：

縮排方式	優點	缺點
Tab 鍵	縮排速度快又整齊，檔案也小。	Tab 字元在不同平台的編輯器有不同長度，可能有存取出錯、排版亂掉、檔案合併上的疑慮。
空白鍵	不同平台的解讀有一致性。	內縮多個空白字元時，輸入頗麻煩。

其實，不管是空白鍵抑或 Tab 鍵都有各自的擁護者，有趣的是彼此看不順眼的橋段，也曾被美劇「矽谷群瞎傳」（Silicon Valley）作為素材搬上螢幕，劇中男主角因為太介意曖昧對象使用空白鍵縮排，兩人因此鬧翻。

知名程式問答網站 Stack Overflow，在 2017 年的調查發現使用 Tab 和空白鍵的人約各佔 40%，剩下的人則表示會交叉使用。

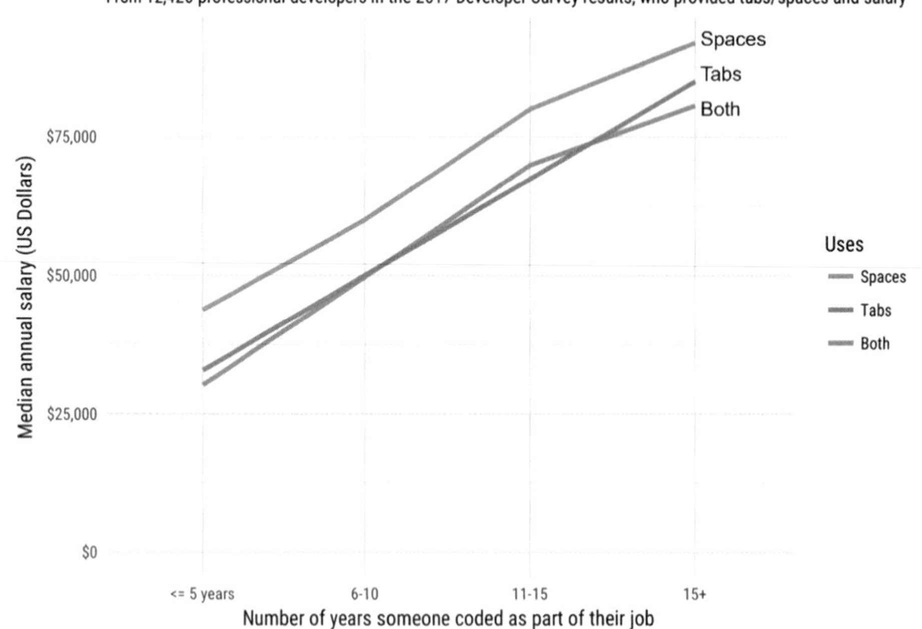

參考來源：https://www.bnext.com.tw/article/44961/developers-use-spaces-make-money-use-tabs

圖 2-1-3 使用空白鍵與 Tab 縮排的開發者，其整體薪資差異

不過，調查結果顯示使用空白鍵縮排的開發者，平均年薪為 59,140 美元，而使用 Tab 鍵的年薪則僅 43,750 美元。由圖 2-1-3 亦可看到無論年資長短，使用空白鍵縮排的開發者，薪水都較使用 Tab 鍵的開發者要高。再者，圖 2-1-4 進一步顯示兩種縮排使用習慣所造成的薪水差異，並非來自不同國家的經濟落差，比方說 GDP 較低的國家慣用 Tab，才導致 Tab 的平均薪資較低。

Salary differences between developers who use tabs and spaces

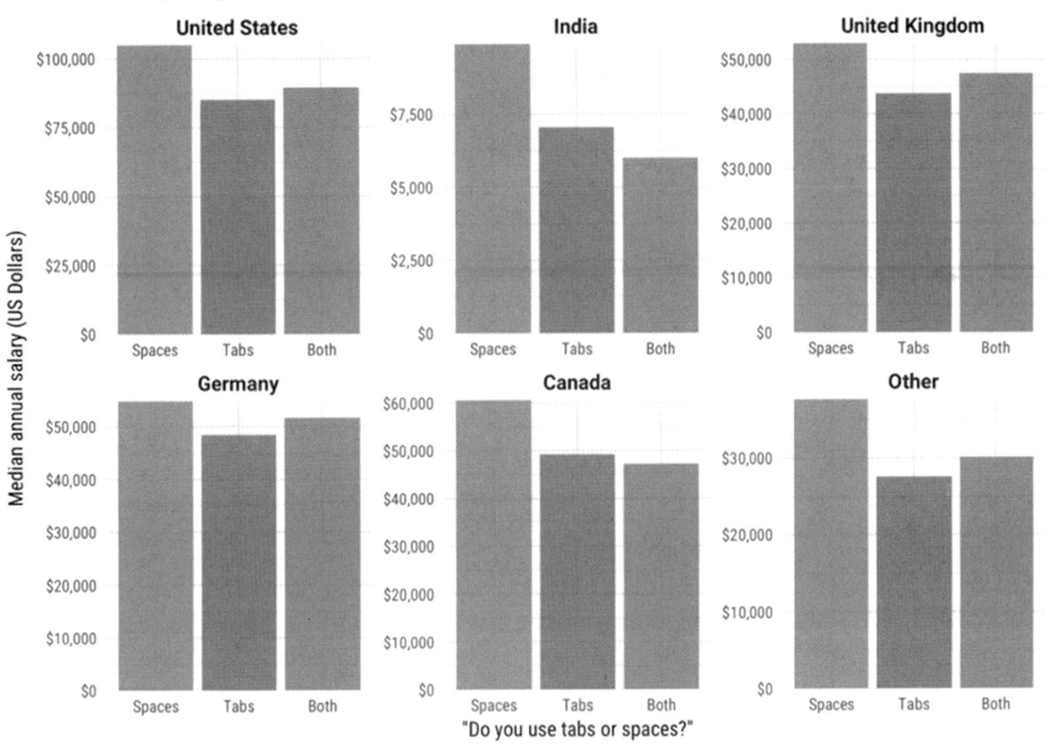

參考來源：https://www.bnext.com.tw/article/44961/developers-use-spaces-make-money-use-tabs

圖 2-1-4 使用空白鍵與 Tab 的不同國家開發者薪資差異

接著再探究兩種使用習慣與開發類型、程式語言的關係，由圖 2-1-5 可明顯看到不論哪種開發類型或程式語言，使用空白鍵的平均薪資皆高於使用 Tab 鍵。若納入更多包含教育程度、在開源圈是否活躍、是否把寫程式當作興趣、公司規模等有可能影響薪資的因素一併考慮，整體而言，『使用空白鍵的開發者，薪水較使用 Tab 的開發者高出 8.6%』，相當於多了 2.4 年年資的薪資漲幅。當然，這並不代表兩種縮排習慣與薪水間的因果關係，只能說兩者有相關性，看到這讀者會怎麼選呢？

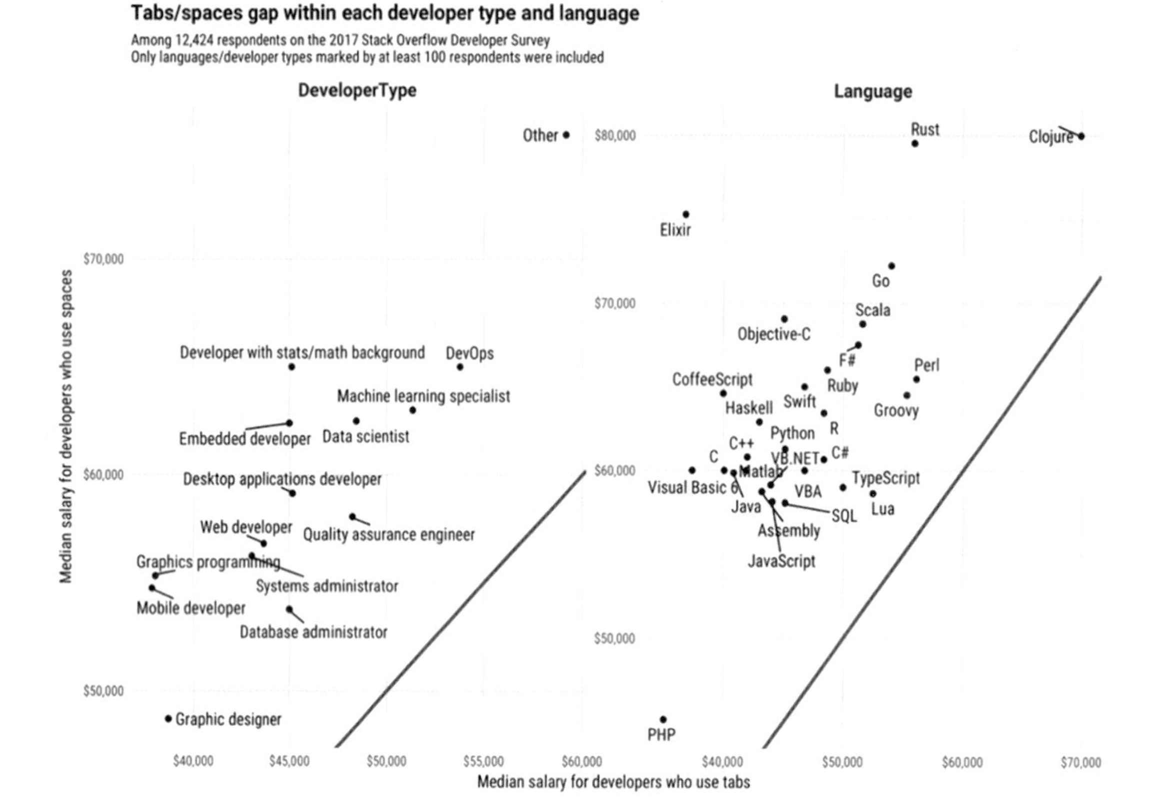

參考來源：https://www.bnext.com.tw/article/44961/developers-use-spaces-make-money-use-tabs

圖 2-1-5 使用空白鍵與 Tab 分別與開發類型和程式語言的薪資差異

雖說調查結果明顯傾向使用空白鍵作縮排，熱愛 Tab 鍵的人也不用糾結是否要跟錢過不去。知名廣告句「科技始終來自於人性」，現在多數程式語言編輯器都有所謂 Soft-Tab 的功能，也就是即使在編輯器內按下 Tab 也會自動被取代為固定數量（通常預設為 4）的空白。如此一來，不管是使用空白鍵或 Tab 來縮排，對程式來說看到的都是以空白字元的縮排結果。

順帶一提，Python 會將同樣內縮數量的程式碼視為屬於同一個程式區塊，換言之，在 if 敘述語句的程式區塊內，所有程式碼都必須往內縮同樣數量，否則會發生「IndentationError」的錯誤，往後會介紹到的迴圈、函式等都是如此。這麼一來，Python 程式碼會被迫對得整整齊齊，看起來頗賞心悅目。此外，編輯器 VS Code 有自動縮排插件，能協助在存檔時自動完成縮排，對尚未養成縮排習慣但又得使用其他程式語言來說，也是個選擇。

2-1-2 雙向條件式（if … else）

語法

雙向條件式 if…else 敘述的語法如下：

```
if (條件式):
    程式區塊 1
else:
    程式區塊 2
```

if 敘述在條件式成立時就執行程式區塊的內容，可是萬一條件式不成立，程式會挑過 if 敘述的程式區塊繼續往下執行，使用者並不會收到其他訊息。這麼一來，感覺僅靠 if 敘述語句是不足以應付需求的，畢竟當進行密碼驗證時，一旦輸入錯誤會希望系統能顯示訊息告知，此時就可使用本節的雙向條件式 if…else 敘述，圖 2-1-6 是其運作的流程圖。

運作方式與前面介紹的 if 敘述雷同，當條件式為 True 時會執行 if 內的程式區塊 1；反之，若為 False 則執行 else 後面的程式區塊 2。這裡的程式區塊同樣可以是單行或多行程式碼，如果只有單行，也能和之前一樣與 if 或 else 敘述合併成一行。

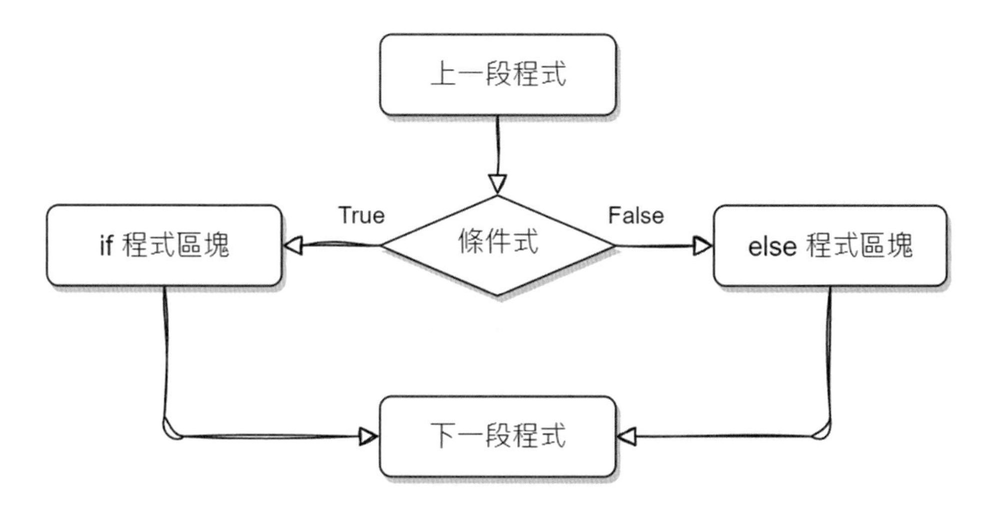

圖 2-1-6 雙向條件式 if…else 敘述的流程圖

範例程式：

```
1  pwd = input("請輸入密碼：")
2
3  if pwd == "123":
4      print("密碼正確")
5  else:
6      print("輸入錯誤！")
```

輸出結果：

```
請輸入密碼：12345
輸入錯誤！
```

前一章看過一元與二元運算子，至於素未謀面的三元運算子一般表示為「a?b:c」，意思是當 a 條件為真時則執行 b，否則執行 c。然而，Python 的 if 與 else 也能組成類似的功能，語法如下：

語法

if 與 else 搭配組成的三元運算子，語法如下：

```
變數 = 值 1 if (條件式) else 值 2
```

這可以看成是簡化版的 if…else 敘述，因為程式區塊只是簡單地指派值給變數。利用三元運算子可將上面範例裡的第 3 ~ 6 行改寫成：

```
status = "密碼正確" if (pwd == "123") else "輸入錯誤！"
print(status)
```

明顯看到這個寫法讓程式看起來簡潔許多。此外，這個三元運算子也可直接放到 f-string 中，例如：

範例程式：

```
1  score = eval(input("請輸入成績："))
2
3  print(f"分數{score}，{'不及格' if score < 60 else '及格'}")
```

▶▶ 輸出結果：

```
請輸入成績：52
分數52，不及格
```

2-1-3 多向條件式（if … elif … else）

事實上，我們在生活中遇到的狀況可能更加複雜，比如「若天氣晴朗，就馬上起床，否則若天氣陰雨，我就再睡一個小時，再不就繼續睡到中午。」，此時就是多向條件式的使用時機。

語法

多向條件式 if … elif … else 敘述的語法如下：

```
if (條件式 1):
    程式區塊 1
elif (條件式 2):
    程式區塊 2
elif (條件式 3):
…
else:
    程式區塊
```

顧名思義，在「多向條件式」內有多個條件式，由上往下依序作判斷，一旦某個條件式為 True 就執行對應的程式區塊，而若所有的條件式皆為 False，則執行 else 後的程式區塊，且在執行完一個程式區塊後就離開這個多向條件式。這個敘述內的 elif 可視條件式數量需要而增加，但 if 與 else 只會有一個，而如果所有條件式都不成立時也不打算做任何事，也可以省略 else 敘述。多向條件式的流程圖如下所示：

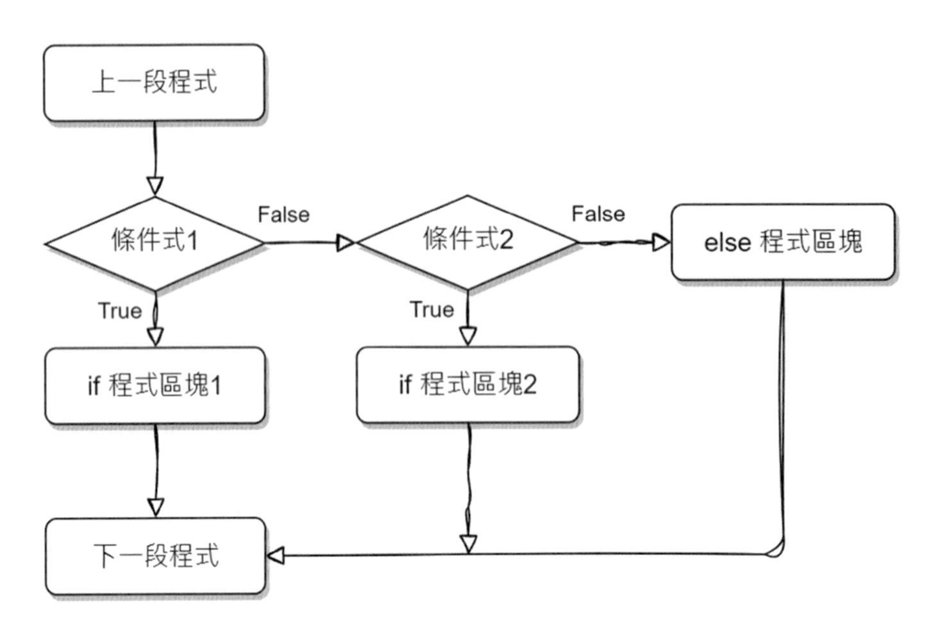

圖 2-1-7 多向條件式 if…elif…else 敘述的流程圖

考慮如下範例，程式可以正常執行並輸出，可是輸出結果讓人有些意外，在語意（semantic）上是否有點問題？

範例程式：

```
1  score = eval(input("請輸入成績："))
2
3  if 0 <= score < 60:
4      print("不及格！")
5  else:
6      print("及格")
```

輸出結果：

```
請輸入成績：-1
及格
```

學生們大概會很開心發現這個大 bug，只要輸入負數，那麼大家都能及格過關。可是這顯然不是我們想要的結果，加入 elif 稍微修改一下，即可修正掉這個 bug。

▶ 範例程式：

```
1  score = eval(input("請輸入成績："))
2
3  if 0 <= score < 60:
4      print("不及格！")
5  elif 60 <= score <=100:
6      print("及格")
7  else:
8      print("輸入錯誤！")
```

▶ 輸出結果：

```
請輸入成績：-1
輸入錯誤！
```

其實最適合使用多向條件式是在有好幾個條件要做判斷，且每個條件對應到不同的動作，例如判斷成績等第：

▶ 範例程式：

```
1  score = eval(input("請輸入成績："))
2
3  if 90 <= score <= 100:
4      print("優等")
5  elif 80 <= score < 90:
6      print("甲等")
7  elif 60 <= score < 80:
8      print("乙等")
9  elif 0 <= score < 60:
10     print("丙等")
11 else:
12     print("輸入錯誤")
```

▶ 輸出結果：

```
請輸入成績：80
甲等
```

上面的範例程式其實可以再簡化，比方說可以拿掉第 5 行的「< 90」，因為在第 3 行已經確定變數 score 不會介於 90 到 100 之間，那麼就只剩下小於 90 和大於 100。因此，只要補上程式碼確保 score 不會超過 100，那麼可進一步簡化如「< 90、< 80、< 60」的部分。

2-1-4 巢狀條件式

在一個程式區塊內還有另一個程式區塊，則稱這樣的結構為巢狀（nested），而如果是 if 敘述的條件式所對應的程式區塊有巢狀結構，則一般稱為巢狀條件式。由於程式區塊是透過縮排來定義的，因此一個程式區塊內的程式區塊就必須再往內縮，這樣有層次的縮排更能清楚呈現整個程式結構。

▶▶ 範例程式：

```
1  score = eval(input("請輸入成績："))
2
3  if 50 <= score:
4      if score < 60:
5          score += 10
6  print(f"最後成績為{score}")
7
8  # if (50 <= score) and (score < 60):    score += 10
9  # if 50 <= score < 60:    score += 10
```

▶▶ 輸出結果：

```
請輸入成績：55
最後成績為65
```

上面第 3 ~ 5 行就是一個巢狀條件式，因為在第 3 行的 if 敘述程式區塊內，包含有第 4 行的另一個 if 敘述程式區塊，通常稱這是兩層巢狀條件式。若把這裡的巢狀條件式改成如第 8 或 9 行，感覺在可讀性與結構性都更好些。其實，Python 並未限制巢狀條件式的層數，可隨開發者想法來撰寫，但太多層數容易降低可讀性，維護上也比較困難。

2-1-5 結構模式比對（match … case）

許多程式語言都有支援「switch」敘述，這跟多向條件式的功能有點像，但與能設定任意條件的 if…elif…else 敘述最大不同處，在於 switch 是針對單一條件的不同狀況來執行程式區塊，有些時候會比多向條件式更直覺些。

然而，Python 一直以來都沒有類似 switch 的語法，而因為其他程式語言幾乎都有類似語法，這使得 Python 相對來說像個異端。事實上，在 Python 社群中確實曾有提案與討論，而且早在 2001 與 2006 年就提出，可是最終都被否決了。基本上，否決原因在於社群各式各樣的提案中，沒有一個實現可適切地融入 Python 既有的語法與風格。在 Python 官方的「Design and History FAQ」直接列出條目來回答「為何沒有 switch？」的陳年問題；總之，結論是使用 if…elif…else 或 dict（字典結構，Chapter 5 會介紹）完全可以應付需求。

直到 2021 年的 Python 3.10，委員會通過《PEP634、PEP635、PEP636》加入一個新的「match…case」語法，稱之為結構模式比對（structural pattern matching）。這個語法類似 C/GO 這些語言裡的 switch…case，但其實更像是 Scala/Erlang 等語言裡的 match…case。底下以一個簡單範例說明其用法：

範例程式：

```
1   lang = input("請輸入想學的程式語言：")
2
3   match lang:
4       case "Python":
5           print("想做資料科學家")
6       case "JavaScript":
7           print("想從事網頁開發")
8       case "Java":
9           print("想從事APP開發")
10      case _:
11          print("抱歉，我不知道這個程式語言！")
```

輸出結果：

```
請輸入想學的程式語言：Python
想做資料科學家
```

上面這個範例會將第 3 行變數 lang 的值，一一比對 match 程式區塊內 case，有符合的就執行該 case 對應的程式區塊；而如果都沒有比對到，也會執行第 10 行的 case 程式區塊。底下範例以 match 敘述改寫前面的判斷成績等第，看看兩者的差異：

▶ 範例程式：

```
1   score = eval(input("請輸入成績："))
2
3   level = score // 10
4   match level:
5       case 10 | 9 as s:
6           print("優等")
7           if s == 10:    print("太棒了，滿分呢！")
8       case 8:
9           print("甲等")
10      case 7:
11          print("乙等")
12      case 6 | 5 | 4 | 3 | 2 | 1 | 0:
13          print("丙等")
14      case _:
15          print("輸入錯誤")
```

▶ 輸出結果：

```
請輸入成績：100
優等
太棒了，滿分呢！
```

由於想知道比對結果是 10 還是 9，因此在第 5 行使用「as」並在第 7 行加以判斷；而第 12 行則是因為要將多種情況放在同一個敘述內，所以寫法有點繁瑣，才會感覺上 match…case 比之前的 if…elif…else 複雜些。如果比對的目標值比較單純，match 敘述的確能更直覺表達程式邏輯。

2-2 迴圈

重複執行同樣動作是電腦最擅長的事情，而這個「重複執行」正是迴圈（loop）最核心的概念，也是結構化程式的基礎流程之一。日常生活中也到處可見類似不斷重複的行為，比方說我們每天的刷牙、走路、每月固定的小額投資等。單獨把某一次行為拿出來看會覺得沒有什麼特別之處，或者甚至是微不足道，可是經年累月下來的影響力道會相當大。例如「每天走路一萬步」是著名的身體健康之道，但如果走路姿勢不正確，也容易造成膝蓋疼痛、關節磨損等後遺症；而每月定額投資到報酬率穩定的商品，複利一段時間後也能有亮眼的績效。

電腦最早是為了協助人類解決數字運算的工作而發明的，而隨著電腦功能越來越強大，我們也越來越傾向將處理流程自動化後交付給電腦執行，畢竟有些工作雖然難度不高可真的挺枯燥乏味，重複做個幾次還可以，要是得日復一日地做下去，撇開浪費人力與時間不說，也容易因注意力疲乏而出錯。此時，把這些無聊且重複的動作交給電腦自動執行，不僅能節省人力資源並高效率產出，在品質上也能有一定保證。既然如此，能夠重複執行同樣動作便是電腦程式必須俱備的能力，而這通常是透過迴圈來實作。

在許多程式語言裡常見的迴圈敘述有 for、while 以及 do…while 三種，可是 Python 只有提供前兩種。根據 Stack Overflow 上的討論，沒有 do…while 敘述的原因與沒有 switch 的有些雷同，都是找不到好方法能設計出融入 Python 既有語法與風格的實現；同時，也因為 do…while 能用 while 敘述來模擬實現。因此，本章會介紹 for 與 while 兩種迴圈寫法，以及如何使用迴圈來進行更加複雜的流程控制。

2-2-1 while 迴圈

while 迴圈敘述的語法如下：

```
while (條件式):
    程式區塊
```

這個敘述用來表達「若某條件成立，則一直重複執行既定動作，直到該條件不再成立為止」的語意，通常用在不知道要重複執行幾次的情況，如讓使用者輸入數字。

while 敘述的語法和 if 頗相似，都是接著條件式、冒號及程式區塊，差別在於 if 敘述當條件成立情況下，只會執行其程式區塊一次，隨後就離開 if 敘述；可是 while 敘述當條件成立時，也會執行其程式區塊一次，接著會再看條件是否依然成立，如成立則再次執行程式區塊，如若不然則離開 while 敘述。換言之，while 敘述會常常查看條件式是否成立，只要成立就會不斷地執行程式區塊，直到條件式不成立為止。圖 2-2-1 是 while 迴圈的運作流程，基本上與圖 2-1-1 的 if 敘述流程差別不大。

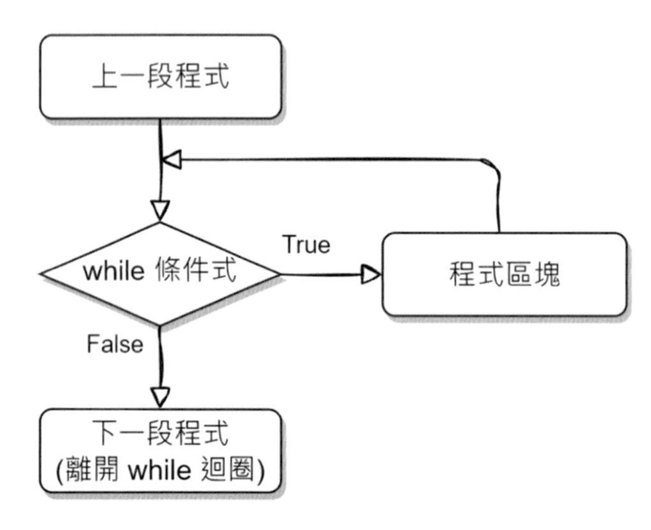

圖 2-2-1 while 迴圈敘述的流程圖

while 迴圈的運作流程有時候對初學者來說是個頗大的雷區，只要一不小心沒把條件式或程式區塊寫好就可能踩雷，可能是沒有設定迴圈的終止條件，也可能是結束迴圈的條件不可能成立，這些都會導致迴圈永無止盡地重複執行，此時稱為無窮迴圈（infinite loop）。無窮迴圈會用掉所有可用的處理器時間，是造成系統「假死機」（指應用程式沒有回應，一種與當機類似的現象）的原因之一，不可謂不慎。

範例程式：

```
1  num = eval(input("請輸入一個數："))
2  
3  i = 1
4  while i <= num:
5      print(f"i = {i}")
6      i += 1
7  
8  print(f"離開while迴圈, 此時 i = {i}")
```

▶▶ 輸出結果：

```
請輸入一個數：3
i = 1
i = 2
i = 3
離開while迴圈, 此時 i = 4
```

讀者可將上面這個範例配合圖 2-2-1 的 while 流程一起解讀，在第 4 行有 while 迴圈，而第 5 和 6 行是它的程式區塊。while 的條件式為「i <= num」，其中 num 是使用者輸入的數值，在程式區塊內沒有再變更，而變數 i 則是在第 6 行有更新數值。因此，這個 while 迴圈是否有機會終止，取決於變數 i 的更新結果。第 3 行設定 i 的初始值為 1，當使用者輸入「3」時，條件式「i <= num」成立，而第一次進入 while 迴圈執行程式區塊後，在第 6 行將 i 的值加 1；此時，i 的值為 2，while 條件式依然滿足；如此程式一直執行到當 i 的值更新為 4 時，while 的條件式便不再成立，接著就離開 while 迴圈並繼續執行第 8 行的輸出。

在上面範例中，倘若使用者一開始輸入的數值為 0，那麼 while 條件式也就不成立，自然不用執行 while 的程式區塊。看著上面程式，其實稍一不慎就可能踩雷，譬如錯將第 4 行 while 條件式裡的「<= 」打成「>= 」，再加上使用者輸入數值為 0，會導致 while 條件式永遠成立，也就形成無窮迴圈。

▶▶ 範例程式：

```
1  num = eval(input("請輸入一個數："))
2  
3  i = 1
4  while i >= num:
5      print(f"i = {i}")
6      i += 1
7  
8  print(f"離開while迴圈, 此時 i = {i}")
```

這個範例執行時會在螢幕上看到不斷輸出變數 i 的值，一點都沒有停止的跡象，此時，可按《Ctrl + c》打斷程式執行。底下來看一個典型利用 while 迴圈的範例，目標是要設計一個輸入成績的程式，而輸入「-1」則表示成績輸入結束，之後程式會計算並輸出班上的總成績與平均成績。

範例程式：

```
1  score = eval(input("請輸入分數："))
2  sum_ = count = 0
3
4  while score != -1:
5      sum_ += score     # 累加輸入的分數
6      count += 1        # 計算輸入筆數
7      score = eval(input("請輸入分數："))
8
9  print(f"總分為 {sum_}，平均成績為 {sum_/count:.2f}")
```

輸出結果：

```
請輸入分數：90
請輸入分數：80
請輸入分數：70
請輸入分數：-1
總分為 240，平均成績為 80.00
```

另一方面，之前提到涉及浮點數的數值誤差要特別小心，透過迴圈進行累加時，可能一不留神就會掉坑。例如底下範例的目的在於計算「0.01 + 0.02 + … + 0.99 + 1」，正確答案應該是 50.5，可是程式執行結果卻是 49.5，為何會有這個差異呢？如果在每一回合的 while 迴圈內都輸出變數值，就不難發現變數 i 的值沒有像預期中那樣會累加到 1。之所有這樣，原因在於倒數第二回合時，變數 i 的值應該要是 0.99，但事實上卻是稍大於這個值，才會造成再加上 0.01 之後略大於 1，使得 while 條件式不成立而離開迴圈。因此，最後的計算結果才會和正確值相差 1。

範例程式：

```
1  sum_ = 0
2  i = 0.01
3  while i <= 1:
4      sum_ += i
5      i += 0.01
6
7  print(f"總和是 {sum_:.1f}")
```

▶▶ 輸出結果：

```
總和是 49.5
```

2-2-2 for 迴圈

語法

for 迴圈敘述的語法如下：

```
for 變數 in 可迭代物件:
    程式區塊
```

for 迴圈與 while 迴圈類似，都是屬於前測試型迴圈，也就是先測試條件式是否成立，倘若成立才會執行迴圈內的程式區塊。兩種迴圈的一個不同處在於 for 迴圈通常用於執行固定次數的重複動作，而 while 則不需要先指定重複次數。此外，上面 for 迴圈敘述用來表達「對目標內的每一筆資料執行既定動作，直到每筆資料都執行完畢為止」的語意，而語法裡的變數就是用來儲存取出的每一筆資料。

首先，我們來看語法中的「可迭代物件」（iterable），它的解釋可以是「能用來產生迭代器的物件，且能回傳其包含的所有元素。」喔！看過後還是一頭霧水，不過有種「不明覺厲」的崇拜，看起來頗高大上。因為這個名詞與解釋牽涉的知識超出本書範圍，所以這裡並不打算詳細說明。事實上，我們對「可迭代物件」可簡單理解為「一個裝著很多東西的容器，且裡面的東西能一個個按照順序拿出來。」舉例來說，Python 基本的字串資料型別就是一個可迭代物件，因為一個字串可以包含許多字元，且這些字元能照順序一個個拿出來，比如執行底下程式碼可在螢幕上看到一個接著一個輸出的字元：

```
poke = "Pikachu"
for c in poke:
    print(c)
```

for 迴圈的運作流程如圖 2-2-2 所示，可以看到基本上與 while 迴圈的流程圖一樣，差別在於 for 迴圈並不倚賴條件式來決定是否終止，而是看目標內的所有東西是否都按既定順序處理完畢，這裡的「目標」指的是可迭代物件，「東西」則代表元素。等到所有東西都逐一處理過就離開迴圈，因此，使用 for 迴圈通常就意味著我們想對一堆東西進行同樣操作動作，而且還是按照順序一個接一個處理。

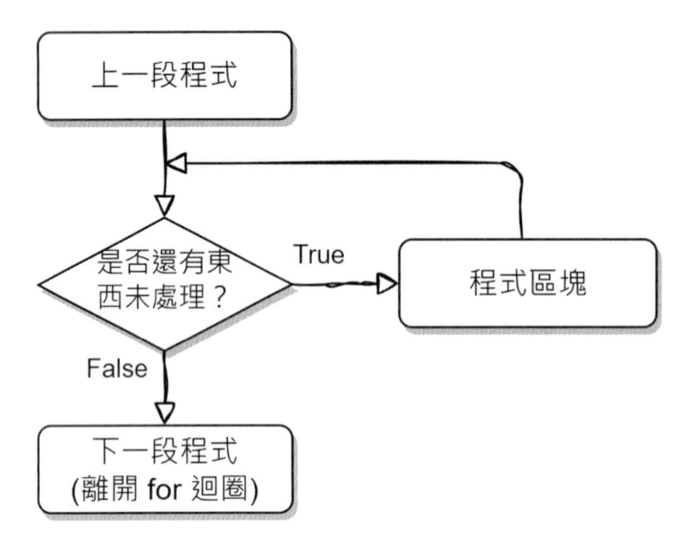

圖 2-2-2 for 迴圈敘述的流程圖

除了字串外，Python 內建許多型別也都是可迭代物件，諸如串列（list）、數組（tuple）、字典（dictionary）與集合（set）等，我們在後續的章節裡都會一一看到。然而，初學 Python 的 for 迴圈一定要知道的 range 型別，也有提供內建函式 range()用來產生這個型別內可用來迭代的東西，其實說穿了，這些「東西」就是一個整數的等差數列（arithmetic sequence），比如「1、3、5、7」。

語法

內建函式 range()的語法如下：

```
range([起始值,] 終止值 [, 間隔值])
```

- 終止值（stop）：用來計算整數數列的結尾，但不包含這個數值，這點要特別注意，因為經常會忽略掉。
- 起始值（start）：整數數列的開頭，若省略不給，則預設值為 0。
- 間隔值（step）：數列內整數與整數的間隔，即所謂的「公差」。若省略不給，則預設為 1。

想要直接輸出 range()產生的等差數列有點麻煩，因為其本質畢竟還是一個封裝過的物件。常見作法則是在輸出前就利用內建函式 list()，強制將其轉換為串列（下一章介紹），例如：

範例程式：

```
1  print(range(5))
2
3  print(list(range(5)))
4
5  print(list(range(1, 5)))
6
7  print(list(range(1, 5, 2)))
8
9  print(list(range(0, -6, -2)))
```

輸出結果：

```
range(0, 5)
[0, 1, 2, 3, 4]
[1, 2, 3, 4]
[1, 3]
[0, -2, -4]
```

第 1 行直接輸出的結果看不到產生的整數數列，隨後用 list()強制轉換過後就能經由 print()輸出所產生的數列；第 3 行的 range()只有一個終止值 5，所以起始與間隔值皆為預設值，最後產生的整數數列為「0、1、2、3、4」；第 5 行則變更起始值為 1，而第 7 行進一步變更間隔值為 2，使得輸出的數列僅「1、3」，其中結尾數字部分因為 3 + 2 已經大於或等於終止值 5，因此 3 就成了結尾數字；最後第 9 行則因為間隔值為-2，所以終止值要小於起始值才是合法的設定，否則會輸出一個空的數列。

至於為何要設計 range()以及為何學 Python 的 for 迴圈一定要知道 range()，也許從圖 2-2-3 的 C 語言 for 迴圈範例可見端倪。執行這個範例時，一開始變數 i 的值為 0，在條件「i < 5」成立的情況下執行程式區塊而輸出 i 的值；接著執行「i ++」將變數 i 的值加 1（即 i = i + 1 的意思），再判斷是否「i < 5」，如成立就繼續執行

程式區塊，若不然則離開 for 迴圈。事實上，這個範例的執行結果與上例中第 3 行相仿，都是產生一個由 0 開始，公差為 1，到 4 結束的整數等差數列。

```
1  for(int i = 0; i < 5; i++) {
2          printf("%d ", i);
3  }
```

圖 2-2-3 C 語言的 for 迴圈範例

正因為在許多程式語言的 for 迴圈運作過程中，常用到一個整數數列，因此 Python 設計 range()先有效率地產生這個整數數列，接著再逐一處理之。舉一個簡單範例：

範例程式：

```
1  for i in range(2, 10, 2):
2      print(i)
```

輸出結果：

```
2
4
6
8
```

一個常見的題目是讓使用者輸入一個正整數 n，接著計算 1 + 2 + … + n 的值。底下範例除了計算連加外，也一併輸出連乘的結果。

範例程式：

```
1  n = eval(input("請輸入一個正整數："))
2  sum_, multiply = 0, 1     # 儲存連乘的變數初始值設定為 1
3  
4  for x in range(1, n+1):  # range()的終止值設為n+1才符合題意
5      sum_ += x
6      multiply *= x
7  
8  print(f"連加結果 = {sum_}")
9  print(f"連乘結果 = {multiply}")
```

▶▶ 輸出結果：

```
請輸入一個正整數：5
連加結果 = 15
連乘結果 = 120
```

這個程式雖然看起來簡單，但有兩個容易失誤的地方。首先，第 2 行用來儲存連乘結果的變數 multiply，其初始值設定為 1 而非 0，否則將得到連乘結果也是 0。再者，第 4 行則要特別注意，無論是出新手還是資深開發者，一不留神就容易犯錯。這裡的題目要求從 1 累加到正整數 n，可是 range()產生用來累加的整數數列並不包含終止值，因此才會在第 4 行的 range()內設定為 n + 1 而不是 n。若設定為 n，將得到錯誤的計算結果。

2-2-3 break 與 continue

一般來說，迴圈不斷地重複執行既定動作，直到條件不成立或是所有元素都處理完畢為止。可是在某些情境下，我們會需要在迴圈執行過程中強制改變其執行流程。此時，可透過 break 與 continue 兩個敘述，前者是中斷迴圈的執行，而後者則是跳到下一個待處理的元素，兩者通常會搭配邏輯判斷一同使用。圖 2-2-4 是 break 與 continue 的運作流程，搭配後面範例程式能更清楚其運作方式。

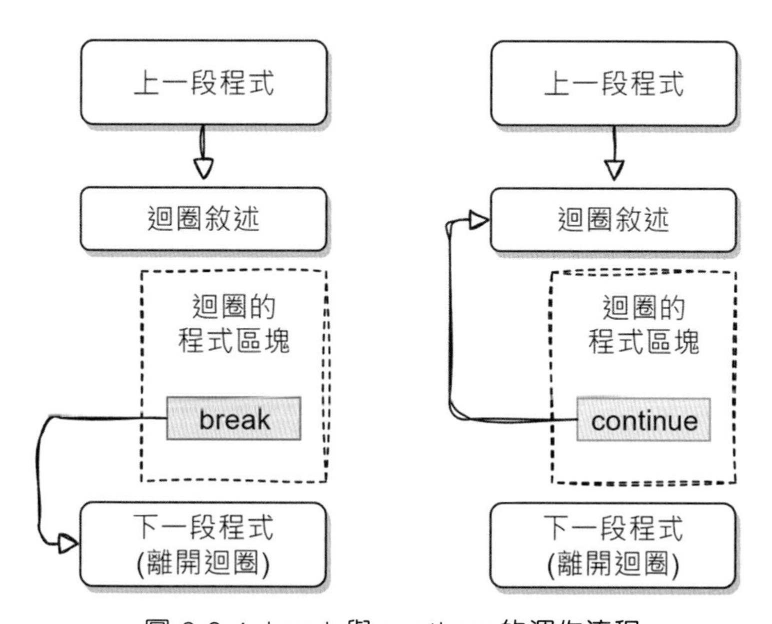

圖 2-2-4 break 與 continue 的運作流程

當我們希望迴圈在執行程式區塊的過程中，直接中斷離開這個迴圈，並繼續執行迴圈後的下一段程式，就能使用 break 敘述。底下範例若無第 2 行的 if 條件式，按理應該會輸出「0, 1, 2, 3, 4」的結果，可是第 2 行在「x == 3」條件為真時進入 if 的程式區塊，隨後即遇到 break 敘述而離開 for 迴圈。因此，最終當程式輸出「0, 1, 2」就停止了。

範例程式：

```
1  for x in range(5):
2      if x == 3:    break
3      print(x)
```

輸出結果：

```
0
1
2
```

break 敘述也能同樣套用到 while 迴圈上，有時候我們難以一語道破迴圈的停止條件，使得 while 迴圈的條件式難以下筆，尤其是迴圈的程式區塊含有大量程式邏輯與各種狀態變數時更是如此，此時是否要跳出這個迴圈可能仰賴這些狀態的交互作用而定。因此，與其在迴圈開頭絞盡腦汁寫下包含各種狀況的終止條件並加以優化，不如直接給一個永遠成立的條件，並將是否離開迴圈的控制邏輯寫在程式區塊內，有時反而更清晰易懂。

還記得在 2-2-1 介紹 while 迴圈時看過一個輸入成績的程式範例，加入 break 敘述後可作如下改寫。設定 while 條件式永遠為真，並在其程式區塊內放入一個條件式（第 5 行），一旦條件成立就利用 break 敘述離開 while 迴圈。當許多複雜的條件需要一起考量時，這個寫法不僅較便利，也能讓程式碼更簡潔些。

範例程式：

```
1  sum_ = count = 0
2  
3  while True:
4      score = eval(input("請輸入分數："))
5      if score == -1:    break
6  
7      sum_ += score     # 累加輸入的分數
```

```
8        count += 1          # 計算輸入筆數
9
10  print(f"總分為 {sum_}，平均成績為 {sum_/count:.2f}")
```

▶▶ 輸出結果：

```
請輸入分數：70
請輸入分數：90
請輸入分數：80
請輸入分數：-1
總分為 240，平均成績為 80.00
```

另一方面，當我們想要迴圈執行完部分程式區塊後，即略過剩餘部分直接跳到下一個元素時，就可使用 continue 敘述。比如底下範例，在沒有第 2 行時也會順利輸出「0, 1, 2, 3, 4」，但是當第 2 行的條件為真時，執行 continue 敘述而回到迴圈開頭，並跳到下一個數字 4，最終才會在畫面上看到「0, 1, 2, 4」，而沒有輸出 3。

▶▶ 範例程式：

```
1  for x in range(5):
2      if x == 3:    continue
3      print(x)
```

▶▶ 輸出結果：

```
0
1
2
4
```

2-2-4 while … else 與 for … else

還記得在選擇敘述那邊，else 敘述扮演的角色是當前面所有條件式都不成立時，就執行 else 的程式區塊，而萬一有一個條件式成立，else 的程式區塊就不會被執行到。大多數程式語言都有 if 與 else 搭配使用，但 else 在 Python 中除了能與 if 配合外，也能與 for、while 迴圈配對，用來表達「如果迴圈正常結束，就執行既定動作」的語意。這裡的正常結束，對 while 迴圈來說是當條件式不成立的時候，而對 for 迴圈則是所有元素都被處理完畢；簡言之，當迴圈遇到 break 或 return 等敘述而中斷執行並離開時，就不會執行 else 的部分。

舉例來說，若題目要求撰寫一程式，讓使用者找出能被 17 整除且小於給定數值的最大正整數，第一時間我們可以想到如下寫法：

範例程式：

```
1  upper = eval(input("請輸入一個數："))
2
3  flag_find = False
4  for x in range(upper-1, 0, -1):
5      if x%17 == 0:
6          print(f"{x} 符合題目要求")
7          flag_find = True
8          break
9
10 if not flag_find:
11     print("沒找到符合題意要求的正整數")
```

輸出結果：

```
請輸入一個數：9487
9486 符合題目要求
```

範例的第 3 行使用一個旗標（flag）變數，這是指只有真、假的布林值變數，通常用來指示某個特定狀態。以這裡來說，第 3 行的旗標變數用來告知是否有找到符合題意要求的數值，所以一開始設定為 False，意味著還沒找到；一旦在之後的 for 迴圈有找到目標，這個旗標變數就更新為 True，並離開迴圈。倘若在合法範圍內都沒有找到符合的數，則旗標變數會一值維持 False，連帶使得第 10 行的條件式為真，程式會反饋出沒有找到的訊息。

上面範例在第 8 行藉由 break 敘述強制跳出迴圈，此時 for 迴圈仍未處理完所有元素。因此，可讓 for 迴圈搭配 else 敘述來簡化前面範例的第 10 與 11 行如下。這裡要注意由於 else 是搭配 for 敘述，而不是第 5 行的 if 敘述，所以不用縮排到和 if 同一層。這個寫法省略用來指示狀態的旗標變數，程式碼看起來更加簡潔。

範例程式：

```
1  upper = eval(input("請輸入一個數："))
2
```

```
3   for x in range(upper-1, 0, -1):
4       if x%17 == 0:
5           print(f"{x} 符合題目要求")
6           break
7   else:
8       print("沒找到符合題意要求的正整數")
```

▶ 輸出結果：

```
請輸入一個數：9487
9486 符合題目要求
```

這個範例也能以 while 迴圈搭配 else 敘述改寫如下，注意這裡的 while 條件式不能直接設定為 True，再配合程式區塊內的 break 敘述跳出 while 迴圈，因為這樣會使得條件式永遠成立，那麼與 while 搭配的 else 敘述會失去作用。如此在找不到符合條件的數值時，就不能反饋對應訊息。

▶ 範例程式：

```
1   num = eval(input("請輸入一個數："))
2
3   while num > 1:
4       num -= 1
5       if num%17 == 0:
6           print(f"{ num} 符合題目要求")
7           break
8   else:
9       print("沒找到符合題意要求的正整數")
```

▶ 輸出結果：

```
請輸入一個數：15
沒找到符合題意要求的正整數
```

2-2-5 巢狀迴圈

回想一下在 if 敘述那邊看過所謂的巢狀條件式，即 if 敘述的程式區塊內還有另一個程式區塊，且在內層的程式區塊要再往內縮排，讓整個程式結構更清晰。同樣地，在一個迴圈的程式區塊內包含更多層迴圈時，就稱這個結構為巢狀迴圈（nested loop）。然而，初次接觸巢狀迴圈時，常常被它的執行順序搞得一頭霧水。與其說明其原理，不如直接分析底下的程式範例，應該能更直觀了解巢狀迴圈的執行順序。

範例程式：

```
1  for i in range(2):
2      for j in range(3):
3          print(f"i={i}, j={j}")
```

輸出結果：

```
i=0,  j=0
i=0,  j=1
i=0,  j=2
i=1,  j=0
i=1,  j=1
i=1,  j=2
```

我們可以看到輸出結果一共有六行，可是程式碼裡只有第 3 行有 print()，因此可得知這行被執行了六（= 2×3）次，這是由於第 1 行 for 迴圈執行兩次，且第 2 行迴圈執行三次的結果。此外，這六行輸出大致上可分為兩組，i = 0 時一組，另一組則是 i = 1，而不論是在哪一組，變數 j 都經歷了 0、1、2 三次變化。換句話說，每執行第 1 行的 for 迴圈一次，就必須接著執行第 2 行的 for 迴圈三次。

這個範例有兩層 for 迴圈，因此也稱為是兩層巢狀迴圈。要解釋其輸出結果，可採用「由內而外」方式來拆解迴圈的執行邏輯，畢竟相對於外層來說，內層的程式區塊往往比較單純好分析。先將焦點放到第 2 行的內層迴圈，變數 j 的值依序為 0、1、2；接著往外一層，第 1 行的迴圈會讓變數 i 的值為 0、1，且每一個 i 值會接著變數 j 的完整變化，如此一來就能輕易地掌握整個程式的執行流程。

此外，想想看若把之前介紹的 break 與 continue 敘述放到巢狀迴圈內，會如何作用呢？比如底下範例，第 4 行在內層的 for 迴圈添加 break 敘述，我們一樣由內而外拆解迴圈邏輯。在輸出變數 j 的值為 0 之後，接著遇到 break 敘述而跳出迴圈，可是程式並未停止，因為隨後還有一個輸出。事實上，break 與 continue 敘述皆只能作用到對應到它所在程式區塊的迴圈敘述，也就是離它們最近的那層迴圈，所以範例中的 break 影響到第 2 行的 for 迴圈，並未干擾第 1 行迴圈的運作，這也是為何變數 i 的值能有完整的兩次變化。

▶ 範例程式：

```
1  for i in range(2):
2      for j in range(3):
3          print(f"i={i}, j={j}")
4          break
```

▶ 輸出結果：

```
i=0,  j=0
i=1,  j=0
```

接著來看在介紹巢狀迴圈時常常會提到的題目「九九乘法表」，這也是用來熟悉巢狀迴圈相當好的一道練習題。因為九九乘法表是兩個數字相乘，所以需要使用兩層 for 迴圈互相搭配，最後以格式化字串的方式輸出對應結果。

▶ 範例程式：

```
1  for i in range(1, 10):
2      for j in range(1, 10):
3          print(f"{j}*{i}={i*j:-2d}", end="\t")
4      print()
```

想像著九九乘法表的輸出結果（圖 2-2-5），每行有九組輸出（下圖中的 1 方向），總共輸出九行（下圖中的 2 方向），且考量到一旦輸出換行後即不能再返回上一行的特性。因此，邏輯順序應該是先輸出完一整行的九組內容後，再換下一行輸出。這麼一想，就能把內層迴圈（範例第 2 行）對應到一整行內輸出中有變化的部分，接著再用外層迴圈（範例第 1 行）處理總共九行的輸出。此外，範例第 3 行進行格式化輸出，以便於對齊相乘的結果，而第 4 行 print()的作用僅在適當時候換到下一行，要注意其縮排是與內層的 for 迴圈在同一層。在習題 9 有另一種九九乘法的表格可作練習。

```
1*1= 1  2*1= 2  3*1= 3  4*1= 4  5*1= 5  6*1= 6  7*1= 7  8*1= 8  9*1= 9
1*2= 2  2*2= 4  3*2= 6  4*2= 8  5*2=10  6*2=12  7*2=14  8*2=16  9*2=18
1*3= 3  2*3= 6  3*3= 9  4*3=12  5*3=15  6*3=18  7*3=21  8*3=24  9*3=27
1*4= 4  2*4= 8  3*4=12  4*4=16  5*4=20  6*4=24  7*4=28  8*4=32  9*4
1*5= 5  2*5=10  3*5=15  4*5=20  5*5=25  6*5=30  7*5=35  8*5=40  9*5
1*6= 6  2*6=12  3*6=18  4*6=24  5*6=30  6*6=36  7*6=42  8*6=48  9*6=54
1*7= 7  2*7=14  3*7=21  4*7=28  5*7=35  6*7=42  7*7=49  8*7=56  9*7=63
1*8= 8  2*8=16  3*8=24  4*8=32  5*8=40  6*8=48  7*8=5   *8=64  9*8=72
1*9= 9  2*9=18  3*9=27  4*9=36  5*9=45  6*9=54  7*9=6   *9=72  9*9=81
```

圖 2-2-5 範例程式「九九乘法表」的執行結果

另一種常見練習巢狀迴圈的題材，是以數字或特定符號輸出規定的形狀，一般會規定類似某種三角形或金字塔的模樣。例如底下範例讓使用者輸入一個正整數 n，接著輸出以 n 為高的等腰三角形（或者說是金字塔）。

➤ 範例程式：

```
1  n = eval(input("請輸入一個正整數："))
2  
3  for i in range(1, n+1):
4      for j in range(n-i):
5          print(" ", end="")
6      for j in range(2*i-1):
7          print("*", end="")
8      print()
```

➤ 輸出結果：

```
請輸入一個正整數：5
    *
   ***
  *****
 *******
*********
```

類似的思考邏輯，先考慮每一行內的變化，接著再構思每一行間的差異。以這裡而言，每一行內只有空格與星號兩種變化，其中前者的數量隨著行數增加而遞減，後者則是遞增。再仔細觀察空格數量，發現與行數似乎有種規律，也就是當行數為 i 時，空格數量為「n－i」（n 為使用者輸入的數值），進而也可推導出每行的星號數量為「2 * i - 1」。因此，上例仍舊使用兩層迴圈，只是內層有兩個 for 迴圈分別負責輸出每行內的空格與星號，而外層迴圈控制總共 n 行輸出。

等日後熟悉字串處理，也可將上面程式簡化成這樣：

▶ 範例程式：

```
1  n = eval(input("請輸入一個正整數："))
2
3  for i in range(1, n+1):
4      print(" "*(n-i) + "*"*(i*2-1))
```

綜合範例

綜合範例 1：

判斷奇偶數

1. 題目說明：

   請依下列題意進行作答，使輸出值符合題意要求。

2. 設計說明：

   請撰寫一程式，讓使用者輸入一個整數，判斷該整數為奇數或偶數，若為奇數，則輸出「odd」；若為偶數，則輸出「even」。

3. 輸入輸出：

   (1) 輸入說明

   一個整數

   (2) 輸出說明

   該整數為 odd 或 even

   (3) 範例輸入 1

   ```
   80
   ```

   範例輸出 1

   ```
   even
   ```

   範例輸入 2

   ```
   25
   ```

   範例輸出 2

   ```
   odd
   ```

4. 參考程式：

解法 1：

```
1  n = eval(input())
2  
3  if n%2 == 0:
4      print('even')
5  else:
6      print('odd')
```

解法 2：

```
1  num = eval(input())
2  
3  if num%2:
4      print("odd")
5  else:
6      print("even")
```

解法 3：

```
1  num = eval(input())
2  
3  print("odd" if num%2 else "even")
```

綜合範例 2：

調整分數

1. 題目說明：

   請依下列題意進行作答，使輸出值符合題意要求。

2. 設計說明：

   (1) 請撰寫一程式，讓使用者輸入分數，若分數大於 60 分，則加 10 分，否則加 5 分，最後輸出調整後的分數。

   (2) 若使用者輸入的分數在 0~100 以外，則輸出「error」。

3. 輸入輸出：

   (1) 輸入說明

   一個整數

   (2) 輸出說明

   調整後的分數；分數在 0~100 以外，則輸出 error

   (3) 範例輸入 1

   ```
   70
   ```

   範例輸出 1

   ```
   80
   ```

   範例輸入 2

   ```
   101
   ```

   範例輸出 2

   ```
   error
   ```

   範例輸入 3

   ```
   60
   ```

   範例輸出 3

   ```
   65
   ```

4. 參考程式：

解法 1：

```
1  n = int(input())
2  if n > 60:
3      n += 10
4  else:
5      n += 5
6
7  if n >= 0 and n <= 100:
8      print(n)
9  else:
10     print('error')
```

解法 2：

```
1  score = eval(input())
2
3  if (score < 0) or (100 < score):
4      print("error")
5  elif 60 < score:
6      score += 10
7      print(score)
8  else:
9      score += 5
10     print(score)
```

解法 3：

```
1  score = eval(input())
2
3  if 0 <= score <= 100:
4      if 60 < score:
5          score += 10
6      else:
7          score += 5
8      print(score)
9  else:
10     print("error")
```

解法 4：

```
1  score = eval(input())
2
3  if (score < 0) or (100 < score):
4      print("error")
5  else:
6      score = score+10 if (60<score) else (score+5)
7      print(score)
```

綜合範例 3：

輸出對應的英文單字

1. 題目說明：

   請依下列題意進行作答，使輸出值符合題意要求。

2. 設計說明：

   請撰寫一程式，讓使用者輸入一個 1~4 之間的整數，若輸入 1，則輸出「one」；若輸入 2，則輸出「two」；若輸入 3，則輸出「three」；若輸入 4，則輸出「four」，若輸入 1~4 以外的數字，則輸出「error」。

3. 輸入輸出：

   (1) 輸入說明

   一個整數

   (2) 輸出說明

   相對應的英文單字

   (3) 範例輸入 1

   ```
   3
   ```

   範例輸出 1

   ```
   three
   ```

   範例輸入 2

   ```
   6
   ```

   範例輸出 2

   ```
   error
   ```

4. 參考程式：

```
1  n = int(input())
2  
3  if n == 1:
4      print("one")
5  elif n == 2:
6      print("two")
7  elif n == 3:
8      print("three")
9  elif n == 4:
10     print("four")
11 else:
12     print("error")
```

 綜合範例 4：

簡易計算機

1. 題目說明：

   請依下列題意進行作答，使輸出值符合題意要求。

2. 設計說明：

   (1) 請撰寫一程式，製作簡易計算機，讓使用者依序輸入兩個整數及一個運算符號，輸入「+」代表兩數字相加、「-」代表兩數字相減、「*」代表兩數字相乘，最後將運算結果輸出。

   (2) 若輸入「+」、「-」、「*」以外的符號，則輸出「error」。

3. 輸入輸出：

   (1) 輸入說明

   兩個整數和一個運算符號

   (2) 輸出說明

   運算結果

   (3) 範例輸入 1

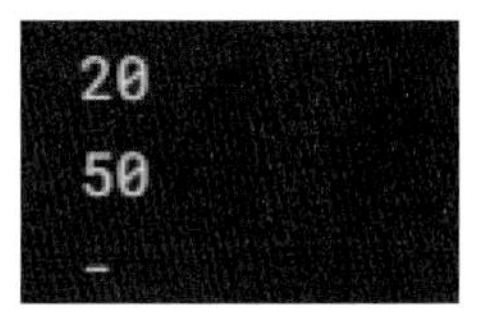

範例輸出 1

```
20-50=-30
```

範例輸入 2

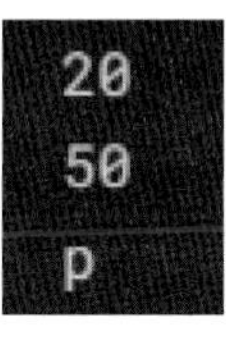

範例輸出 2

```
error
```

4. 參考程式：

解法 1：

```
1  a = int(input())
2  b = int(input())
3  compute = input()
4  
5  if compute == '+':
6      print(str(a) + '+' + str(b) + '=' + str(a+b))
7  elif compute == '-':
8      print(str(a) + '-' + str(b) + '=' + str(a-b))
9  elif compute == '*':
10     print(str(a) + '*' + str(b) + '=' + str(a*b))
11 else:
12     print('error')
```

解法 2：

```
1  num1 = int(input())
2  num2 = int(input())
3  operator = input()
4  
5  if (operator!="+") and (operator!="-")and (operator!="*"):
6      print("error")
7  else:
8      print(f"{num1}{operator}{num2}=", end="")
9      if operator == "+":
10         print(num1 + num2)
11     elif operator == "-":
12         print(num1 - num2)
13     elif operator == "*":
14         print(num1 * num2)
```

 綜合範例 5：

判斷擲骰點數

1. 題目說明：

   請依下列題意進行作答，使輸出值符合題意要求。

2. 設計說明：

   請撰寫一程式，讓使用者輸入骰子點數，一顆骰子有 1~6 個點數，擲 10 次骰子，輸出擲骰點數出現的次數，以及不屬於骰子點數的錯誤次數。

3. 輸入輸出：

   (1) 輸入說明

   十個整數

   (2) 輸出說明

   擲骰點數出現的次數，以及不屬於骰子點數的錯誤次數

   (3) 範例輸入

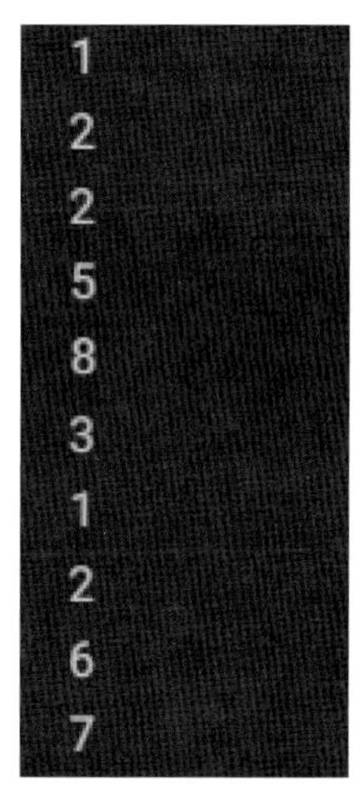

範例輸出

```
number1:2
number2:3
number3:1
number4:0
number5:1
number6:1
error:2
```

4. 參考程式：

```
1  # 使用下一章介紹的串列，可大幅減少變數數量。
2  num1 = num2 = num3 = num4 = num5 = num6 = error = 0
3  
4  for _ in range(10):
5      dice = eval(input())
6  
7      if dice == 1:    num1 += 1
8      elif dice == 2:  num2 += 1
9      elif dice == 3:  num3 += 1
10     elif dice == 4:  num4 += 1
11     elif dice == 5:  num5 += 1
12     elif dice == 6:  num6 += 1
13     else:    error += 1
14 
15 print(f"number1:{num1}")
16 print(f"number2:{num2}")
17 print(f"number3:{num3}")
18 print(f"number4:{num4}")
19 print(f"number5:{num5}")
20 print(f"number6:{num6}")
21 print(f"error:{error}")
```

綜合範例 6：

計算兩整數間的奇數和

1. 題目說明：

   請依下列題意進行作答，使輸出值符合題意要求。

2. 設計說明：

   請撰寫一程式，讓使用者輸入兩個整數，其中第一個整數小於或等於第二個整數，計算兩個整數間（包含輸入值）的奇數和。

3. 輸入輸出：

   (1) 輸入說明

   兩個整數

   (2) 輸出說明

   兩整數間（包含輸入值）的奇數和

   (3) 範例輸入

   ```
   1
   100
   ```

   範例輸出

   ```
   2500
   ```

4. 參考程式：

解法 1：

```
1  a = int(input())
2  b = int(input())
3  ans = 0
4  for i in range(a, b+1):
5      if i % 2 == 1:
6          ans += i
7  
8  print(ans)
```

解法 2：

```
1  num1 = int(input())
2  num2 = int(input())
3  num, sum_ = num1, 0
4  
5  while True:
6      if num%2 == 1:
7          sum_ += num
8  
9      num += 1
10     if num > num2:    break
11 
12 print(sum_)
```

綜合範例 7：

判斷質數

1. 題目說明：

   請依下列題意進行作答，使輸出值符合題意要求。

2. 設計說明：

   請撰寫一程式，讓使用者輸入大於 1 的整數，並輸出該數是否為質數。

3. 輸入輸出：

   (1) 輸入說明

   大於 1 的整數

   (2) 輸出說明

   該數是否為質數

   (3) 範例輸入 1

   ```
   2
   ```

   範例輸出 1

   ```
   2 is a prime number
   ```

   範例輸入 2

   ```
   6
   ```

   範例輸出 2

   ```
   6 is not a prime number
   ```

4. 參考程式：

解法 1：

```
1  n = int(input())
2  isprime = 1
3  for i in range(2, int(n/2) + 1):
4      if n % i == 0:
5          print(str(n) + ' is not a prime number')
6          isprime = 0
7          break
8  if isprime:
9      print(str(n) + ' is a prime number')
```

解法 2：

```
1  num = int(input())
2  
3  for x in range(2, int(num/2)+1):
4      if num%x == 0:
5          break
6  else:
7      print(f"{num} is a prime number")
8  
9  if x < (num-1):
10     print(f"{num} is not a prime number")
```

綜合範例 8：

輸出範圍內的所有質數

1. 題目說明：

   請依下列題意進行作答，使輸出值符合題意要求。

2. 設計說明：

   請撰寫一程式，讓使用者輸入一正整數，輸出小於此整數內的所有質數，質數後方請接一個半形空格。

3. 輸入輸出：

   (1) 輸入說明

   一個正整數

   (2) 輸出說明

   小於此整數內的所有質數（質數後方請接一個半形空格）

   (3) 範例輸入

   ```
   47
   ```

   範例輸出

   ```
   2 3 5 7 11 13 17 19 23 29 31 37 41 43
   ```

   程式輸出擷圖

   下圖中的 黃色圓點 為 空格

   ```
   2·3·5·7·11·13·17·19·23·29·31·37·41·43·
   ```

4. 參考程式：

解法 1：

```
1   n = int(input())
2   isprime = 1
3   for i in range(2, n):
4       isprime = 1
5       for j in range(2, int(i/2) + 1):
6           if i % j == 0:
7               # print(str(i) + ' ' + str(j))
8               isprime = 0
9               break
10      if isprime:
11          print(str(i) + ' ', end = '')
12  print()
```

解法 2：

```
1   NUM = int(input())
2
3   for num in range(2, NUM):
4       for x in range(2, num):
5           if num%x == 0:
6               break
7       else:
8           print(f"{num}", end=" ")
```

綜合範例 9：

五五乘法表

1. 題目說明：

   請依下列題意進行作答，使輸出值符合題意要求。

2. 設計說明：

   請撰寫一程式，讓使用者輸入整數 0 或 1，若輸入 0 則以橫排優先的方式輸出五五乘法表；輸入 1 則以直排優先的方式輸出五五乘法表；否則輸出「error」。

3. 輸入輸出：

   (1) 輸入說明

   0 或 1

   (2) 輸出說明

   橫排優先/直排優先的五五乘法表，或 error

   (3) 範例輸入 1

```
0
```

範例輸出 1

```
1 x 1 = 1     1 x 2 = 2     1 x 3 = 3     1 x 4 = 4     1 x 5 = 5
2 x 1 = 2     2 x 2 = 4     2 x 3 = 6     2 x 4 = 8     2 x 5 = 10
3 x 1 = 3     3 x 2 = 6     3 x 3 = 9     3 x 4 = 12    3 x 5 = 15
4 x 1 = 4     4 x 2 = 8     4 x 3 = 12    4 x 4 = 16    4 x 5 = 20
5 x 1 = 5     5 x 2 = 10    5 x 3 = 15    5 x 4 = 20    5 x 5 = 25
```

範例輸入 2

```
1
```

範例輸出 2

```
1 x 1 = 1     2 x 1 = 2     3 x 1 = 3     4 x 1 = 4     5 x 1 = 5
1 x 2 = 2     2 x 2 = 4     3 x 2 = 6     4 x 2 = 8     5 x 2 = 10
1 x 3 = 3     2 x 3 = 6     3 x 3 = 9     4 x 3 = 12    5 x 3 = 15
1 x 4 = 4     2 x 4 = 8     3 x 4 = 12    4 x 4 = 16    5 x 4 = 20
1 x 5 = 5     2 x 5 = 10    3 x 5 = 15    4 x 5 = 20    5 x 5 = 25
```

範例輸入 3

```
2
```

範例輸出 3

```
error
```

4. 參考程式：

```
1   n = input()
2
3   if (n != '0') and (n != '1'):
4       print('error')
5   else:
6       for i in range(1, 6):
7           for j in range(1, 6):
8               if n == '0':
9                   f = str(i)+' x '+str(j)+' = '+str(i*j)
10              elif n == '1':
11                  f = str(j)+' x '+str(i)+' = '+ str(i*j)
12
13              if j == 5:
14                  print('%s\t'%f)
15              else:
16                  print('%s\t'%f, end = '')
```

綜合範例 10：

最大公因數和最小公倍數

1. 題目說明：

   請依下列題意進行作答，使輸出值符合題意要求。

2. 設計說明：

   請撰寫一程式，讓使用者輸入兩個正整數 a、b，分別輸出 a、b 的最大公因數和最小公倍數。

3. 輸入輸出：

   (1) 輸入說明

   兩個正整數

   (2) 輸出說明

   最大公因數和最小公倍數

   (3) 範例輸入

```
12
18
```

   範例輸出

```
6
36
```

4. 參考程式：

解法 1：

```
1  a = int(input())
2  b = int(input())
3
4  small = min(a, b)
5  large = max(a, b)
6
7  for i in range(small, 0, -1):
8      if (a % i == 0) and (b % i == 0):
9          break
10 print(i)
11
12 for j in range(large, small * large + 1):
13     if (j % a == 0) and (j % b == 0):
14         break
15 print(j)
```

解法 2：

```
1  a = int(input())
2  b = int(input())
3
4  small = a if a<b else b
5  large = a if a>b else b
6
7  for hcf in range(small, 0, -1):
8      if (a % hcf == 0) and (b % hcf == 0):
9          break
10 print(hcf)
11
12 lcm = int(a/hcf)*b
13 print(lcm)
```

綜合範例 11：

及格分數判斷

1. 題目說明：

   請依下列題意進行作答，使輸出值符合題意要求。

2. 設計說明：

   請撰寫一程式，讓使用者輸入分數，判斷此分數是否及格（及格分數為 60 分以上），若及格，則輸出「pass」；若不及格，則輸出「fail」，再判斷此分數為奇數或偶數，若為奇數，則輸出「odd」；若為偶數，則輸出「even」，若輸入的分數不在 0~100 中，則輸出「error」。

3. 輸入輸出：

   (1) 輸入說明

   一個整數

   (2) 輸出說明

   該分數 pass 或 fail 與該數為 odd 或 even；若分數不在 0~100 中，輸出 error

   (3) 範例輸入 1

   ```
   90
   ```

   範例輸出 1

   ```
   pass
   even
   ```

   範例輸入 2

   ```
   59
   ```

   範例輸出 2

   ```
   fail
   odd
   ```

   範例輸入 3

   ```
   101
   ```

   範例輸出 3

   ```
   error
   ```

4. 參考程式：

解法 1：

```
1  n = eval(input())
2  
3  if 0 <= n < 60:
4      print('fail')
5  elif n <= 100:
6      print('pass')
7  else:
8      print('error')
9  
10 if (n <= 100) and (n%2 == 0):
11     print('even')
12 elif (n <= 100) and (n%2 != 0):
13     print('odd')
```

解法 2：

```
1  n = eval(input())
2  valid = True
3  
4  if 0 <= n < 60:
5      print('fail')
6  elif n <= 100:
7      print('pass')
8  else:
9      valid = False
10     print('error')
11 
12 if valid and bool(n&1):
13     print('odd')
14 elif valid:
15     print('even')
```

綜合範例 12：

判斷大小後輸出

1. 題目說明：

   請依下列題意進行作答，使輸出值符合題意要求。

2. 設計說明：

   (1) 請撰寫一程式，讓使用者輸入三個整數 a、b、c，並依序輸出(2)~(4)。

   (2) 若 a 大於等於 60 且小於 100 則輸出 1，否則輸出 0。

   (3) 計算 b+1 再除以 10 的值，四捨五入至小數點後第二位。

   (4) 若 a 大於等於 c，則輸出 a，否則輸出 c。

3. 輸入輸出：

   (1) 輸入說明

   三個整數

   (2) 輸出說明

   依序輸出設計說明 2~4

   (3) 範例輸入

```
70
100
60
```

範例輸出

```
1
10.10
70
```

4. 參考程式：

解法 1：

```
1  a = eval(input())
2  b = eval(input())
3  c = eval(input())
4
5  if 60 < a < 100:
6      print(1)
7  else:
8      print(0)
9
10 print("%.2f" % ((b+1)/10))
11
12 if a > c:
13     print(a)
14 else:
15     print(c)
```

解法 2：

```
1  a = eval(input())
2  b = eval(input())
3  c = eval(input())
4
5  if 60 < a < 100:    print(1)
6  else:               print(0)
7
8  print(f"{(b+1)/10:.2f}")
9
10 if a > c:   print(a)
11 else:       print(c)
```

解法 3：

```
1  a = eval(input())
2  b = eval(input())
3  c = eval(input())
4
5  print(1 if 60 < a < 100 else 0)
6  print(f"{(b+1)/10:.2f}")
7  print(a if a >c else c)
```

Chapter 2 習題

習題 1：往上取整數

1. 請撰寫一程式，讓使用者輸入一個數值 n，然後輸出大於 n 的最小整數。
2. 輸入輸出：

   (a). 輸入說明

   一個數值 n

   (b). 輸出說明

   大於 n 的最小整數

   (c). 範例輸入 1

   ```
   請輸入一個數值：3.633
   ```

   範例輸出 1

   ```
   4
   ```

   範例輸入 2

   ```
   請輸入一個數值：56
   ```

   範例輸出 2

   ```
   56
   ```

   範例輸入 3

   ```
   請輸入一個數值：-2.263
   ```

   範例輸出 3

   ```
   -2
   ```

提示

本題的目的在撰寫所謂的天花板函數（ceiling function）。

習題 2：計算 XOR

1. 請撰寫一程式，讓使用者輸入兩個布林值 A, B，計算並輸出 A XOR B 的值。

2. 輸入輸出：

   (a). 輸入說明

   兩個布林值 A, B（以逗點隔開）

   (b). 輸出說明

   A XOR B

   (c). 範例輸入 1

   ```
   True, False
   ```

   範例輸出 1

   ```
   A XOR B = True
   ```

   範例輸入 2

   ```
   False, False
   ```

   範例輸出 2

   ```
   A XOR B = False
   ```

✅ 提示

請先確定 XOR 的真值表，再看看如何用 and, or, not 來實現。

習題 3：計算導數值

1. 請撰寫一程式，讓使用者輸入一個數 a，並給定一個函數$f(x)$如下，請計算$f(x)$在$x = a$的導數值（derivative）。

$$f(x) = \frac{3x^4 - 7x^2 + 5}{x}$$

   注意：請利用導數的極限定義來計算，勿直接將導數寫在程式碼裡。

2. 輸入輸出：

   (a). 輸入說明

   一個數值 a

   (b). 輸出說明

   函數$f(x)$在$x = a$的導數值

(c). 範例輸入 1

```
2
```

範例輸出 1

```
導數值 = 27.750001851956085
```

範例輸入 2

```
0
```

範例輸出 2

```
當 x = 0 時，導數不存在。
```

提示

若函數$f(x)$於$x = a$有定義，且以下極限存在，則$f(x)$在$x = a$的導數值為：

$\lim_{x \to a} \frac{f(x)-f(a)}{x-a}$ 或 $\lim_{h \to 0} \frac{f(a+h)-f(a)}{h}$

習題 4：英制與公制互換

1. 國外長度單位常使用「英制單位」，例如身高常使用英呎、英吋表示。請撰寫一程式，讓使用者選擇長度單位，並將其輸入的身高進行英制與公制互換。
2. 輸入輸出：

(a). 輸入說明

選擇長度單位，並輸入要轉換的英制或公制身高。

(b). 輸出說明

依選擇的長度單位，轉換到另一個長度單位的身高。

(c). 範例輸入 1

```
請選擇長度單位(1->英呎、英吋；2->公分)：1
英呎 = 6
英吋 = 3
```

範例輸出 1

```
公分 = 190.5
```

範例輸入 2

```
請選擇長度單位(1->英呎、英吋；2->公分)：2
公分 = 191
```

範例輸出 2

```
6.0 英呎，3.196850 英吋
```

提示

```
1 英呎 = 12 英吋，1 英吋 = 2.54 公分。
```

習題 5：成績評等

1. 請撰寫一程式，讓使用者輸入「微積分」與「計算機程式」成績（滿分 100）。如果微積分與程式成績皆 90（含）分以上，則顯示「超優等」，如果只有微積分 90（含）分以上，則顯示「優等」；若微積分 90 分以下，則一律顯示「甘罷嗲」。

2. 輸入輸出：

(a). 輸入說明

「微積分」與「計算機程式」成績（滿分 100）

(b). 輸出說明

依兩科成績輸出「超優等」、「優等」或「甘罷嗲」

(c). 範例輸入 1

```
微積分成績：91
計算機程式成績：95
```

範例輸出 1

```
超優等
```

範例輸入 2

```
微積分成績：90
計算機程式成績：80
```

範例輸出 2

```
優等
```

範例輸入 3

```
微積分成績：80
計算機程式成績：95
```

範例輸出 3

```
甘罷哆
```

習題 6：判斷數字性質

1. 請撰寫一程式，讓使用者輸入五個數值，計算並輸出下列數量：奇數、偶數、正數、負數、浮點數。
2. 輸入輸出：

 (a). 輸入說明

 輸入五個數值

 (b). 輸出說明

 輸出奇數、偶數、正數、負數及浮點數數量

 (c). 範例輸入

```
69
-48
19
-91.3425
22.333
```

範例輸出

```
奇數2個
偶數1個
浮點數2個
正數3個
負數2個
```

提示

- ➢ 0 為偶數
- ➢ 0 既不是正數也不是負數
- ➢ 奇偶數僅適用於整數

習題 7：一元二次方程式

1. 請撰寫一程式，讓使用者輸入三個數值 a、b、c，其中 $a \neq 0$，代表一元二次方程式 $ax^2 + bx + c = 0$，請輸出這個方程式的實數根，若無實數根也輸出「無實數根」的訊息。
2. 輸入輸出：
   (a). 輸入說明

   三個數值，以逗點隔開。

   (b). 輸出說明

   若有實數根則直接輸出，否則輸出「無實數根」。

   (c). 範例輸入 1

```
請輸入三個數，以逗點隔開：3,-11,7
```

範例輸出 1

```
2.8471270883830364
0.8195395782836301
```

範例輸入 2

```
請輸入三個數，以逗點隔開：1,-10,25
```

範例輸出 2

```
5.0
5.0
```

範例輸入 3

```
請輸入三個數，以逗點隔開：5,10,20
```

範例輸出 3

```
無實數根
```

提示

判別式 $b^2 - 4ac \geq 0$ 即有實數根，否則無實數根。

習題 8：判斷質數

1. 請撰寫程式讓使用者輸入一個正整數，判斷該數是否為質數（prime number）。
2. 輸入輸出：

   (a). 輸入說明

   一個正整數 n

   (b). 輸出說明

   判斷 n 是否為質數

   (c). 範例輸入 1

   ```
   請輸入一個正整數：2
   ```

   範例輸出 1

   ```
   2 是質數
   ```

   範例輸入 2

   ```
   請輸入一個正整數：9487
   ```

   範例輸出 2

   ```
   9487 是質數
   ```

   範例輸入 3

   ```
   請輸入一個正整數：1
   ```

   範例輸出 3

   ```
   1 不是質數
   ```

提示

質數是指在大於1的自然數中，除了1和該數自身外，無法被其他自然數整除的數。

習題 9：輸出九九乘法表

1. 請撰寫一程式，以巢狀迴圈輸出九九乘法的表格。
2. 輸入輸出：

(a). 輸入說明

無

(b). 輸出說明

九九乘法的表格

(c). 範例輸出

```
九九乘法表
      1   2   3   4   5   6   7   8   9
 ---------------------------------------
1 |   1   2   3   4   5   6   7   8   9
2 |   2   4   6   8  10  12  14  16  18
3 |   3   6   9  12  15  18  21  24  27
4 |   4   8  12  16  20  24  28  32  36
5 |   5  10  15  20  25  30  35  40  45
6 |   6  12  18  24  30  36  42  48  54
7 |   7  14  21  28  35  42  49  56  63
8 |   8  16  24  32  40  48  56  64  72
9 |   9  18  27  36  45  54  63  72  81
```

習題 10：數字金字塔

1. 請撰寫程式讓使用者輸入一個正整數，並輸出對應的數字金字塔。
2. 輸入輸出：

(a). 輸入說明

一個正整數 n

(b). 輸出說明

對應的數字金字塔

(c). 範例輸入 1

```
請輸入一個正整數：3
```

範例輸出 1

```
    1
  2 1 2
3 2 1 2 3
```

範例輸入 2

```
請輸入一個正整數：7
```

範例輸出 2

```
            1
          2 1 2
        3 2 1 2 3
      4 3 2 1 2 3 4
    5 4 3 2 1 2 3 4 5
  6 5 4 3 2 1 2 3 4 5 6
7 6 5 4 3 2 1 2 3 4 5 6 7
```

CHAPTER

3

函式與陣列

函式與陣列

前面提到變數時有提及是用來儲存資料，一個變數僅能儲存一筆資料，但隨著處理的資料量越來越多，單靠變數來儲存這些資料變得相當繁瑣，使用上也很沒效率。試想要儲存所有寶可夢的資料，也許我們能用每隻寶可夢的名字作為變數名稱，可是除名字外還有血量、攻擊力、防禦力等各項數值，更何況還有大量對戰、個人活動等紀錄，這時候我們需要更有效率的儲存方式，就是本章要介紹的陣列（array）。

陣列是一種常見的「資料結構」（data structure），用於儲存相同類型的元素，並可透過索引值（index）或位置來拜訪儲存的元素，也能靠索引值計算出元素對應的儲存位址。陣列就像是連續格子一樣，每個格子有其名稱與編號（索引值），我們不但能將資料按照編號存放進去，也能隨時取用、修改與刪除。搭配前一章介紹的迴圈，能更有效率地計算或處理大量資料。

靜態陣列佔用一塊連續的記憶體空間，大多數程式語言都有支援；相反地，若使用不連續的記憶體空間，則被稱為動態陣列。陣列作為最基礎資料結構的一種，也常用於實作其他資料結構如堆疊（stack）、佇列（queue）等，常見有一維、二維、三維陣列等類型。一維陣列可實作數學的向量，二維陣列則對應數學上的矩陣概念，至於圖像的 RGB 三個通道一般用三維陣列來儲存。

$$\vec{a} = (1,2,3) \qquad A = \begin{bmatrix} 1 & 2 & 3 \\ 4 & 5 & 6 \\ 7 & 8 & 9 \end{bmatrix}$$

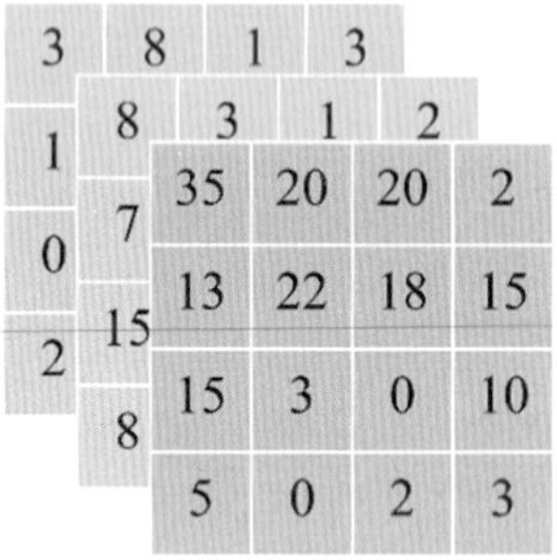

向量（vector）　矩陣（matrix）　圖像（image）

圖 3-0-1 向量、矩陣與圖像可用不同維度的陣列儲存

此外，經過前面的介紹與練習，我們已經能夠寫出架構完整的 Python 程式，而隨著程式越寫越長，也越趨複雜，這時我們會發現部分程式碼經常被重複撰寫。將這些重複或有特別定義的程式，拆分成容易管理的小程式，即為函式（function）。換言之，函式是一種有名稱且獨立的程式片段，可以接收參數，且執行完成後也可以回傳計算結果。

模組化（modular）開發的精神，就是把大而冗長的程式碼拆解成不同區塊的小程式來個別運作，讓大功能變成個別的小模組，並確保拆解完的模組可以各自獨立運作，所以模組化的特性就是「獨立性」與「重複使用性」。同時，這個概念也是由上而下（top-down）的方式來拆解問題，將大問題逐步分解為能處理的小問題。以程式設計的角度來看，函式將程式碼組織為一個較小且獨立的運作單元，並可在程式內重複多次執行，是實現模組化開發的方式之一。

要注意的是，數學上的函數（function）用來描述兩個集合的對應關係，通常是將定義域（domain）裡的每個元素對應到值域（codomain）裡的一個元素。例如函數 $y = f(x) = sin(x) + x^2$，其定義域與值域皆為實數。雖然英文同樣都是 function，但數學的函數與程式語言的函式是完全不同的東西。

3-1 陣列與串列

事實上，Python 沒有名稱為陣列的結構，而是採用名為串列（list）的結構來實現陣列，而根據翻譯的不同，串列有時也稱為列表或清單。實際使用時，串列與一般變數類似，都是提供儲存資料的記憶體空間，且都有用來識別的名稱。串列內存放的資料統稱為元素（element）或項目（item），而每個元素相當於一個變數，如此就能輕易地儲存大量不同型別的資料。這些元素的存放有順序性，可透過索引值存取和改變元素內容。

下表將串列與陣列的相同及相異處做一個比較：

資料結構	相同處	相異處
陣列	● 能快速拜訪元素，操作都相當簡單。 ● 插入和刪除元素的效能較差。	● 佔用連續的記憶體空間。 ● 大多數陣列的大小在創建時是固定的，無法動態調整。 ● 儲存的元素有相同資料型別。 ● 若陣列大小遠大於實際所需的元素數量，可能會浪費記憶體空間。
串列		● 創建時不需要指定大小，可動態調整。 ● 儲存的元素可以有不同資料型別。 ● 存取速度比陣列慢，且佔用空間較多。

從使用者的觀點來看，串列與陣列在操作上都相當簡單，且串列能允許儲存不同資料型別的元素，使用上則更加方便；然而，串列在存取速度與佔用空間方面，都比陣列要差。儘管如此，對初學 Python 而言，串列仍是相當好用且強力的武器。

3-1-1 一維串列的基礎操作

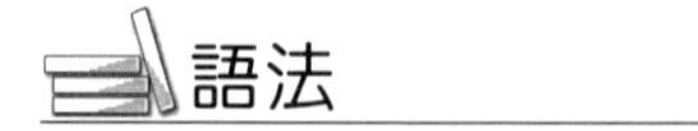

語法

串列的語法如下：

```
串列名稱 = [元素 1, 元素 2, 元素 3, …]
```

注意上述語法的中括號不代表可省略的意思。串列的使用方式是將元素放在中括號（[ ]）內，且元素間以逗點隔開，元素的資料型別可以相同，也可以不同。例如：

範例程式：

```
1  lst1 = [66, 88, 77]
2  lst2 = ["皮卡丘", "小火龍", "傑尼龜"]
3  lst3 = [66, "皮卡丘", 88.77, "123", True]
4
5  print(lst3)
```

輸出結果：

```
[66, '皮卡丘', 88.77, '123', True]
```

上例的第 3 行在串列裡有整數、浮點數、布林及字串等多種資料型別，而若直接使用 print()輸出串列，對型別為字串的元素會保留單引號輸出，如此能方便區分出資料型別。比如第 3 行的元素 123，若輸出時沒有單引號或雙引號的標示，容易誤認為整數型別。

前面提到，不管是陣列還是串列，都能以索引值（index）來存取元素。索引值就像是串列裡每個位置的編號一般，由 0 開始計數。也就是說，串列第一個元素的索引值為 0，第二個為 1，接下來是 2，依此類推。索引值是整數，且取得元素的方法是將索引值放到中括號內，但要注意索引值不能超出串列的範圍，否則執行時會因為該編號的元素不存在而發生錯誤。以底下程式為例，因為第 1 行的串列有三個元素，所以長度為 3，可是索引值最大只到 2。因此，程式執行到第 4 行時會產生「indexError」的錯誤訊息，代表索引值已超出串列範圍。

範例程式：

```
1  lst = ["皮卡丘", "小火龍", "傑尼龜"]
2
3  print(lst[2])
4  print(lst[3])
```

輸出結果：

```
傑尼龜
IndexError: list index out of range
```

Python 串列的索引值可以是負值，意味著「倒數」的意思，亦即由串列的後端往前計數，比如「-1」表示最後一個元素，「-2」則是倒數第二個元素，依此類推。要注意負數索引值也不能超出串列範圍，否則同樣會引發錯誤。

範例程式：

```
1  lst = ["皮卡丘", "小火龍", "傑尼龜", "妙蛙種子", "請假王"]
2
3  print(lst[-2])
4  print(lst[-7])
```

輸出結果：

```
妙蛙種子
IndexError: list index out of range
```

透過索引值可直接存取到對應的元素，此舉雖然常見於許多程式語言，但有時候會讓程式碼看起來頗為複雜，尤其是以巢狀迴圈一一拜訪並處理串列元素時更是這樣。因此，Python 也提供不依靠索引值而直接存取串列元素的方式，例如：

範例程式：

```
1  lst = [66, "皮卡丘", 8.77, True]
```

```
2
3    for i in range(4):
4        print(lst[i], end=' ')
5
6    print()
7    for x in lst:
8        print(x, end=' ')
```

▶ 輸出結果：

```
66 皮卡丘 8.77 True
66 皮卡丘 8.77 True
```

上例的第 4 行在 for 迴圈內以變數 i 為索引值，逐一存取串列元素；而第 7 行 for 迴圈的寫法是將串列視為可迭代物件，逐一取出其元素並指派給迴圈變數 x，這才能在第 8 行直接輸出。可以看到，不倚賴索引值存取串列元素的寫法簡潔許多，可是也不能摒棄靠索引值存取的方式，因為有時候反而要利用索引值存取數個串列的對應元素。

在前面的範例中，我們已經看到直接以 print()輸出一個串列時，會連同串列的中括號也一起輸出，且輸出的元素與元素間也會有逗點隔開；至於一行輸出一個串列元素的作法相當繁瑣，並不實用。最方便的做法是透過迴圈，比如上面範例的作法。儘管如此，輸出時仍要注意小地方。

▶ 範例程式：

```
1    lst = ["皮卡丘", "小火龍", "傑尼龜", "妙蛙種子", "請假王"]
2
3    for x in lst:
4        print(x, end=' ')
5    print()
6    for i in range(4):
7        print(lst[i] , end=' ')
8    print(lst[i+1])
```

▶ 輸出結果：

```
皮卡丘,小火龍,傑尼龜,妙蛙種子,請假王,
皮卡丘,小火龍,傑尼龜,妙蛙種子,請假王
```

上例的兩行輸出結果乍看之下並無二致，差異在於最後的逗點。以第 3 行直接取用串列元素的方式來做輸出，不容易調整輸出的格式細節；反觀第 6 行以索引值存取元素再輸出，可以讓輸出格式更有彈性，若搭配 if 敘述則更能隨心所欲地調整格式的細節部分。

除了上述兩種方式能存取串列元素外，Python 還提供一個相當簡便的作法，稱為分割（slice），用以同時取出串列的數個元素，而這些元素可以佔據連續位置，也可以是有一定規律分隔開來，感覺上就像是將串列分割一段段再取出來。串列分割的使用方式與 range()類似，都由三個參數來區分。

語法

假設 lst 是個串列，則串列分割的語法如下：

```
變數 = lst[起始索引值:終止索引值:間隔值]
```

- 起始索引值（start）：欲取出元素片段的起始位置，負值代表倒數的位置。若省略不給，則預設值為 0。
- 終止索引值（stop）：欲取出元素片段的終止位置，但不包含這個位置，這點與 range()的用法相同，要特別注意。同樣地，負值代表倒數的位置，而若省略不給，則預設為串列的長度。
- 間隔值（step）：欲取出元素之間的間隔，若省略不給，則預設為 1，此時為串列的連續片段。

▶ 範例程式：

```
1  lst = ["皮卡丘", "小火龍", "傑尼龜", "妙蛙種子", "請假王"]
2
3  print(lst[1:4])       # 取出索引值 1~3 的元素
4  print(lst[-4:-1])     # 取出倒數第4 ~ 倒數第2的元素
5  print(lst[:4])        # 取出索引值 0~3 的元素
6  print(lst[1:])        # 取出索引值 1~最後端 的元素
7  print(lst[:])         # 取出所有元素
8
9  print(lst[1:4:2])     # 取出索引值 1~3，且間隔為 2 的元素
```

▶▶ 輸出結果：

```
['小火龍', '傑尼龜', '妙蛙種子']
['小火龍', '傑尼龜', '妙蛙種子']
['皮卡丘', '小火龍', '傑尼龜', '妙蛙種子']
['小火龍', '傑尼龜', '妙蛙種子', '請假王']
['皮卡丘', '小火龍', '傑尼龜', '妙蛙種子', '請假王']
['小火龍', '妙蛙種子']
```

這裡還有個特別的用法，猜猜看底下這行程式碼會造成的效果為何？串列分割的起始和終止值都沒給，意味著要取出所有元素，而間隔值「-1」代表由後往前取。換言之，這行程式碼會以倒數的順序取出串列元素。此外，類似作法也可套用到字串的反轉，例如底下範例直接將使用者輸入的字串以反轉的順序輸出：

```
lst[::-1]
```

▶▶ 範例程式：

```
1  inp = input("請輸入：")
2  print(inp[::-1])
```

▶▶ 輸出結果：

```
請輸入：Pokemon
nomekoP
```

我們知道如何存取串列元素，也知道在一開始使用串列時可以一次性指派大量元素，但如何在程式執行過程中把元素逐一放到串列內呢？這裡我們先學習最常見的做法，透過 append()來放入元素，下一節將介紹更多方式。append()的使用方式如下：

▶▶ 範例程式：

```
1  lst = []                    # 宣告串列，中括號也可替代為list()
2
3  for x in range(1, 7, 2):
4      lst.append(x)           # 將元素由串列後面放入
5
6  print(lst)
```

▶ 輸出結果：

```
[1, 3, 5]
```

第 4 行看到 append()的用法是接在串列變數 lst 之後，中間以一個句點（.）連接，並將要放到串列內的資料置於小括號內，而由執行結果可猜想到 append()是將資料由串列後面放入。事實上，這是物件導向程式（object-oriented programming, OOP）中類別的方法（method）使用方式，但因為本書未涉及 OOP 知識，所以我們姑且將 append()當成是串列的特有操作，其使用方式與之前看過的內建函式（如 print()、eval()等）不同，只能接在串列變數之後，不能單獨使用。下一節會看到更多串列的進階操作，增加我們使用的便利。

再者，也要注意這個範例程式的第 1 行。串列與變數一樣提供儲存資料的記憶體空間，雖然大多數程式語言在使用變數前要先宣告（declaration），但是 Python 不用事先宣告變數，而是透過指派結果自動設定變數的資料型別。然而，串列在使用的當下如果沒有指派儲存的資料，就要先進行宣告，之後才能直接使用，否則會引發「NameError」的錯誤訊息。串列的宣告可如第 1 行般藉由中括號，也可透過內建函式 list()來進行，例如：

```
lst = list()    # 也可用 lst = []
```

之前看過的算術運算子 + 與 *，也可用在串列，甚至是下一章要介紹的字串。例如：

▶ 範例程式：

```
1  lst1 = [66, 8]
2  lst2 = ["皮卡丘", "小火龍"]
3
4  lst = lst1 + lst2
5  print(lst)
6  print(lst1*3)
```

▶ 輸出結果：

```
[66, 8, '皮卡丘', '小火龍']
[66, 8, 66, 8, 66, 8]
```

由輸出的結果不難猜到將兩個串列相加，結果是兩個串列結合成一個（如第 4 行），也可看成是新增元素到串列，而把串列乘上一個大於零的整數 n，其結果是將串列內容重複 n 次，如上面範例的第 6 行。事實上，這個將算術運算子運用到串列上的做法，是 OOP 三大特性之一的「多型」（polymorphism），其概念白話一點說就是「一樣的事情，有不同做法」。譬如，加法能將兩個數字做相加，也能把兩個串列結合在一起。此外，還有一個相當好用的成員運算子 in 與 not in，可用來檢查某元素是否在串列中，其結果只有真與假兩種，所以可跟 if 敘述搭配。例如：

範例程式：

```
1  lst = ["皮卡丘", "小火龍", "傑尼龜", "妙蛙種子"]
2
3  print("皮卡丘" in lst)
4  if "卡比獸" not in lst:
5      print("尚未收服卡比獸！")
```

輸出結果：

```
True
尚未收服卡比獸！
```

當然，要想檢查某元素是否在串列中，也可使用迴圈拜訪串列裡所有元素，並逐一進行比對即可，這樣做需要以數行程式碼來實現，而利用 in 與 not in 則更方便，程式碼看起來也更簡潔。

3-1-2 一維串列的進階操作

熟悉串列概念與基本操作後，接著我們來看進階的操作方式，這也是串列能滿足各種需求，在 Python 程式中應用非常廣泛的原因。先假設串列 lst = [66, 88, 77]，底下分表格列舉常用操作：

方法	意義	範例	變數 n 的值
len(lst)	取得串列元素數目（即串列長度）	n = len(lst)	3
min(lst)	取得串列元素最小值	n = min(lst)	66
max(lst)	取得串列元素最大值	n = max(lst)	88
sum(lst)	計算串列元素總和	n = sum(lst)	231
sorted(lst)	由小到大排序串列元素	n = sorted(lst)	[66, 77, 88]

這些操作是透過 Python 的內建函式來進行，可想成是將串列內的元素逐一取出處理完後再放回去，而處理的結果可以指派給另一個變數，也可直接輸出。此外，藉由 len()取得串列長度，經常與 range()搭配放在 for 迴圈敘述中，便於取出整個串列的元素。例如：

▶▶ 範例程式：

```
1  lst = [66, 88, 77, 22]
2
3  for i in range(len(lst)):
4      print(lst[i], end=' ')
5
6  print(f"\n串列最大值: {max(lst)}")
7  print(f"串列排序結果: {sorted(lst)}")
```

▶▶ 輸出結果：

```
66 88 77 22
串列最大值: 88
串列排序結果: [22, 66, 77, 88]
```

接著要看的串列操作方法，類似前一節提到的 append()，要接在一個串列的後面，並以一個句點（.）連接，可以想成是串列本身對內部儲存元素的操作。這些操作完成後會回傳訊息，有些回傳的的訊息是處理後的結果，我們可直接看到，可是有些回傳的是預設值 None，這就比較不容易察覺其變化，必要時可輸出串列內容加以確認。下表先看會回傳處理結果的操作方法：

方法	意義	範例	變數 n 的值
index(x)	元素 x 第一次出現的索引值	n = lst.index(77)	2
count(x)	元素 x 的出現次數	n = lst.count(77)	1
pop()	取出串列尾端的元素 並從串列中移除	n = lst.pop()	77
copy()	複製串列	n = lst.copy()	[66, 88, 77]

取得串列內元素的索引值與計算元素出現次數，都是經常用到的串列操作，且使用方式相仿。當串列裡有許多相同元素時，index()只取出指定元素第一次出現的索引值，也就是索引值最小的那個；但是當串列裡沒有指定元素時，會引發「ValueError」的錯誤，所以經常與前面提過的 in 運算子搭配使用，如底下範例的第 3 行。相對而言，count()就比較單純去計算指定元素的出現次數，若該元素不存在，則出現次數為 0，並不會發生執行錯誤。

▶▶ 範例程式：

```
1  lst = [66, 88, 77, 22, 88, 77]
2
3  if 77 in lst:
4      print(lst.index(88))
5
6  print(lst.count(77))
```

▶▶ 輸出結果：

```
1
2
```

至於 pop()，與資料結構內堆疊（stack）的抽象操作 POP 雷同，都是從該結構的一端取出元素，並從結構內移除該元素。Python 的 pop()更彈性些，可在括號內填入索引值，就能取出並刪除對應的元素；換句話說，若括號內是空的，則採用預設值 -1，即處理最後端的元素。例如：

▶▶ 範例程式：

```
1  lst = [66, 88, 77, 22, 88, 77]
2
3  print(lst.pop())
4  print(lst)
5  print(lst.pop(1))
6  print(lst)
```

▶▶ 輸出結果：

```
77
```

```
[66, 88, 77, 22, 88]
88
[66, 77, 22, 88]
```

再者，相信讀者對複製串列 copy()的存在有些疑惑，畢竟之前想要複製變數 a 的值到另一個變數 b，透過指派運算子（=）即可達成，譬如「a = b」，為何這裡還需要專門設計一個方法 copy()呢？

要說明這點，首先得介紹內建函式 id()，它的用途是取得物件的識別碼(identifier)，這是一個整數，代表該物件在記憶體中的位置；換言之，兩個變數有不同識別碼，代表處在不同記憶體中位置，也就是兩個不同的東西，反之亦然。透過底下範例來看看直接進行指派的結果，注意每次執行可能會得到不同的識別碼。

範例程式：

```
1   lst = [66, 88, 77, 22, 88, 77]
2   print(id(lst))
3
4   new = lst
5   print(id(new))
6   lst[3:] = []
7   print(f"原串列: {lst}")
8   print(f"複製的串列: {new}")
```

輸出結果：

```
2384158595840
2384158595840
原串列: [66, 88, 77]
複製的串列: [66, 88, 77]
```

可以看到經過第 3 行等號的指派後，兩個串列有相同的識別碼，意謂兩個串列實際上是同一個東西。因此，在第 6 行刪除串列 lst 的部分元素後，另一個串列 new 也跟著變更了內容。這樣一來，透過指派運算子只能多一個變數名稱，無法複製一份串列內容，而 copy()的作用就在於完整地複製串列，例如：

▶▶ 範例程式：

```
1  lst = [66, 88, 77, 22, 88, 77]
2  print(id(lst))
3
4  lst_copy = lst.copy()          # 結果等同 lst_copy = lst[:]
5  print(id(lst_copy))
6
7  lst[3:] = []
8  print(f"原串列: {lst}")
9  print(f"複製的串列: {lst_copy}")
```

▶▶ 輸出結果：

```
1727818571264
1727818572288
原串列: [66, 88, 77]
複製的串列: [66, 88, 77, 22, 88, 77]
```

利用 copy()複製的串列，與原串列的識別碼不同，因此變更原串列的內容不會影響到複製的串列。

順帶一提，之前介紹比較運算子時有提到，可用「==」來判斷兩邊是否相等，而「is」運算子也有類似功能。在判斷數值與字串時，兩者的作用相同，如底下範例的第 2、3 行，但在比較串列等物件時就不一樣了，譬如第 8~10 行。這是因為「==」是根據儲存值來做判斷，而「is」則依據 id()得到的識別碼來判別，使用時須小心。

▶▶ 範例程式：

```
1  a, b = 1234, 1234
2  print(a == b)
3  print(a is b)
4
5  lst1 = [66, 88, 77]
6  lst2 = lst1
7  lst_new = [66, 88, 77]
8  print(lst1 is lst2)
9  print(lst1 is lst_new)
10 print(lst1 == lst_new)
```

▶▶ 輸出結果：

```
True
True
True
False
True
```

底下這些串列操作的結果，要間接輸出該串列才能看到。為了方面舉例說明，仍舊以串列 lst = [66, 88, 77]為例：

方法	意義	範例	lst 的值
remove()	移除第 1 次出現的元素 x	lst.remove(88)	[66, 77]
clear()	移除串列所有元素	lst.clear()	[]
reverse()	反轉串列元素的順序	lst.reverse()	[77, 88, 66]
sort()	由小到大排序串列元素	lst.sort()	[66, 77, 88]
append(x)	新增元素 x 到串列最後端	lst.append(1)	[66, 88, 77, 1]
insert(n, x)	在位置 n 插入元素 x	lst.insert(1, 1)	[66, 1, 88, 77]
entend(L)	將串列 L 內的元素逐一新增到原串列最後端	lst.extend([1, 2])	[66, 88, 77, 1, 2]

▶▶ 範例程式：

```
1   lst = [66, 88, 77, 22, 88, 77]
2
3   lst.remove(77)
4   print(lst)
5
6   lst.reverse()        # 結果等同 lst = lst[::-1]
7   print(lst)
8
9   # 預設由小排到大，加入參數 reverse=True 可降序排序
10  lst.sort(reverse=True)
11  print(lst)
12
13  lst.clear()          # 結果等同 lst = []
14  print(lst)
```

▶ 輸出結果：

```
[66, 88, 22, 88, 77]
[77, 88, 22, 88, 66]
[88, 88, 77, 66, 22]
[]
```

表格中提到三個新增元素到串列的方法，我們在前一節已經看過 append()，作用是將新增的元素由串列尾端放入；insert() 是插入元素到串列的指定位置，而若指定位置超出串列範圍，會將元素插入到串列尾端，此時的作用等同於 append()；而 extend()則是將串列、range()等可迭代物件接到串列的尾端。雖然 append()與 entend()同樣都是把元素新增到串列的尾端，但兩者的作用結果完全不同，可由底下範例的第 8~15 行看出端倪。

▶ 範例程式：

```
1   lst = [66, 88]
2   lst.append(77)          # 結果等同 lst += [77]
3   print(lst)
4
5   lst.insert(1, 11)
6   print(lst)
7
8   lst = [66, 88]
9   X = ["皮卡丘", "小火龍"]
10  lst.append(X)           # 結果等同 lst += [X]
11  print(lst)
12
13  lst = [66, 88]
14  lst.extend(X)           # 結果等同 lst += X
15  print(lst)
```

▶ 輸出結果：

```
[66, 88, 77]
[66, 11, 88, 77]
[66, 88, ['皮卡丘', '小火龍']]
[66, 88, '皮卡丘', '小火龍']
```

底下以功能為主，整理前面提到的各個串列操作方法：

- 宣告串列：中括號、list()
- 存取元素：中括號、分割運算子
- 基本操作：in/not in 運算子、len()、min()、max()、sum()
- 增加元素：+/*運算子、append()、insert()、extend()
- 刪除元素：del 敘述、pop()、remove()、clear()
- 改變順序：sorted()、sort()、reverse()
- 複製元素：分割運算子、copy()

3-1-3 串列綜合運算

在熟悉串列的操作後，接著可透過串列綜合運算（list comprehension）大幅簡化程式碼。串列綜合運算提供一個簡潔的方式創建串列，它的組成是在中括號內放入運算式（expression）、for 以及零個或多個 if 敘述。結果會是一個新的串列，其內容是在後面的 for 與 if 敘述情境下，對前面運算式求值的結果。舉例來說，假設我們要創建一個儲存平方數值的串列：

▶▶ 範例程式：

```
1  squares = []
2  for x in range(10):
3      squares.append(x**2)
4  print(squares)
5
6  print("-- 串列綜合運算產生 --")
7  lst = [x**2 for x in range(10)]     # 串列綜合運算
8  print(lst)
```

▶▶ 輸出結果：

```
[0, 1, 4, 9, 16, 25, 36, 49, 64, 81]
-- 串列綜合運算產生 --
[0, 1, 4, 9, 16, 25, 36, 49, 64, 81]
```

再看一個例子，串列綜合運算的運算式也能使用內建函式：

範例程式：

```
1  nums = list(range(0, 100, 10))
2  lst = []
3  for x in nums:
4      lst.append(max(nums)-x)
5  print(lst)
6  print("-- 串列綜合運算產生 --")
7  lst = [max(nums)-x for x in nums]
8  print(lst)
```

輸出結果：

```
[90, 80, 70, 60, 50, 40, 30, 20, 10, 0]
-- 串列綜合運算產生 --
[90, 80, 70, 60, 50, 40, 30, 20, 10, 0]
```

透過巢狀迴圈產生的串列，同樣也能用串列綜合運算輕鬆產生，例如：

範例程式：

```
1  lst = []
2  for i in "abc":
3      for j in range(1, 4):
4          lst.append(i + str(j))
5  print(lst)
6
7  print("-- 串列綜合運算產生 --")
8  lst = [i + str(j) for i in "abc" for j in range(1, 4)]
9  print(lst)
```

輸出結果：

```
['a1', 'a2', 'a3', 'b1', 'b2', 'b3', 'c1', 'c2', 'c3']
-- 串列綜合運算產生 --
['a1', 'a2', 'a3', 'b1', 'b2', 'b3', 'c1', 'c2', 'c3']
```

串列綜合運算不僅能使用 for 迴圈，也能搭配 if 條件式篩選串列內容，例如：

▶▶ 範例程式：

```
1  lst = []
2  for x in range(1, 10):
3      if x%2 == 0:
4          lst.append(x)
5  print(lst)
6
7  print("-- 串列綜合運算產生 --")
8  lst = [x for x in range(1, 10) if x%2 == 0]
9  print(lst)
```

▶▶ 輸出結果：

```
[2, 4, 6, 8]
-- 串列綜合運算產生 --
[2, 4, 6, 8]
```

以前學過的三元運算子，也可以與串列綜合運算結合，例如：

▶▶ 範例程式：

```
1  lst = []
2  for i in range(1, 10):
3      if i%2:
4          lst.append(i)
5      else:
6          lst.append(100)
7  print(lst)
8
9  print("-- 串列綜合運算產生 --")
10 lst = [x if x%2 else 100 for x in range(1, 10)]
11 print(lst)
```

輸出結果：

```
[1, 100, 3, 100, 5, 100, 7, 100, 9]
-- 串列綜合運算產生 --
[1, 100, 3, 100, 5, 100, 7, 100, 9]
```

3-1-4 多維串列的操作

前一節在介紹新增元素到串列的用法時，若藉由 append()新增一個串列 L 到另一個串列內，則 L 會被視為一個元素添加到串列的尾端。此時，因為串列裡還有串列，所以也可稱為巢狀串列（nested list），不過一個更常見的名稱是多維串列（multi-dimensional list）。

我們先從二維串列（two-dimensional list）開始，這經常用來儲存矩陣或表格。例如底下展示寶可夢四項數值的表格，可用名為 poke 的二維串列來儲存。

	血量	攻擊力	防禦力	速度
皮卡丘	35	55	40	90
小火龍	39	52	43	65
傑尼龜	44	48	65	43

```
poke = [ [35, 55, 40, 90],
         [39, 52, 43, 65],
         [44, 48, 65, 43] ]
```

poke 本身是個串列，且其內的三個元素也都是串列，形成兩層的結構，所以稱為二維串列。存取二維串列的元素仍然要依靠索引值，只是因為有兩個維度，所以又分為列索引值（row index）與行索引值（column index）。圖 3-1-1 顯示串列 poke 的兩種索引值及存取方式，可以看到當串列名稱後只有一對中括號時，括號內放的是列索引值，而取出的元素是一個串列，對應回去是皮卡丘的四項數值；若是使用兩對中括號，則分別對應到列與行索引值，如 poke[1][2]對應到第 2 列第 3 行，因此取出數值為 43，這是小火龍的防禦力。要注意的是不論是列還是行索引值，都是從 0 開始的。

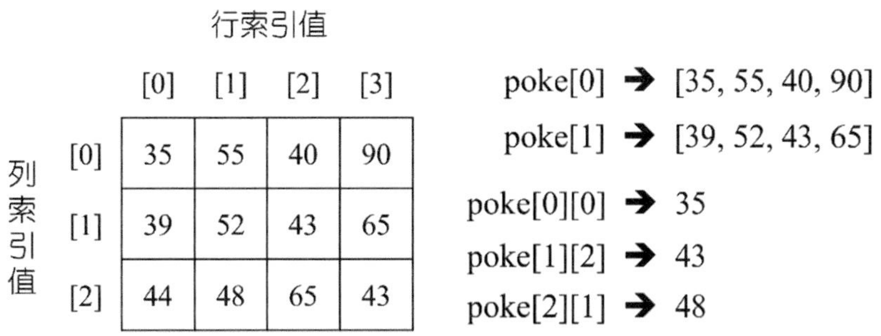

行索引值

列索引值	[0]	[1]	[2]	[3]
[0]	35	55	40	90
[1]	39	52	43	65
[2]	44	48	65	43

poke[0] ➔ [35, 55, 40, 90]
poke[1] ➔ [39, 52, 43, 65]
poke[0][0] ➔ 35
poke[1][2] ➔ 43
poke[2][1] ➔ 48

圖 3-1-1 **寶可夢數值串列的兩種索引值**

圖 3-1-1 的二維串列有 3 列與 4 行，套用數學上的矩陣用語，這是一個有 3 列 4 行元素的二維串列，可記做「3*4」或者「3-by-4」。此外，串列在使用的當下要指派儲存值，否則就要進行宣告，二維串列也是如此。一維串列可透過[]或 list()進行宣告，可是二維串列的宣告就沒有這麼方便，得自行撰寫迴圈來進行。宣告時可以沒有儲存值，也可以先存放空字串或是 None。例如：

▶▶ 範例程式：

```
1   lst = []
2   for i in range(2):      # 宣告一個二維串列
3       lst.append([])
4   print(lst)
5
6   lst = []
7   for i in range(2):      # 宣告一個2*3的二維串列
8       lst.append([])
9       for j in range(3):
10          lst[i].append("")
11  print(lst)
12
13  # 利用串列綜合運算宣告一個2*3的二維串列
14  lst = [["" for j in range(3)] for i in range(2)]
15  print(lst)
16
17  lst = [[""]*3 for i in range(2)]
18  print(lst)
```

輸出結果：

```
[[], []]
[['', '', ''], ['', '', '']]
[['', '', ''], ['', '', '']]
[['', '', ''], ['', '', '']]
```

同樣地，要輸出二維串列的內容一般會透過兩層巢狀迴圈來達成，而要計算一些基本性質也是類似的作法，但要注意迴圈針對的操作對象。比方說，要加總二維串列每一列以及所有元素的總和，可以這麼做：

範例程式：

```
1  matrix = [[1, 2, 3], [4, 5, 6], [7, 8, 9]]
2  total = 0
3
4  for i in range(len(matrix)):
5      sum_ = sum(matrix[i])
6      total += sum_
7      print(f"第{i}列元素總和為 {sum_}")
8
9  print(f"所有元素的總和為 {total}")
```

輸出結果：

```
第0列元素總和為 6
第1列元素總和為 15
第2列元素總和為 24
所有元素的總和為 45
```

若是要計算二維串列每一行的元素加總，得注意迴圈變數要針對的對象，例如：

範例程式：

```
1  matrix = [[1, 2, 3], [4, 5, 6], [7, 8, 9]]
2
3  for col_i in range(len(matrix[0])):
4      total = 0
5      for row_i in range(len(matrix)):
```

```
6            total += matrix[row_i][col_i]
7
8        print(f"第{col_i}行元素總和為 {total}")
```

▶ 輸出結果：

```
第0行元素總和為 12
第1行元素總和為 15
第2行元素總和為 18
```

如果二維串列內的元素同樣都是數值或字串，也能進行排序（下一章再介紹字串的排序）。此時，兩個串列比大小的方式與數學上的向量比大小相仿，都是先比第一個元素，若相同再比第二個元素，依此類推。例如：

▶ 範例程式：

```
1  lst = [[3, 2], [3, 5], [1, 8], [2, 4], [1, 2], [2, 9]]
2  lst.sort()
3  print(lst)
```

▶ 輸出結果：

```
[[1, 2], [1, 8], [2, 4], [2, 9], [3, 2], [3, 5]]
```

3-2 函式

隨著我們撰寫的程式碼越來越複雜，常會發現有部分程式片段重複出現，而將這些重複或有特別定義的程式，拆分成容易管理且獨立的小單元，稱為函式（function）。本章開頭介紹函式時提到，與數學上用來描述兩個集合對應關係的函數完全不同；事實上，若單純以兩者的抽象形式來看，還是有雷同之處。比如判斷一個給定正整數 n 是否為質數，從函式角度來看，輸入是 n，經過函式計算後輸出代表真或假的布林值；而從數學函數的觀點，定義域是正整數，經函數對應到只有真和假兩個值的值域。

對程式設計師來說，函式是由程式片段組成，一旦明確定義後即可隨時呼叫來執行。如果把函式比喻為動畫中的召喚獸，整個函式的運作過程就像是法師的召喚程序。首先，法師要先與召喚獸訂定契約（定義函式），接著視當下條件及需求繪製法陣或結手印進行召喚（呼叫函式），召喚獸出現後會執行既定任務（執行函式），而任務結束後也可能會回傳執行結果（函式回傳）。至於函式如何執行任務，可視為如黑盒子般隱藏起來，試想我們之前使用內建函式（如 print()、eval()等）時，也不清楚函式內的程式碼為何，但只要熟悉其語法與一些注意事項就能運用自如，讓我們的程式能具備更多功能。此外，Python 的函式類型大致可分為如下三種：

- 內建函式（built-in function）：Python 本身已內建許多函式，如之前看過的 len()、range()、type()等，皆可直接呼叫使用。
- 標準函式庫(standard library):亦可稱為第三方套件(third-party packages),所謂套件可簡單想成是特定功能函式的組合，豐富的第三方套件是 Python 為人津津樂道的特色之一。在 PyPI 網站（https://pypi.org/）上有許多高手上傳的第三方套件，供人免費下載使用，已累積有近五十萬個專案。使用這類函式，必須先匯入該函式所屬套件。
- 自訂函式（user-defined function）：要先具體定義好函式，然後才能呼叫使用。這種函式是依自已需求量身訂製，除了自己使用外，當然也能給他人使用，甚至是晉升成第三方套件共享給全球開發人員。

本節我們試著自己來撰寫函式內的程式碼，並使用它來簡化我們的程式。一般來說，使用函式的程式設計方式有以下優點：

- 程式可讀性高，容易除錯及維護。
- 可縮短程式長度，程式碼也可重複使用。
- 將程式分割後由多人撰寫，有利於團隊分工及縮短開發時間。

3-2-1 自訂函式

語法

建立函式的語法如下：

```
def 函式名稱([參數序列]):
    程式區塊
    [return 回傳值序列]
```

- 關鍵字 def 用來定義函式，其後空一格接自行命名的函式名稱，此命名仍需遵守 Python 的規範。
- 參數（parameter）序列：可省略也可包含多個參數，且參數間以逗點（,）隔開，也稱為形式參數（formal parameter）。當函式被呼叫時，透過參數將值傳遞給函式。
- 回傳值（return value）序列：一樣可省略也可有多個回傳值，且回傳值間也用逗點（,）隔開。當函式執行完畢後，可透過回傳值反饋執行結果。

本小節先來看沒有參數與回傳值的函式，即函式最精簡的樣態，而傳遞參數與回傳值的用法將在下一小節介紹。若函式執行的任務不用給予資料就能運作，那麼就不需要參數；而若執行的工作在函式內完成即可，不用通報任何資訊，則也就用不著回傳值。舉例來說，底下建立一個名稱為 hello()的函式，用以顯示訊息：

```
def hello():
    print("人生苦短，我用Python")
```

函式建立後不會自動執行，需在程式內呼叫（call 或 invoke）該函式才能執行函式內容。若函式沒有回傳值，可在程式碼中使用函式名稱加上()進行呼叫，例如：

範例程式：

```
1  def hello():
2      print("人生苦短，我用Python")
3
4  hello()
```

輸出結果：

```
人生苦短，我用Python
```

這個範例程式執行時會略過第 1 和 2 行的函式定義，在執行第 4 行呼叫 hello()函式後，程式控制權便會移轉到該函式，一直等到被呼叫的函式執行完任務後，才會歸還控制權到當初呼叫的地方。要特別注意的是，得先定義函式後才能呼叫該函式來執行，若在定義函式之前就進行呼叫，執行時會引發「not defined」的錯誤。

3-2-2 傳遞參數與回傳值

如果函式所執行的工作需要特定資料才能運作，可以在呼叫時將資料傳遞到函式的參數，而這些資料又被稱為引數（argument）或實際參數（actual parameter），與函式的形式參數相對應。 同時，若函式執行完畢後要反饋訊息，可以用關鍵字 return 回傳給呼叫它的地方。舉例來說，底下範例先傳遞身高、體重的數值給函式 compute_bmi()的參數，而該函式計算完 BMI 值後再回傳到呼叫處，並將回傳值儲存在一個變數中，最後再輸出。

▶▶ 範例程式：

```
1  def compute_bmi(H, W):
2      bmi = W/(H**2)
3      return bmi
4
5  BMI = compute_bmi(1.76, 75)
6  print(f"{BMI:.2f}")
```

▶▶ 輸出結果：

```
24.21
```

我們來看一下這個範例程式的執行流程，如圖 3-2-1 所示，執行第 1 行遇到關鍵字 def，隨即將函式與其程式區塊儲存在記憶體內。此時，只讀取到函式的定義，並不會引發函式的執行。接著來到第 5 行，呼叫函式 compute_bmi()並傳遞兩個數值引數做為函式的參數，這時程式的控制權也移轉到被呼叫的函式。這個函式執行完計算 BMI 的任務後，遇到第 3 行的關鍵字 return，隨即將變數 bmi 的值回傳；而這個回傳值被第 5 行的函式呼叫處接收到，並指派給變數 BMI。此時，compute_bmi() 函式也會歸還程式控制權到呼叫處，最後再由第 6 行輸出。

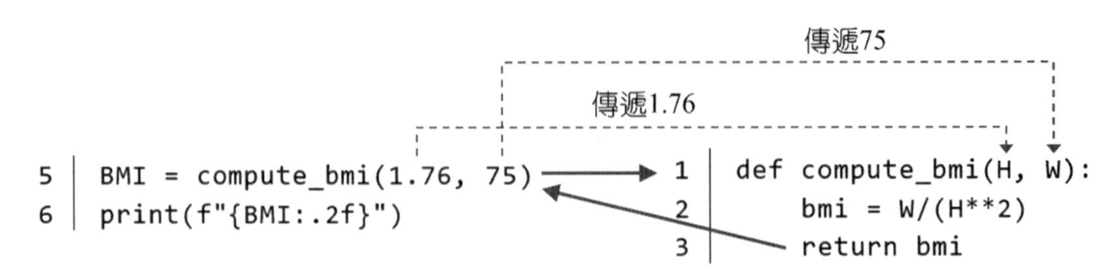

圖 3-2-1 具有函式程式的執行流程

呼叫函式時給予不同參數值，函式就能計算出不同的結果。雖然我們能傳遞參數給函式，可是如果參數的數量太多，不僅在設定上有些繁瑣，也容易因為弄錯參數順序而出包。因此，在呼叫參數時可以直接指定參數名稱，這個作法不用考慮參數的順序，可減少犯錯的機會。例如底下三種呼叫函式方式會有相同的結果：

```
compute_bmi(1.76, 75)
compute_bmi(H=1.76, W=75)
compute_bmi(W=75, H=1.76)
```

再者，如果函式中有參數必須要有值，為了方便，也免去忽略給值造成的錯誤，在建立函式時就可以指定參數的預設值。當呼叫函式但卻沒有傳遞該參數的資料，參數就會自動帶入預設值執行。例如：

▶▶ 範例程式：

```
1  def compute_bmi(H, W, show=True):
2      bmi = W/(H**2)
3      if show:
4          if 18.5 <= bmi <24:
5              print("健康體位")
6          elif 24 <= bmi:
7              print("體位異常")
8
9      return bmi
10
11 BMI = compute_bmi(1.76, 75)
12 print(f"{BMI:.2f}")
13
14 BMI = compute_bmi(1.68, 50, show=False)
15 print(f"{BMI:.2f}")
```

▶▶ 輸出結果：

```
體位異常
24.21
17.72
```

可以看到這個範例分別在第 11 與 14 行呼叫函式計算 BMI 值，但兩次傳遞的參數數值與數量皆不同。第一次呼叫時只傳遞兩個參數值，所以函式參數 show 直接採用預設值，因此有看到體位判定的結果；第二次傳第三個參數值，其中把 show 指定為 False，所以最後僅輸出 BMI 值。另外，使用時要注意，有設定預設值的參數必須置於參數序列的最後面，否則會引發「SyntaxError」的錯誤訊息。

前面已經提過利用關鍵字 return，可讓函式回傳程式運算後的結果；反過來說，函式一遇到 return 敘述就會中止執行，並依設定回傳，所以也常用來控制函式的執行流程。例如：

▶▶ 範例程式：

```
1  def compute_bmi(H, W):
2      bmi = W/(H**2)
3      if bmi < 18.5:
4          return "體重過輕"
5      elif 18.5 <= bmi <24:
6          return "健康體位"
7      else:
8          return "體位異常"
9
10 print(compute_bmi(1.70, 50))
```

▶▶ 輸出結果：

```
體重過輕
```

此外，Python 允許函式回傳多個值，甚至是回傳串列，但要留意儲存回傳結果的變數數量和型態，例如：

▶▶ 範例程式：

```
1  def compute_bmi(H, W):
2      bmi = W/(H**2)
3
4      if bmi < 18.5:
5          return [bmi, "體重過輕"]
6      elif 18.5 <= bmi <24:
7          return [bmi, "健康體位"]
8      else:
9          return [bmi, "體位異常"]
```

```
10
11  lst = compute_bmi(1.76, 75)
12  print(lst)
13
14  BMI, 判定 = compute_bmi(1.68, 50)
15  print(BMI, 判定)
```

▶ 輸出結果：

```
[24.212293388429753, '體位異常']
17.71541950113379 體重過輕
```

這個範例的函式會回傳一個串列，第 11 行僅用一個變數接收，所以其輸出結果是一個串列；而第 14 行改用兩個變數接收，分別指派了 BMI 計算及體位判定結果。

3-2-3 變數的有效範圍

變數的有效範圍（scope）指的是變數在程式中可被參考的範圍，白話一點講就是在程式中哪些地方能合法地存取這個變數。Python 的變數有效範圍分為全域變數及區域變數兩種：

- 全域變數（global variable）：在函式之外定義的變數，在整個程式的任何地方皆能合法地存取，其有效範圍涵蓋整個 Python 程式檔案。
- 區域變數（local variable）：在函式之內定義的變數，其有效範圍只在它所屬函式的程式區塊內，其它函式都不能存取該變數。

若把函式比喻為寶可夢訓練家，野外和許多訓練家身邊可能都有皮卡丘，但訓練家小智只能驅使自己的皮卡丘，相當於函式只能存取自己的區域變數，而所有訓練家皆能捕捉野外的皮卡丘，相當於存取全域變數。若全域與區域變數撞名，則在函式內以區域變數優先，可是在函式外看不到區域變數，因此只能使用全域變數。例如：

▶ 範例程式：

```
1  def scope():
2      var1 = 1
3      var3 = var2 + 50
4      return var1, var3
```

```
5
6    var1, var2 = 10, 50
7    x, y = scope()
8
9    print(x, y)
10   print(var1, var2)
```

▶▶ 輸出結果：

```
1 100
10 50
```

這個範例在第 6 行設定變數 var1 與 var2 的值，下一行透過呼叫函式讓程式跳到第 2 行執行。因為現在是位於函式內，故 var1 為區域變數而優先使用，接著第 3 行存取全域變數 var2 的值來設定 var3。函式內的第 4 行遇到 return 就回傳兩個變數值，再由第 7 行的變數 x 與 y 接收，此時前者為 1 且後者為 100。因為第 6 行定義的兩個全域變數 var1 與 var2，一直沒被變更內容，所以第 10 行輸出的時候仍舊和原來一樣。這裡還有底下幾點要注意：

- 在函式內可存取全域變數，但不能變更其值。比方說在 scope()內可以存取全域變數 var2 的值，但如果想要直接變更其值（例如直接寫「var2 += 50」）會引發「UnboundLocalError」的錯誤訊息。
- 在函式外看不到區域變數，譬如在 scope()之外（即第 6 行之後）存取不到區域變數 var3，若直接存取會產生錯誤訊息「NameError」。
- 函式名稱也屬於變數名稱，若與其它變數重名，可能會覆蓋變數內容，產生意料之外的錯誤。

其實在 Python 的主程式與每個函式，都有各自的名稱空間（namespace），其中主程式定義「全域」而各別函式定義「區域」的名稱空間。每個名稱空間內的變數名稱都是唯一，而不同名稱空間內的變數名稱則可以相同。如圖 3-2-2 所示，Python 提供三個名稱空間，當使用變數時，會由最內層（區域名稱空間）逐步往外層搜尋，直到找到對應的名稱為止，若找不到就會引發錯誤。

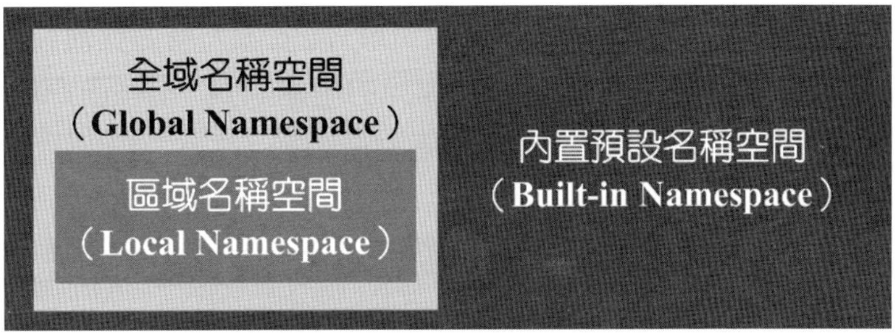

全域名稱空間（Global Namespace）區域名稱空間（Local Namespace）	內置預設名稱空間（Built-in Namespace）

圖 3-2-2 Python 的三個名稱空間

如果要在函式內變更全域變數的值，可以在函式內使用關鍵字 global 宣告該變數，如底下範例的第 2 行。經 global 宣告後，即使在函式內變更該變數的值，也會影響到函式外部。然而，使用時須小心謹慎，因在函式內修改全域變數的值，容易導致難以預料的錯誤。

▶ 範例程式：

```
1   def scope():
2       global var2
3       var1 = 1
4       var2 += 50
5       return var1, var2
6
7   var1, var2 = 10, 50
8   x, y = scope()
9
10  print(x, y)
11  print(var1, var2)
```

▶ 輸出結果：

```
1 100
10 100
```

3-2-4 常見的內建函式

將經常需要用到或特定功能的程式寫成函式，需要時只要呼叫來執行即可，既方便又容易維護。但如果每一項功能都要由開發者自行撰寫，不僅工程浩大且艱鉅，需要注意的大大小小細節也容易讓一般人望而卻步。Python 擁有許多能直接使用的內建函式，如同軍火庫內擺滿各式各樣的槍械般，能依個人喜好與實務條件來使用，輕易設計出符合需求的應用程式。下表為常見的內建函式，前面已介紹過的內建函式僅在表中羅列，有不清楚用法之處可參考對應章節：

	方法	意義	範例	範例結果
串列操作：list()、len()、min()、msx()、sum()、sorted()、reversed()				
資料型別：int()、float()、bool()、str()、type()				
記憶體相關：id()				
字元轉換	chr(x)	取得整數 x 對應的 ASCII 編碼的字元	chr(65)	A
	ord(x)	取得字元 x 對應的 unicode 編碼	ord("皮")	30382
進位轉換	bin(x)	將 x 轉成二進位數字	bin(7)	"0b111"
	oct(x)	將 x 轉成八進位數字	oct(45)	"0o55"
	hex(x)	將 x 轉成十六進位數字	hex(45)	"0x2d"
數學運算	range(x)	產生等差數列	range(2)	0, 1, 2
	eval(x)	執行運算式 x	eval("2 + 3")	5
	abs(x)	取得 x 的絕對值	abs(-7)	7
	divmod(x,y)	取得 x 除 y 的商和餘數	divmod(45, 7)	(6, 3)
	pow(x,y[,z])	取得 x 的 y 次方除以 z 的餘數，z 的預設值為 None，可省略	pow(2, 3)	8
			pow(2, 3, 3)	2
	round(x [,y])	取得 x 四捨五入到小數點第 y 位，y 的預設值為 None，可省略	round(3.14)	3
			round(3.141, 2)	3.14
邏輯判斷	all(x)	判斷可迭代物件 x 內的元素是否全為 True	all([1, 2, 3])	True
			all([1, 2, ""])	False
	any(x)	判斷可迭代物件 x 內是否有一元素為 True	any([1, 2, ""])	True
			any([0,None,""])	False
函式迭代	map(func, x)	使用指定函式 func，依序處理可迭代物件 x 的每個元素，並回傳處理結果（範例在底下）		
	filter(func, x)	使用指定函式 func，依序判斷可迭代物件 x 的每個元素，並取出判斷為 True 的元素（範例在底下）		

「字元轉換」與「進位轉換」的內建函式，我們等待後面相關章節再來介紹。先來看與數學運算有關的內建函式，range()與 eval()已在前面的章節介紹過，也做過許多練習。pow()的參數可以有 2 或 3 個，由底下範例可直觀感受到它的用途。同時，也不難發現 pow()的作用可透過次方與取餘數運算子的結合來達成，但 pow()有進行優化過，對於較大數字的運算能節省執行時間。

範例程式：

```
1  print(pow(2, 3))
2  print(2**3)
3  print("-- 3個參數的範例 --")
4  print(pow(2, 3, 3))
5  print((2**3)%3)
```

輸出結果：

```
8
8
-- 3個參數的範例 --
2
2
```

至於 round()也相當直覺，將給定數值四捨五入到指定位數，但仍要小心浮點數精確度問題，時不時有出人意表的錯誤，例如底下範例的第 6 行。

範例程式：

```
1  PI = 3.1415926
2  print(round(PI))
3  print(round(PI, 2))
4  print(round(PI, 3))
5
6  print(round(3.15, 1))
```

輸出結果：

```
3
3.14
```

```
3.142
3.1
```

剩下兩個讓人有點摸不著頭緒的函式 map()與 filter()，它們都需要兩個參數，只是這兩個參數都有特別要求，一個是指定函式，另一個是可迭代物件，而兩個內建函式則是將指定函式逐一套用到可迭代物件內的每個元素。若把指定函式比喻成寶可夢研究者（如大木博士）的話，那麼可迭代物件可想像成是訓練家（如小智）。這麼一來，map()的作用就好比大木博士為小智的寶可夢逐一做健康檢查，而 filter()則像是大木博士在小智的寶可夢中，挑出所有血量大於 50 的寶可夢。

既然 map()與 filter()都是將指定函式套用到其他元素，就得特別注意這些指定函式的參數與回傳值。比方說，map()的指定函式要能接受至少一個參數，並回傳一個運算式；而 filter()的指定函式也是至少一個參數，並回傳能產生布林值的條件式。例如：

▶▶ 範例程式：

```
1   scores = [x for x in range(5, 100, 10)]
2   print(scores)
3
4   def 調分(x):
5       return int(10*x**0.5)
6
7   print("調整分數:", list(map(調分, scores)))
8
9   def 及格(x):
10      return x >= 60
11
12  print("及格分數:", list(filter(及格, scores)))
```

▶▶ 輸出結果：

```
[5, 15, 25, 35, 45, 55, 65, 75, 85, 95]
調整分數: [22, 38, 50, 59, 67, 74, 80, 86, 92, 97]
及格分數: [65, 75, 85, 95]
```

這個範例裡第 7 的 map()與 12 行 filter()，分別用指定函式「調分()」與「及格()」套到串列 scores 裡的每一個數值元素，而套用結果無法直接看到，要以 list()轉換成串列型態才能看到結果。更多內建函式及其用法，可參考 Python 官網的說明（https://docs.python.org/zh-tw/3/library/functions.html）。

綜合範例

綜合範例 1：

輸出星星

1. 題目說明：

   請依下列題意進行作答，使輸出值符合題意要求。

2. 設計說明：

   請撰寫一程式，包含名為 compute()的函式，接收主程式傳遞的一個陣列，陣列中有兩個正整數，陣列索引值 0 代表一列要輸出的星星數；索引值 1 代表共輸出幾列，compute()輸出星星印出的結果並計算總共有幾顆星星回傳至主程式輸出。

3. 輸入輸出：

   (1) 輸入說明

   兩個正整數

   (2) 輸出說明

   根據輸入值決定輸出多少星星與星星的總數

   (3) 範例輸入

```
10
3
```

   範例輸出

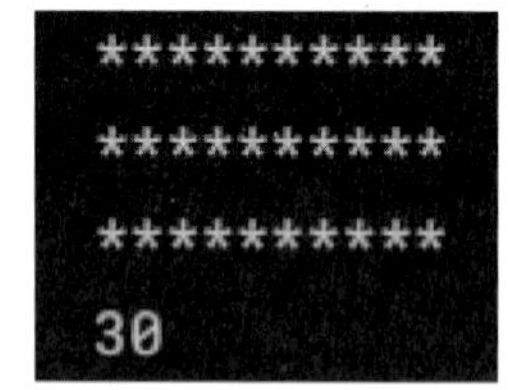

```
**********
**********
**********
30
```

4. 參考程式：

解法 1：

```
1  def compute(lst):
2      for _ in range(lst[1]):
3          for _ in range(lst[0]):
4              print('*', end = '')
5          print()
6      return lst[0]*lst[1]
7
8  num_stars = eval(input())
9  num_rows = eval(input())
10
11 total_stars = compute([num_stars, num_rows])
12 print(total_stars)
```

解法 2：

```
1  def compute(lst):
2      for _ in range(lst[1]):
3          print('*'*lst[0])
4
5      return lst[0]*lst[1]
6
7  total_stars = compute([eval(input()), eval(input())])
8  print(total_stars)
```

綜合範例 2：

輸出調整後的分數

1. 題目說明：

   請依下列題意進行作答，使輸出值符合題意要求。

2. 設計說明：

   請撰寫一程式，包含名為 compute()的函式，接收主程式傳遞的一個期中考分數，compute()判斷分數值，若分數在 0~100 以外，則回傳「-1」；若分數大於等於 60，則加 5 分；否則一律加 10 分，回傳至主程式輸出。

3. 輸入輸出：

   (1) 輸入說明

   一個整數

   (2) 輸出說明

   調整後的分數

   (3) 範例輸入 1

   ```
   78
   ```

   範例輸出 1

   ```
   83
   ```

   範例輸入 2

   ```
   120
   ```

   範例輸出 2

   ```
   -1
   ```

4. 參考程式：

解法 1：

```
1  def compute(score):
2      if score < 0 or score > 100:
3          return -1
4      elif score >= 60:
5          return score + 5
6      else:
7          return score + 10
8  
9  score = int(input())
10 print(compute(score))
```

解法 2：

```
1  def compute(score):
2      if 60 <= score <= 100:
3          score += 5
4      elif 0 <= score < 60:
5          score += 10
6      else:
7          score = -1
8  
9      return score
10 
11 inp = eval(input())
12 ans = compute(inp)
13 print(ans)
```

解法 3：

```
1  def compute(score):
2      if (score<0) or (score>100):
3          return -1
4      else:
5          return score+10 if score < 60 else score+5
6  
7  ans = compute(eval(input()))
8  print(ans)
```

綜合範例 3：

判斷質數

1. 題目說明：

   請依下列題意進行作答，使輸出值符合題意要求。

2. 設計說明：

   請撰寫一程式，包含名為 compute()的函式，接收主程式傳遞的一個整數 n（n>1），compute()判斷是否為質數，若為質數請回傳「1」，否則回傳「0」至主程式，並輸出該數是否為質數。

3. 輸入輸出：

   (1) 輸入說明

   大於 1 的整數

   (2) 輸出說明

   該數是否為質數

   (3) 範例輸入 1

   ```
   2
   ```

   範例輸出 1

   ```
   2 is a prime number
   ```

   範例輸入 2

   ```
   6
   ```

   範例輸出 2

   ```
   6 is not a prime number
   ```

4. 參考程式：

解法 1：

```
1   def compute(n):
2       isprime = 1
3       for i in range(2, int(n/2) + 1):
4           if n % i == 0:
5               isprime = 0
6       return isprime
7
8   n = int(input())
9   if compute(n):
10      print(str(n) + ' is a prime number')
11  else:
12      print(str(n) + ' is not a prime number')
```

解法 2：

```
1   def compute(n):
2       for x in range(2, n):
3           if n%x == 0:
4               return 0
5       else:
6           return 1
7
8   n = eval(input())
9   ans = compute(n)
10  print(f"{n} is {'' if ans else 'not '}a prime number")
```

綜合範例 4：

判斷 3 的倍數

1. 題目說明：

   請依下列題意進行作答，使輸出值符合題意要求。

2. 設計說明：

   請撰寫一程式，包含名為 compute()的函式，接收主程式傳遞的一個陣列，陣列中有六個整數，compute()判斷陣列中有幾個 3 的倍數並回傳至主程式輸出。

3. 輸入輸出：

   (1) 輸入說明

   六個整數

   (2) 輸出說明

   有幾個 3 的倍數

   (3) 範例輸入

```
10
20
30
40
50
60
```

   範例輸出

```
2
```

4. 參考程式：

解法 1：

```
def compute(input_list):
    cnt = 0
    for x in input_list:
        if x % 3 == 0:
            cnt += 1
    return cnt

input_list = []
for i in range(6):
    number = int(input())
input_list.append(number)
print(compute(input_list))
```

解法 2：

```
def compute(lst):
    ans = [(x%3 == 0) for x in lst]
    return sum(ans)

lst = [eval(input()) for _ in range(6)]
print(compute(lst))
```

綜合範例 5：

相加或相乘

1. 題目說明：

   請依下列題意進行作答，使輸出值符合題意要求。

2. 設計說明：

   請撰寫一程式，包含名為 compute()的函式，接收主程式傳遞的一個陣列，陣列中有三個整數，陣列中索引值 1 代表運算符號（+或*），若輸入 1 則索引值前後數值相加；輸入 2 則相乘，compute()計算運算結果並回傳至主程式輸出。

3. 輸入輸出：

   (1) 輸入說明

   三個整數

   (2) 輸出說明

   根據輸入值輸出運算結果

   (3) 範例輸入 1

   ```
   12
   1
   15
   ```

   範例輸出 1

   ```
   27
   ```

   範例輸入 2

   ```
   7
   2
   10
   ```

   範例輸出 2

   ```
   70
   ```

4. 參考程式：

解法 1：

```
1  def compute(input_list):
2      if input_list[1] == 1:
3          return input_list[0] + input_list[2]
4      elif input_list[1] == 2:
5          return input_list[0] * input_list[2]
6
7  input_list = []
8  for i in range(3):
9      x = int(input())
10     input_list.append(x)
11 print(compute(input_list))
```

解法 2：

```
1  def compute(lst):
2      return lst[0]+lst[2] if lst[1] == 1 else lst[0]*lst[2]
3
4  lst = [eval(input()) for _ in range(3)]
5  print(compute(lst))
```

綜合範例 6：

n 階層值

1. 題目說明：

   請依下列題意進行作答，使輸出值符合題意要求。

2. 設計說明：

   請撰寫一程式，包含名為 compute()的函式，接收主程式傳遞的一個整數 n（n ≥ 0），compute()計算 n 階乘值後回傳至主程式，並輸出 n 階層結果。

   階乘的定義如下：

$$n! = f(n) = \begin{cases} 1 & n = 0 \\ n * f(n-1) & n \geq 1 \end{cases}$$

3. 輸入輸出：

   (1) 輸入說明

   ```
   一個整數 n（n ≥ 0）
   ```

   (2) 輸出說明

   ```
   n 階層值
   ```

   (3) 範例輸入

   ```
   7
   ```

   範例輸出

   ```
   7!=5040
   ```

4. 參考程式：

解法 1：

```
1  def compute(x):
2      cnt = 1
3      for i in range(2, x+1):
4          cnt *= i
5      return cnt
6
7  n = int(input())
8  print(str(x) + '!=' + str(compute(x)))
```

解法 2：

```
1  def compute(num):
2      if num == 1:
3          return 1
4      else:
5          return num*compute(num-1)
6
7  n = eval(input())
8  print(f"{n}!={compute(n)}")
```

綜合範例 7：

陣列的最大值

1. 題目說明：

   請依下列題意進行作答，使輸出值符合題意要求。

2. 設計說明：

   請撰寫一程式，包含名為 compute()的函式，接收主程式傳遞的一個陣列，陣列中包含五個整數，compute()判斷陣列的最大值回傳至主程式輸出。

3. 輸入輸出：

   (1) 輸入說明

   五個整數

   (2) 輸出說明

   陣列的最大值

   (3) 範例輸入

   ```
   50
   40
   10
   70
   30
   ```

   範例輸出

   ```
   70
   ```

4. 參考程式：

解法 1：

```
1  def compute(input_list):
2      return max(input_list)
3  
4  input_list = []
5  for i in range(5):
6      input_list.append(int(input()))
7  
8  print(compute(input_list))
```

解法 2：

```
1  def compute(lst):
2      return max(lst)
3  
4  lst = [eval(input()) for _ in range(5)]
5  print(compute(lst))
```

綜合範例 8：

費氏數列

1. 題目說明：

   請依下列題意進行作答，使輸出值符合題意要求。

2. 設計說明：

   請撰寫一程式，包含名為 compute()的函式，接收主程式傳遞的一個正整數 n（n<10），compute()計算費式數列第 n 項的值後回傳至主程式，並輸出倒印費氏數列。

   提示：費氏數列的某一項數字是其前兩項的和，而且第 0 項為 0，第一項為 1，表示方式如下：

   $$F_0 = 0$$
   $$F_1 = 1$$
   $$F_n = F_{n-1} + F_{n-2}$$

3. 輸入輸出：

   (1) 輸入說明

   一個小於 10 的正整數

   (2) 輸出說明

   倒印費氏數列

   (3) 範例輸入

   ```
   9
   ```

   範例輸出

   ```
   fib(9)=34
   fib(8)=21
   fib(7)=13
   fib(6)=8
   fib(5)=5
   fib(4)=3
   fib(3)=2
   fib(2)=1
   fib(1)=1
   ```

4. 參考程式：

解法 1：

```
1  fib = [0, 1]
2  def compute(x):
3      global fib
4      for i in range(x):
5          fib.append(fib[-1] + fib[-2])
6      return fib[x]
7
8  n = int(input())
9  Fib_n = compute(n)
10 for i in range(n, 0, -1):
11     print('fib(' + str(i) + ')=' + str(fib[i]))
```

解法 2：

```
1  def compute(n):
2      if n == 0:
3          return 0
4      elif n == 1:
5          return 1
6      else:
7          return compute(n-1)+compute(n-2)
8
9  n = eval(input())
10 for i in range(n, 0, -1):
11     print(f"fib({i})={compute(i)}")
```

綜合範例 9：

最小分數值

1. 題目說明：

   請依下列題意進行作答，使輸出值符合題意要求。

2. 設計說明：

   請撰寫一程式，包含名為 compute()的函式，接收主程式傳遞的一個陣列，陣列中有六個 1~10 之間的數字，陣列的前三個數字為分子；後三個數字為分母。第一個數字（分子）和第四個數字（分母）組成分數；第二個數字和第五個數字組成分數，以此類推，共三個分數，compute()判斷最小的分數值後回傳至主程式輸出。

3. 輸入輸出：

   (1) 輸入說明

   六個 1~10 之間的整數

   (2) 輸出說明

   最小的分數值

   (3) 範例輸入

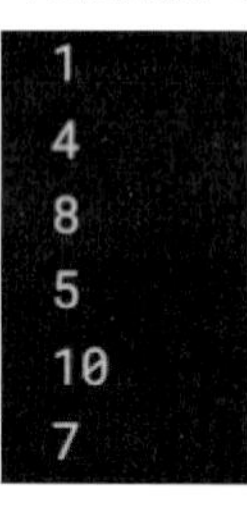

```
1
4
8
5
10
7
```

   範例輸出

```
0.200
```

4. 參考程式：

解法 1：

```
1  def compute(n):
2      F = [0, 1]
3      for i in range(2, n+1):
4          F.append(F[i-1]+F[i-2])
5      return F
6
7  n = eval(input())
8
9  Fib = compute(n)
10 for i in range(n, 0, -1):
11     print(f"fib({i})={Fib[i]}")
```

解法 2：

```
1  def compute(n):
2      if n == 0:
3          return 0
4      elif n == 1:
5          return 1
6      else:
7          return compute(n-1)+compute(n-2)
8
9  n = eval(input())
10 for i in range(n, 0, -1):
11     print(f"fib({i})={compute(i)}")
```

綜合範例 10：

阿姆斯壯數

1. 題目說明：

   請依下列題意進行作答，使輸出值符合題意要求。

2. 設計說明：

   請撰寫一程式，包含名為 compute()的函式，接收主程式傳遞的一個整數 n（0 < n < 1000），compute()輸出所有小於 n 的阿姆斯壯數並回傳總和至主程式輸出。

3. 輸入輸出：

   (1) 輸入說明

   ```
   一個整數 n（0 < n < 1000）
   ```

   (2) 輸出說明

   ```
   所有小於 n 的阿姆斯壯數與其總和
   ```

   (3) 範例輸入

   ```
   999
   ```

   範例輸出

   ```
   1
   2
   3
   4
   5
   6
   7
   8
   9
   153
   370
   371
   407
   1346
   ```

4. 參考程式：

解法 1：

```
1  def compute(n):
2      A_list = []
3      for i in range(1, n):
4          s = str(i)
5          k = len(s)
6          cnt = 0
7          for j in range(k):
8              cnt += int(s[j]) ** k
9          if cnt == i:
10             A_list.append(i)
11     return A_list
12
13 n = int(input())
14 A_list = compute(n)
15 sum = 0
16 for x in A_list:
17     print(x)
18     sum += x
19 print(sum)
```

解法 2：

```
1  def compute(n):
2      sum_ = 0
3      for x in range(1, n):     # 題目說 0<n<1000
4          lst = [x//100]
5          lst.append((x-lst[-1]*100)//10)
6          lst.append(x%10)
7
8          for i in range(len(lst)):  # 移除串列左側的 0
9              if lst[i] != 0:
10                 break
11         lst = lst[i:]
12
13         for i in range(len(lst)):  # 計算每個位數的次方
14             lst[i] = lst[i]**len(lst)
15
16         if x == sum(lst):          # 判斷是否為阿姆斯壯數
17             print(x)
```

```
18                sum_ += x
19
20        return sum_
21
22    n = eval(input())
23    ans = compute(n)
24    print(ans)
```

解法 3：

```
1     def compute(n):
2         阿姆斯壯數 = []
3         for x in range(1, n):     # 題目說 0<n<1000
4             lst = [eval(c) for c in str(x)]
5             lst = [x**len(lst) for x in lst]
6
7             if x == sum(lst):      # 判斷是否為阿姆斯壯數
8                 print(x)
9                 阿姆斯壯數.append(x)
10
11        return sum(阿姆斯壯數)
12
13    n = eval(input())
14    print(compute(n))
```

Chapter 3 習題

習題 1：計算寶可夢 CP 值

1. 請撰寫一程式，讓使用者輸入三隻寶可夢的資料，每隻寶可夢有四筆資料，並依公式計算 CP 值後再按格式（整數）輸出。
2. 輸入輸出：

(a). 輸入說明

```
四組資料
```

(b). 輸出說明

```
計算 CP 值後以整數輸出
```

(c). 範例輸入

```
Name:皮卡丘
level:10
sp:5
iv:14
```

```
Name:小火龍
level:8
sp:4
iv:10
```

```
Name:請假王
level:20
sp:6
iv:15
```

範例輸出

```
=== CP 值列表 ===
皮卡丘 -> 595
小火龍 -> 224
請假王 -> 1543
```

提示

計算公式為 $CP = \frac{leval}{10} \times (sp + iv) \times \sqrt{sp \times iv^2}$

習題 2：計算成績

1. 請撰寫一程式，讓使用者重複輸入成績，輸入「-1」則結束輸入，接著再輸出排序後的成績、總成績以及平均成績（四捨五入至小數點後第二位）。
2. 輸入輸出：

(a). 輸入說明

```
成績
```

(b). 輸出說明

排序後的成績、總成績以及平均成績（四捨五入至小數點後第二位）

(c). 範例輸入

```
輸入成績:80
輸入成績:90
輸入成績:100
輸入成績:70
輸入成績:32
輸入成績:-1
```

範例輸出

```
成績排序: [32, 70, 80, 90, 100]
總成績: 372
平均成績: 74.40
```

習題 3：尋找完全數

1. 請撰寫一程式，讓使用者輸入一個正整數 num，計算並輸出所有小於 num 的完全數（perfect number）。
2. 輸入輸出：

(a). 輸入說明

一個正整數 num

(b). 輸出說明

所有小於 num 的完全數

(c). 範例輸入 1

```
請輸入一個正整數:100
```

範例輸出 1

```
小於 100 的完全數: 6 28
```

範例輸入 2

```
請輸入一個正整數:5
```

範例輸出 2

```
找不到小於 5 的完全數
```

✓ 提示

> 一個大於 1 的數如果恰好等於它的因數（自己除外）總和，這個數就稱為完全數(perfect number)，例如：
>
> - 6 = 1 + 2 + 3 → 6 是完全數
> - 8 ≠ 1 + 2 + 4 → 8 不是完全數

習題 4：計算字母出現次數

1. 請撰寫一程式，讓使用者輸入一段英文字句，計算並輸出出現次數最多的英文字母及其出現次數（區分大小寫）。
2. 輸入輸出：

   (a). 輸入說明

   一段英文字句

   (b). 輸出說明

   出現次數最多的英文字母及其出現次數（區分大小寫）

   (c). 範例輸入 1

```
請輸入:Behind the mountains there are people to be found.
```

範例輸出 1

```
出現次數最多: e
總共出現 8 次
```

範例輸入 2

```
請輸入:Do one thing at a time, and do well.
```

範例輸出 2

```
出現次數最多: o
總共出現 3 次
```

✓ 提示

利用內建函式 `list(字串變數)` 可分離出每個字元，並回傳一個字元的串列。

習題 5：尋找列的最大總和

1. 請撰寫一程式，讓使用者輸入三列資料，每列由兩個數值且數值間以逗點隔開，計算並輸出列總和最大值及其列索引值。
2. 輸入輸出：

   (a). 輸入說明

   三列資料，每列由兩個數值且數值間以逗點隔開。

   (b). 輸出說明

   列總和最大值及其列索引值

   (c). 範例輸入

```
請輸入兩個數值，並以逗點隔開: 35,55
請輸入兩個數值，並以逗點隔開: 39,52
請輸入兩個數值，並以逗點隔開: 44,48
```

   範例輸出

```
第 2 列有列總和最大值為 92
```

習題 6：找出最近的兩點

1. 請撰寫一程式，讓使用者輸入二維平面的點座標，每個點座標輸入時有兩個數值，並以逗點隔開，輸入 0,0 則結束。計算這些輸入的點集合中，彼此歐式距離最接近的兩點，並輸出點座標與距離值。
2. 輸入輸出：

   (a). 輸入說明

   八個二維平面的點座標

   (b). 輸出說明

   歐式距離最接近的兩點與及距離值

(c). 範例輸入 1

```
每個點座標有兩個數值，輸入時以逗點隔開(例如 2,3)
第 1 個點座標(輸入0,0則結束): -3,-2
第 2 個點座標(輸入0,0則結束): 2,3
第 3 個點座標(輸入0,0則結束): 1,1
第 4 個點座標(輸入0,0則結束): 0,0
```

範例輸出 1

```
座標點個數 = 3
最近兩點為： [2, 3] [1, 1]
距離 = 2.23606797749979
```

範例輸入 2

```
每個點座標有兩個數值，輸入時以逗點隔開(例如 2,3)
第 1 個點座標(輸入0,0則結束): -1,3
第 2 個點座標(輸入0,0則結束): -1,-1
第 3 個點座標(輸入0,0則結束): 1,1
第 4 個點座標(輸入0,0則結束): 2,0.5
第 5 個點座標(輸入0,0則結束): 2,-1
第 6 個點座標(輸入0,0則結束): 3,3
第 7 個點座標(輸入0,0則結束): 4,2
第 8 個點座標(輸入0,0則結束): 4,-0.5
第 9 個點座標(輸入0,0則結束): 0,0
```

範例輸出 2

```
座標點個數 = 8
最近兩點為： [1, 1] [2, 0.5]
距離 = 1.118033988749895
```

提示

兩點(x_1, y_1)與(x_2, y_2)間的歐式距離為 $\sqrt{(x_1-x_2)^2+(y_1-y_2)^2}$

習題 7：排序三個數

1. 請撰寫一程式，讓使用者輸入三個數字，接著將這三個數字傳遞到函式內，經排序後再輸出結果。

2. 輸入輸出：

(a). 輸入說明

三個數字，數字間以逗點隔開

(b). 輸出說明

排序後的結果

(c). 範例輸入 1

```
請輸入三個數字，數字間以逗點隔開: 5, 3.8, 3
```

範例輸出 1

```
排序結果: 3 3.8 5
```

範例輸入 2

```
請輸入三個數字，數字間以逗點隔開: -5, 0, -2
```

範例輸出 2

```
排序結果: -5 -2 0
```

範例輸入 3

```
請輸入三個數字，數字間以逗點隔開: 3.14, -2.13, 1.23
```

範例輸出 3

```
排序結果: -2.13 1.23 3.14
```

習題 8：攝氏華氏轉換

1. 請撰寫一程式，讓使用者選擇要輸入華氏還是攝氏溫度，接著將使用者的選擇傳遞到名為「溫度轉換()」的函式，再輸入溫度數值，計算並輸出溫度轉換的結果。
2. 輸入輸出：

(a). 輸入說明

溫度類型與數值

(b). 輸出說明

溫度轉換的結果

(c). 範例輸入 1

```
溫度單位【華氏(1)/攝氏(2)】 = 1
溫度數值(華氏) = 50
```

範例輸出 1

```
華氏50 -> 攝氏10.0
```

範例輸入 2

```
溫度單位【華氏(1)/攝氏(2)】 = 2
溫度數值(攝氏) = 50
```

範例輸出 2

```
攝氏50 -> 華氏122.0
```

範例輸入 3

```
溫度單位【華氏(1)/攝氏(2)】 = 0
```

範例輸出 3

```
麥來亂!!
```

提示

- 攝氏溫度 = (華氏溫度 - 32)*5/9
- 華氏溫度 = 攝氏溫度*9/5 + 32

習題 9：平面的點與直線關係

1. 請撰寫一程式，讓使用者輸入平面上的三個點座標 p0(x0, y0)、p1(x1, y1)、q，判斷 q 點位於 p0 與 p1 所形成直線 L 的上面、下面或線上。程式需有底下兩個函式：

   (a). line_equation(x0, y0, x1, y1)

   - 目的：計算以 p0、p1 兩點形成的直線 L
   - 輸入：兩個點座標，共四個參數
   - 回傳：直線 L（可將係數儲存在串列再回傳）

(b). position(lst, q_x, q_y)

- 目的：計算 q 點位於 L 的上面、下面或線上
- 輸入：一個係數串列與一個點座標
- 回傳：無

2. 輸入輸出：

(a). 輸入說明

```
平面上的三個點座標 p0、p1、q
```

(b). 輸出說明

```
判斷 q 點位於 p0 與 p1 所形成直線 L 的上面、下面或線上
```

(c). 範例輸入兩點座標

```
==請輸入兩個點座標，每個點座標的x, y值間用逗點隔開==
p0(x,y) = 1,5
p1(x,y) = 3,9
```

範例輸出直線方程式

```
直線方程式：y = 2.0x + 3.0
```

範例輸入點座標 1

```
==請輸入一個點座標，輸入0,0則離開程式==
q(x,y) = 4,2
```

範例輸出判斷結果 1

```
點 q(4,2) 在直線 L:y=2.0x+3.0 的下面
```

範例輸入點座標 2

```
q(x,y) = 2,10
```

範例輸出判斷結果 2

```
點 q(2,10) 在直線 L:y=2.0x+3.0 的上面
```

範例輸入點座標 3

```
q(x,y) = -1,-1
```

範例輸出判斷結果 3

```
點 q(-1,-1) 在直線 L:y=2.0x+3.0 的下面
```

範例輸入點座標 4

```
q(x,y) = 0,0
```

範例輸出判斷結果 4

```
點 q(0,0) 在直線 L:y=2.0x+3.0 的下面
```

CHAPTER

4

字串與檔案處理

字串與檔案處理

我們已經知道 Python 的基本資料型別，除了數值、布林值外，還有字串型別；而在前面章節的練習中，我們也進行過一些簡單的輸入與輸出。事實上，在程式開發過程中，不乏與文字字串（string）的處理打交道，其頻率也許還比處理數字要高。字串是由一連串字元（character）所組成且有順序的序列，而所謂的字元就像是字母、數字系統或標點符號等，之前介紹過的控制字元（如換行、水平移位等）也都是。Python 對於字串有提供 str 型別，但卻沒有字元型別，若要表示一個字元，可以使用長度為 1 的字串，例如底下這些變數都是 Python 的字串型別：

```
letter = 'X'
num_char = '7'
pokemon = "皮卡丘"
```

此外，變數用來儲存單筆資料，而串列可以儲存多筆資料，這些儲存的資料都存放在記憶體內，只存在於程式執行期間，一旦程式執行結束或電腦關機就無法再進行存取。若想日後還能繼續存取這些資料，或是想與其他電腦交換資料，需要將資料儲存在檔案（file）並置於硬碟內。可把檔案當成是一個帶有名稱的資料容器，用於在電腦內保存與組織資訊，可以包含各種類型的資料，比如文字、音訊、圖像、影片、程式碼等。檔案同時也是作業系統（operating system）的一個重要組成，負責長久儲存、資料交換以及組織文件等任務。

不管檔案裡原本儲存的是甚麼類型的資料，當程式讀取檔案內的資料時，一律以字串的形式進行。因此，字串操作對檔案處理而言，可謂重中之重，所以本章先介紹字串的基礎組成 - 字元，接著再看 Python 針對字串處理提供的方法。待熟悉字串操作後，再來看檔案處理的概念，屆時進行讀寫檔案等檔案操作自然能水到渠成。

4-1 字串

字串是 Python 的基礎資料型別之一，以成對的引號來表示，可使用單/雙引號、三個單/雙引號，只要成對出現即可。字串同時也是幾乎所有輸入到電腦內資料的預設型別，大多數"親民"的程式語言無不提供大量字串操作相關的函式，以方便程式開發者在面對各種複雜的資料時，能構建對應的字串處理程序。例如我們在介紹基本輸出時看到 Python 的三種格式化輸出方式（百分符號%、format()、f-string），大大降低程式輸出訊息的門檻。

4-1-1 字元與字串

字元是字串的基本單元，一連串有順序的字元即稱為字串，因此，想了解字串還得從字元著手。由於電腦內部使用二進位數字（即 0 與 1），所以電腦內的資料會被編碼成一連串的位元樣式（bit pattern），如 00100101、11001100 等，這樣不僅便於儲存，也容易在網路上傳輸。大量位元樣式組合在一起可表示文字、音訊、圖像或視訊等內容，但確切的意義得視其應用而定。

字元在電腦內也是以一串 0 與 1 的序列儲存，而將字元對應到其二進位表示的過程稱為字元編碼（character encoding）。ASCII 與 UTF-8 是兩個常見的文字編碼方式，其中前者是 Python 2.x（現在已沒有更新）的預設選項，而 Python 3.x 預設則是後者，以下簡介這幾種編碼方式：

- 美國標準資訊交換碼（American Standard Code for Information Interchange、ASCII）：這是基於拉丁字母的編碼系統，使用 7 個位元來表示十進位 0 ~ 127 共 128（2^7）個不同字元，其中 33 個為控制字元（0 ~ 31、127），其餘 95 個為可顯示字元，包括數字（48 ~ 57）、大寫（65 ~ 90）與小寫（97 ~ 122）英文字母、鍵盤上的特殊符號（如@、$、#等）等。ASCII 的缺點在於其編碼的字元不夠多，雖然有 EASCII（Extended ASCII）將 7 個位元擴充至 8 位，解決了部分西歐語言的顯示問題，但對更多其他語言依然無能為力。因此，現在大多採用 Unicode，特別是與 ASCII 向下相容的 UTF-8。

- 統一碼（Unicode）：又稱為萬國碼，整理與編碼世界上大部分文字系統，讓電腦能以統一的字元集來處理及顯示文字，不僅改善在不同編碼系統間轉換的困擾，更提供一種跨平台跨域的解決方案。Unicode 使用 16 位元的編碼空間，即每個字元占用 2 個位元組（bytes），理論上最多可表示 65,536（2^{16}）個字元，基本涵蓋各種語言的使用。事實上，Unicode 至今仍在不斷增修，每個新版本都納入更多新字元，至本書截稿為止的最新版本是 2022 年 9 月公布的 15.0.0，已經收錄超過 14 萬個字元。

- UTF-8：Unicode 的實現方式稱為「Unicode 轉換格式」（Unicode Transformation Format、UTF），一個字元的 Unicode 是確定的，但其實現方式有所不同，主要是避免浪費。例如：每個 7 位元的 ASCII 字元都使用 16 位元的 Unicode 傳輸，導致最前面的 8 個位元始終都設定為 0，編碼效率較差。因此，出現一種針對 Unicode 的可變長度字元編碼 UTF-8（8-bit UTF），其編碼的第一個位元組與 ASCII 相同，使得原來處理 ASCII 字元的軟體無須或只須做少部分修改，即可繼續使用。目前，UTF-8 逐漸成為全球資訊網最主要的編碼形式。

想要知道字元對應的 ASCII（或者說是 UTF-8）編碼，或者反過來，想把編碼結果轉換為字元，可透過 Python 的內建函式 ord()與 chr()來進行。例如：

▶ 範例程式：

```
1  print(ord('A'))
2  print(ord("皮"))    # 輸出"皮"的十進位 Unicode
3  print("\u76AE")     # 輸出十六進位 Unicode 對應的字元
4
5  print(chr(65))
6  print(chr(30382))
```

▶ 輸出結果：

```
65
30382
皮
A
皮
```

4-1-2 字串基本操作

在 Chapter 1 介紹字串型別時，我們已經看過一些建立字串與其基本操作。例如格式化輸出、藉由 str()可強制轉換為字串型別、透過跳脫字元的設定可輸出一些無法在螢幕上顯示的控制字元等，本小節將介紹字串的更多基本操作。首先，算術運算子+和*除了能做數字運算外，也能套用到字串上，其中「+」可用來連結兩個字串，而「*」則可重複字串內容。例如：

▶ 範例程式：

```
1  str1 = "寶可夢"
2  str2 = "皮卡丘"
3  print(str1 + ' ' + str2)
4
5  print("="*20)
6  print("OK"*3)
```

輸出結果：

```
寶可夢 皮卡丘
====================
OKOKOK
```

運算結果為布林值的比較運算子，也能用來比較兩個字串的大小。比較方式與串列的比較類似，都是先比第一個字元，若相等再比第二個，依此類推；而字元的比較則是根據其 Unicode 編碼的大小。比方說數字的 Unicode 就小於大寫字母，大寫字母又小於小寫字母，而中文字的 Unicode 編碼又大於這些字元。例如：

範例程式：

```
1  print('A' < '皮')
2  print('A' < '1')
3  print('A' < 'a')
4  print("="*10)
5  print("小火龍" <= "皮卡丘")
```

輸出結果：

```
True
False
True
==========
True
```

我們也能使用 in 與 not in 運算子來檢查某個字串是否在另一個字串內，例如：

範例程式：

```
1  print("電系" in "皮卡丘是電系寶可夢")
2  print("火系" in "皮卡丘是電系寶可夢")
3  print('python' in "Life is Short, Use Python")
4
5  print("He" not in "Hello")
```

▶ 輸出結果：

```
True
False
False
False
```

如果在字串的前方加上「r」，表示這個字串為原始字串（raw string），此時跳脫字元（\）不起作用，直接輸出字串內容即可。例如：

▶ 範例程式：

```
1  print("abc\ndef")
2  print(r"abc\ndef")
```

▶ 輸出結果：

```
abc
def
abc\ndef
```

之前在介紹 for 迴圈時提到可迭代物件，其實字串也可迭代（iterable），意味著也能使用 for 迴圈逐一拜訪字串中的所有字元。例如：

▶ 範例程式：

```
1  for ch in "Pikachu":
2      print(ch, end='-')
```

▶ 輸出結果：

```
P-i-k-a-c-h-u-
```

Python 的字串處理在很多地方都承襲串列的概念與操作方式，譬如一樣能用 len() 取出字串長度，而用 min()與 max()則分別能取出字串內 Unicode 編碼最小與最大的字元。再者，當然也能以索引值的方式，依既定順序遍訪字串的所有字元。例如：

範例程式：

```
1  str_ = "Pikachu"
2  for i in range(len(str_)):
3      print(str_[i], end='-')
4
5  print()
6  for i in range(0, len(str_), 2):
7      print(str_[i], end='-')
```

輸出結果：

```
P-i-k-a-c-h-u-
P-k-c-u-
```

除了上述兩種方式能存取字串內的字元外，類似串列分割的作法也能套用到字串上，且用法並無二致，一樣使用中括號（[]）且有起始、終止與間隔值，利用這個方式很容易能取出一個字串的任意子字串（substring）。使用上要注意因為 Python 3.x 採用 UTF-8 編碼，所以一個中文字和一個英文字同樣都是一個字元，例如：

範例程式：

```
1  str_ = "人生苦短，我用Python"
2  print(str_[2:4])
3  print(str_[5:-7])
4  print(str_[5:])
5  print(str_[:4])
6  print(str_[:-3:2])
```

輸出結果：

```
苦短
我
我用Python
人生苦短
人苦，用y
```

4-1-3 更多操作函式

在看更多 Python 提供的串列操作函式之前，先來介紹一個容易混淆的資料型別概念，這會有助於後續了解字串處理的做法。事實上，Python 內的所有東西都是物件（object），直覺能夠理解的如數值、字串這樣的資料，較不直覺的像是函式、後面會介紹的模組等，全部都是物件，而以內建的 type()函式得知物件所屬的資料型別。

Python 資料型別分為可變與不可變物件兩種，且不受全域和區域變數影響，其中：

- 可變物件（mutable object）：該變數所指向記憶體中的值可以被改變，過程中沒有複製動作，也沒有建立新的記憶體位址，白話點講就是「原地改變」。例如前面提過的串列，以及後面會介紹的字典（dict）、集合（set）等。

- 不可變物件（immutable object）：該變數所指向記憶體中的值不可以被改變，所以當變更某個變數時，相當於將原來的值複製一份後存在一個新位址，接著變數再指向這個新位址。已經學過的整數（int）、浮點數（float），還有這裡的字串等都屬於不可變物件。

串列是可變物件，前一章也看過當變數儲存的是串列時，若將該變數指派給另一個變數，因為都指向記憶體的同一個位址（可透過內建函式 id()來查看），所以兩個變數會同時更動。例如：

▶▶ 範例程式：

```
1  lst = [3]
2  new = lst
3  print(id(lst), id(new))
4  
5  lst.append(100)
6  print(lst)
7  print(new)
```

▶▶ 輸出結果：

```
2426511391040 2426511391040
[3, 100]
[3, 100]
```

再來看看不可變物件的字串，為了節省儲存空間，若字串的內容相同，則 Python 使用同一物件，所以底下第 3 行才會輸出三個同樣的識別碼；而因為不可變更的特性，變數所儲存的值不允許被改變。當變數要改變時，實際上是把原來的值複製一份後再做變更，所以在第 5 行改變字串內容後，會儲存在新的記憶體位址，也就輸出不同的識別碼。

▶▶ 範例程式：

```
1  str1 = "皮卡丘"
2  str2 = "皮卡丘"
3  print(id(str1), id(str2), id("皮卡丘"))
4
5  str1 += "電系寶可夢"
6  print("str1變更後的id:", id(str1))
```

▶▶ 輸出結果：

```
1634714611280 1634714611280 1634714611280
str1變更後的id: 1634714609072
```

若直接變更字串的內容，會引發錯誤。譬如在上面範例中加入「`str1[1] = ""`」，企圖直接變更字串變數的第 2 個字元，執行時會得到「`TypeError`」的錯誤訊息。那萬一有需要修改字串內容，該怎麼進行呢？正所謂山不轉路轉，既然無法直接修改，那就另闢蹊徑。舉例來說，假設我們有一個字串為“喬巴超人的必殺絕招為『必殺可愛電波』。”，其中引號（『』）內為絕招名稱，目標是移除絕招名稱中的「必殺」字眼。最簡單的作法大概是利用 Python 對字串處理提供的 replace()方法，將「必殺」字眼直接取代為空白，例如：

▶▶ 範例程式：

```
1  data = "喬巴超人的必殺絕招為『必殺可愛電波』。"
2  new = data.replace("必殺", "")
3  print(new)
4
5  print(id(data))
6  print(id(new))
```

▶▶ 輸出結果：

```
喬巴超人的絕招為『可愛電波』。
1888718412176
1888718407920
```

可以看到輸出結果的確移除了絕招名稱中的「必殺」字眼，但同時也對引號之外的字串進行同樣操作。換言之，replace()方法預設會取代掉整個字串內所有指定的部分，可以利用第三個參數來控制取代數量，但這也無法解決目前遇到的問題。此外，透過第 5 和 6 行輸出的識別碼不同，也可看出這個方法其實是複製一個新字串後再做修改，並不影響原字串的內容。replace()方法雖然簡單，但卻無法滿足我們的需求，接著我們嘗試以串列分割來進行：

▶▶ 範例程式：

```
1  data = "喬巴超人的必殺絕招為『必殺可愛電波』。"
2  new = data[:11] + data[13:]
3  print(new)
```

▶▶ 輸出結果：

```
喬巴超人的必殺絕招為『可愛電波』。
```

看輸出結果有達到目的，但這個作法的缺點也很明顯，就是得先知道成對引號的兩個索引值。以人力可以計算出引號的位置，可是如此不但容易出錯，寫成的程式也無法自動地處理任意字串。雖然這個作法也還沒能解決問題，但是可以把問題轉化成尋找兩個引號的位置，接著再用串列分割或 replace()方法進行。例如：

▶▶ 範例程式：

```
1  data = "喬巴超人的必殺絕招為『必殺可愛電波』。"
2
3  for i in range(len(data)):
4      if data[i] == "『":
5          start = i
6      elif data[i] == "』":
7          end = i
8          break
```

```
9
10  new = data[:start] + \
          data[start:end].replace("必殺", "") + \
          data[end:]
13  print(new)
```

▶▶ 輸出結果：

```
喬巴超人的必殺絕招為『可愛電波』。
```

輸出結果的確有滿足題目的要求，但相對於題目的複雜度來說，這段 Python 程式寫得似乎有點長。其實這題麻煩的地方在於找出兩個引號位置，而 Python 有提供一系列搜尋子字串的方法，整理如下表，表中的字串變數 stn 內容為「Pokemon」：

方法	意義（s 是字串）	範例	執行結果
count(s)	計算 s 的出現次數	stn.count('o')	2
startswith(s)	字串是否以 s 開頭	stn.startswith('P')	True
endswith(s)	字串是否以 s 結尾	stn.endswith('P')	False
find(s)	計算 s 出現的最小索引值	stn.find('o')	1
index(s)		stn.index('o')	
rfind(s)	計算 s 出現的最大索引值	stn.rfind('o')	5
rindex(s)		stn.rindex('o')	

由上表可知利用 find()與 index()方法皆可搜尋給定子字串的索引值，也就是位置，而且預設是由字串開頭（即左側）往尾端（即右側）。因此，利用這個方法可在上個範例中直接取得兩個引號的位置，簡化程式。例如：

▶▶ 範例程式：

```
1   data = "喬巴超人的必殺絕招為『必殺可愛電波』。"
2
3   start = data.find("『")
4   end = data.index("』")
5   new = data[:start] + \
6         data[start:end].replace("必殺", "") + \
7         data[end:]
```

```
8 | print(new)
```

輸出結果：

```
喬巴超人的必殺絕招為『可愛電波』。
```

這兩個搜尋方法 find()與 index()，預設是從字串開頭一直搜尋到尾端，當然也可以用兩個參數來指定搜尋範圍。例如：

範例程式：

```
1 | data = "喬巴超人的必殺絕招為『必殺可愛電波』。"
2 |
3 | print(data.find("必", 7))
4 | print(data.index("必", 3, 10))
```

輸出結果：

```
11
5
```

接著來看字串裁切與結合的方法，其中字串裁切方法如 strip()與 split()，經常用在讀取檔案資料後的處理動作。

方法	意義 （ch 是字串、lst 是串列）	範例 執行結果
strip([ch])	從字串兩側刪除 ch 指定的字元，預設為空白字元。	"Pokemon".strip("Pon") kem
lstrip([ch])	從字串左側刪除 ch 指定的字元，預設為空白字元。	"Pokemon".lstrip("Pon") kemon
rstrip([ch])	從字串右側刪除 ch 指定的字元，預設為空白字元。	"Pokemon".rstrip("Pon") Pokem
split([ch])	以 ch 指定的字元（預設為空白字元）切割字串，並回傳一個串列。	"2019/11/23".split("/") ['2019', '11', '23']

方法	意義 （ch 是字串、lst 是串列）	範例 執行結果
partition(ch)	以 ch 指定的字元切割字串為三個部分。	"2019/11/23".partition('11') ('2019/', '11', '/23')
ch.join(lst)	利用 ch 指定的字元當膠水，結合串列 lst 內的字串元素。	",".join(['2019', '11', '23']) 2019,11,23

「strip」這個字原本就有撕掉外皮或表層的意思，strip()作用在字串上是在字串兩側重複去除指定字元，直到遇到沒有指定的字元為止；倘若沒有指定字元，則預設為空白字元（whitespace character），而 lstrip()與 rstrip()則是分別只針對左側與右側進行去除動作。乍看之下，strip()的使用頻率似乎不高，實則不然，試想一下所謂的空白字元其實也包含\t、\r、\n 等控制字元。因此，經常作為程式接收到一個字串後的第一個處理動作，尤其是下一章介紹讀取檔案時更是如此。例如：

▶▶ 範例程式：

```
1  data = "\t皮卡丘\n"
2
3  print(1, data.strip())
4  print(2, data.lstrip())
5  print(3, data.rstrip())
```

▶▶ 輸出結果：

```
1 皮卡丘
2 皮卡丘

3         皮卡丘
```

範例的第 3 行去除字串頭尾的空白字元，所以\t 和\n 都去除掉，輸出結果與以前常見到的一樣；第 4 行只去除字串開頭的\t，尾端的\n 則留下，因此在輸出後會多換行一次；至於第 5 行則是去掉尾端的\n，開頭的\t 讓輸出的字串有水平移位。

使用 split(ch)可以根據指定字元 ch 來拆分字串，這非常適合用在字串有標準格式時的拆分，例如年、月、日皆以斜線（/）分隔開來，藉由 split('/')可以分離出年月日，並分別放置在常見的串列中，以便於後續的處理。例如：

▶ 範例程式：

```
1   data = "2019/11/23"
2   lst = data.split('/')
3   print(f"這是西元 {lst[0]} 年")
4
5   data = "10,20,30,40,50"
6   lst = [eval(x) for x in data.split(',')]
7   print(f"總和為 {sum(lst)}")
8
9   data = "Life is Short, Use Python"
10  lst = data.split(' ')
11  print(f"共有 {len(lst)} 個單字")
```

▶ 輸出結果：

```
這是西元 2019 年
總和為 150
共有 5 個單字
```

用來結合串列裡字串元素的 join()也相當實用，雖然直接寫程式實現這個功能也不難，可是利用 join()實現能讓程式碼簡潔許多。例如：

▶ 範例程式：

```
1   lst = ["皮卡丘", "小火龍", "傑尼龜"]
2
3   data = ""
4   for x in lst:
5       data += x
6       data += '-' if x != lst[-1] else ''
7   print(data)
8
9   print("="*20)
10  print('-'.join(lst))
```

▶ 輸出結果：

```
皮卡丘-小火龍-傑尼龜
====================
皮卡丘-小火龍-傑尼龜
```

很多時候需要測試字串內的字元是否全為數字、英文字母等，且測試結果只有 True 與 False 兩種，此時就能使用 Python 提供的字串測試方法。這些字串測試方法分兩個表格羅列，下表先看測試數字及英文字母的方法：

方法	意義	範例	執行結果
isalpha()	測試字串所有字元是否全為英文字母、中文字，且不為空字串。	"Python".isalpha()	True
		"Python3".isalpha()	False
isdigit()	測試字串所有字元是否全為數字，且不為空字串；而絕大多數時候，兩個方法的結果一樣。	"666".isdigit()	True
isdecimal()		"666P".isdecimal()	False
isalnum()	測試字串所有字元是否全為數字、英文字母、中文字，且不為空字串。	"Python3".isalnum()	True
		"3.14".isalnum()	False

原本 isalpha()用來檢測字串內是否全為英文字母組成，但因為編碼的緣故，實際使用時會發現也能允許出現中文字。譬如底下範例，第 2 行輸出 False 是因為字串裡有標點符號，所以在第 5 行拿掉逗點後，isalpha()的測試結果為 True，可是字串裡除了英文字母外，也還有中文字。倘若只想測試英文字母，可將字串先用 UTF-8 編碼過後再交給 isalpha()測試（如第 6 行），即可得到正確的測試結果。除了 isalpha()之外，isalnum()也有類似的情況。

範例程式：

```
1  data = "人生苦短，我用Python"
2  print(data.isalpha())
3
4  data = "人生苦短我用Python"
5  print(data.isalpha())
6  print(data.encode("UTF-8").isalpha())
```

輸出結果：

```
False
True
False
```

Python 並沒有提供測試字元全都為中文字的方法，但只要知道語言對應 Unicode 的編碼範圍，不難自行撰寫檢測程式。常見語言的 Unicode 十六進位編碼範圍如下，其餘可參考 Unicode 編碼表（https://jicheng.tw/hanzi/unicode）。

- 中文（含簡體與繁體）：0x4E00 ~ 0x9FA5
- 韓文：0xAC00 ~ 0xD7FF
- 日文（含平假名與片假名）：0x3040 ~ 0x309F 、0x30A0 ~ 0x30FF

▶▶ 範例程式：

```
1  data = "喬巴超人X的必殺絕招1為『可愛電波』。"
2
3  start = int('0x4E00', 16)     # 轉換為十進位
4  end = int('0x9FA5', 16)
5
6  for x in data:
7      if not (start <= ord(x) <= end):
8          print('不在範圍', x)
```

▶▶ 輸出結果：

```
不在範圍 X
不在範圍 1
不在範圍 『
不在範圍 』
不在範圍 。
```

方法	意義	範例	執行結果
isspace()	測試字串所有字元是否全為空白，且不為空字串。	" ".isspace()	True
		" 1".isspace()	False
isidentifier()	測試字串所有字元是否合法的識別字（含關鍵字），且不為空字串。	"if". isidentifier()	True
		"3if". isidentifier()	False
istitle()	測試字串內每個單字的開頭字母是否全為大寫，其餘皆小寫。	"Oh Ya".istitle()	True
		"OH YA".istitle()	False

方法	意義	範例	執行結果
isupper()	測試字串所有英文字母是否全為大寫。	"OH_YA".isupper()	True
		"Oh_YA".isupper()	False
islower()	測試字串所有英文字母是否全為小寫。	"oh_ya".islower()	True
		"oh_Ya".islower()	False

其它還有檢查空白、識別字及字母大小寫的方法，其中三個檢查英文字母大小寫方法 istitle()、isupper()及 islower()，在使用上也要格外注意，因為它們只針對英文字母，不管字串裡的其它字元。尤其是 istitle()會把連續的英文字母視為一個單字，而這並非是實際存在的英文單字。例如：

範例程式：

```
1  data = "Life Is Short, Use Python"
2  print(data.istitle())
3
4  data = "Life_Is_Short_Use_Python!"
5  print(data.istitle())
6
7  data = "人生苦短，我用Python"
8  print(data.istitle())
```

輸出結果：

```
True
True
True
```

還有一些字串操作方法用來進行字串轉換，包含大小寫互換、取代等，整理如下表：

方法	意義（s 是字串）	範例	執行結果
lower()	將所有英文字母改為小寫	"Python".lower()	python
upper()	將所有英文字母改為大寫	"Python".upper()	PYTHON
swapcase()	英文字母的大小寫互換	"Python".swapcase()	pYTHON
capitalize()	將字串中的第一個英文字母大寫，其餘小寫。	"oh ya".capitalize()	Oh ya

方法	意義（s 是字串）	範例	執行結果
title()	將每個詞的第一個英文字母大寫，其餘小寫。	"oh ya".title()	Oh Ya
replace(old, new)	將子字串 old 取代為 new	"oh ya".replace(' ', '')	ohya

這些字串轉換函式都會先複製原字串，再進行轉換或取代的動作，因此原字串都保留不變。replace()函式在前面已經介紹過，這裡就不再贅述，其餘皆為進行常見的英文字母大小寫轉換工作。

範例程式：

```
1  data = "Life is short, use Python"
2
3  print(1, data.lower())
4  print(2, data.upper())
5  print(3, data.swapcase())
6  print(4, data.capitalize())
7  print(5, data.title())
8  print(6, data.replace("s", "X"))
```

輸出結果：

```
1 life is short, use python
2 LIFE IS SHORT, USE PYTHON
3 lIFE IS SHORT, USE pYTHON
4 Life is short, use python
5 Life Is Short, Use Python
6 Life iX Xhort, uXe Python
```

4-2 檔案處理

儲存在變數、串列內的資料是暫時，一旦程式結束或電腦關機就會消失。想要把資料長久地儲存下來，就要以某種形式存放於能長久儲存的媒介（如硬碟、隨身碟等），之後再透過程式進行讀取。再者，目前我們撰寫程式大多使用鍵盤與螢幕來處理輸入與輸出；然而，若是輸入值太多，或者要處理的是一些已經存在的資料，還是透過鍵盤來輸入就相當沒有效率。輸出也有類似的窘境，僅靠螢幕輸出結果，不僅難以將好不容易得到的結果長久地儲存下來，也不便於傳送給其他人。

對於少量資料的處理，之前學的輸入與輸出勉強還能應付，可是要對付稍微大點的資料量就有些左支右絀，這時就需要以某種特定格式將資料長期保存，並撰寫對應程式來處理。因此，我們所需要的就是本節的檔案處理（file handling）方法。

4-2-1 檔案的存取路徑

在要存取檔案之前，得先找到檔案所在的地方，這就是所謂的路徑（path），它是一種電腦檔案或目錄名稱的通用表現形式，會指向檔案系統（file system）的唯一位置。例如：「C:\Users\Ian\Documnets\皮卡丘.jpg」就是檔案「皮卡丘.jpg」的所在路徑，可以看到路徑通常以字串表示的目錄結構，最開頭的「C」表示檔案系統位置，也稱為根目錄（root directory），隨後以分隔字元分開的各部分路徑表示各級目錄，最後就是檔案名稱。最常使用的分隔字元有斜線（/）、反斜線（\）以及冒號（:），注意不同作業系統與環境可能採用的不同。

電腦的目錄（directory）或資料夾（folder）內儲存著檔案或更多目錄，包含在一個目錄中的其它目錄被稱為它的子目錄（child directory）。這些目錄形成有層次（hierarchy）的結構，一般稱為樹狀結構（tree structure）。圖 4-2-1 是在 Windows 下打開一個資料夾會看到的模樣，視窗內的右窗格顯示目前資料夾內容，可以看到是幾張圖片，而左窗格則是樹狀目錄，此時只要點一下網址列，就會顯示目前資料夾的目錄。例如「公用圖片」的所在路徑為「C:\Users\Public\Pictures」，代表可沿著磁碟機 C 底下的 Users 資料夾，裡面的 Public 資料夾內可找到 Pictures 資料夾，點開後即可看到圖片。

圖 4-2-1 左側呈現出比較完整的樹狀結構，在結構內的每一層有數個資料夾（如 C 磁碟底下有 5 個），透過一層接一層的搜尋，最終得以定位到要存取的檔案。也就是說，當以檔案路徑及名稱如「C:\Users\Public\Pictures\25.png」存取檔案時，檔案系統會依指定路徑一層層搜索，找到檔案所在位置後再進行檔案操作。

不同作業系統（operating system）可能使用不同的檔案系統，常見的如 FAT32、NTFS、exFAT 等，但這對撰寫一般程式影響不大；比較有影響的是剛剛提到在路徑字串內的分隔字元，以及檔案路徑的指定方式。路徑的描述有以下兩種方式：

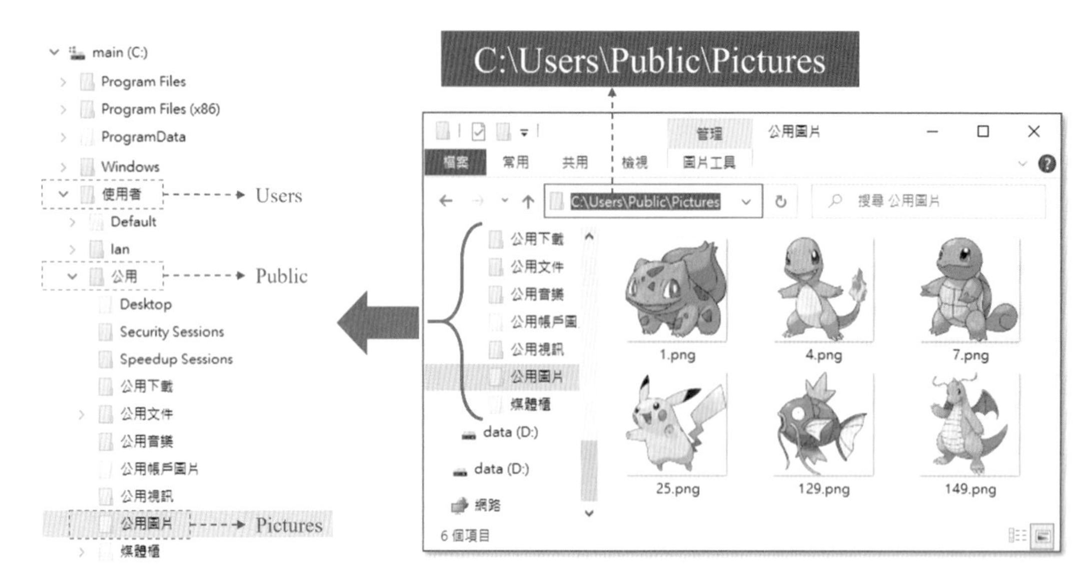

圖 4-2-1 Windows 檔案系統目錄的樹狀結構

- 絕對路徑（absolute path）：這是檔案的完整路徑（full path），描述在本機端或是網路上的絕對位置，包含有根目錄與到該檔案會經過的所有子目錄。例如「C:\Users\Public\Pictures\25.png」。

- 相對路徑（relative path）：相對於目前執行程式的工作目錄（current working path）與所指定檔案的相對位置，以兩者間的子目錄來描述。比方說工作目錄為「C:\Users\Public\」，想存取圖 4-2-1 的 25.png 檔案，可用相對路徑為「.\ Pictures\25.png」，其中「.」代表當前目錄，在 Windows 底下可省略不寫；而若想存取「C:\Users\ Ian\iris.png」，除了使用絕對路徑外，也可指定相對路徑為「..\Ian\iris.png」，其中「..」表示上一層目錄。

順帶一提，在檔案名稱「iris.png」的句號（.）後面的部分稱為副檔名（filename extension），也稱為延伸檔名或後綴名，作用是讓系統決定當使用者想打開這個檔案的時候，要用哪種軟體執行。例如在 Windows 系統中的「.exe」是可執行檔，而「.png」則是圖檔，會用影像瀏覽或編輯的軟體打開。要注意直接修改副檔名並不會將檔案轉換成另一種格式（例如將.png 手動改為.exe），如此只會讓檔案無法使用而已，如有需要還是得找合適的工具軟體進行轉換。

4-2-2 檔案的運作流程

能利用路徑定位檔案的所在地之後，接著就是經過一系列的檔案的處理流程，一般有三部曲，即開啟檔案、讀取或寫入資料以及關閉檔案，本小節先介紹開啟與關閉檔案，至於讀取或寫入資料則留待下一小節。這裡所謂的「開啟檔案」，並非是指我們將滑鼠移動到檔案圖示上點擊兩次的打開動作，而是撰寫程式碼且在程式執行時主動打開檔案，並進行讀取或寫入等操作。Python 使用內建函式 open()來開啟檔案，且開啟後的檔案可指派給一個變數，以便於後續操作。

語法

串列的語法如下：

```
變數 = open(路徑與檔名 [, 模式] [, 編碼])
```

- 路徑與檔名：欲操作的檔案路徑與名稱，屬於字串型別，可以是相對或絕對路徑；若沒有設定路徑，一般會預設為目前程式檔的所在路徑。
- 模式（mode）：這也是字串型別，用來設定檔案開啟的模式，基本的有讀取（r）、寫入（w）以及附加（a）三種模式。若省略這個參數，將預設為讀取模式。
- 編碼（encoding）：同樣是字串型別，用以指定檔案的編碼格式，一般可設定 UTF-8 或 cp950。若不指定編碼格式，Python 會參考系統的語系來設定。

先來看路徑部分，之前有提到不同檔案系統對撰寫檔案處理程式比較有影響的是路徑字串內的分隔字元，以及檔案路徑的指定方式（絕對或相對路徑）。這裡要注意分隔字元，譬如當路徑為「C:\Users\Public\Pictures\25.png」時，要使用跳脫字元（\）或是加上 r 以表示原始字串（raw string），如此才能順利存取到該檔案，例如以下兩種寫法：

```
file = open("C:\\Users\\Public\\Pictures\\25.png")
file = open(r"C:\Users\Public\Pictures\25.png")
```

這是在 Windows 下的路徑寫法，若換成 Linux 系統，則要修改路徑裡的根目錄與分隔字元為，例如：

```
file = open("/home/Pictures/25.png")
```

也就是說，Linux 的檔案系統以「/」為根目錄，再往下一層層地開枝散葉。

此外，檔案指標（file pointer）是個特殊的標記，記錄著讀取或寫入到檔案的哪個位置，而要再次進行讀取或寫入等檔案操作時，檔案指標會視情況往前或往後移動。換言之，檔案操作始終發生在檔案指標所指之處。

若省略模式參數不寫，則預設為讀取模式（r），其餘常用的模式如下表：

模式	說明	模式	說明
r	以讀取模式開啟檔案，檔案指標指向檔頭。若檔案不存在，會引發錯誤訊息「FileNotFoundError」。	r+	以讀寫模式開啟檔案，檔案指標指向檔頭，寫入的資料會覆蓋原檔案內容。若檔案不存在，會引發錯誤訊息。
w	以寫入模式開啟檔案並先清除檔案內容，檔案指標指向檔頭。若檔案不存在，則會建立新檔案；若檔案存在，則會清空內容再寫入。	w+	與模式「w」類似，不同之處在於「w+」以讀寫模式開啟檔案。
a	以附加寫模式開啟檔案，檔案指標指向檔尾，寫入的資料會附加到原檔案的尾端。若檔案不存在，則會建立檔案。	a+	以附加讀寫模式開啟檔案，檔案指標指向檔尾，寫入的資料會附加到原檔案的尾端。若檔案不存在，則會建立檔案。

▶▶ 範例程式：

```
1  file = open("經典名言", 'r')      # 這個檔案沒有副檔名
2  data = file.read()                 # 下節會介紹更多讀取方法
3  print(data)
4  file.close()                       # 關閉檔案
```

▶▶ 檔案內容：

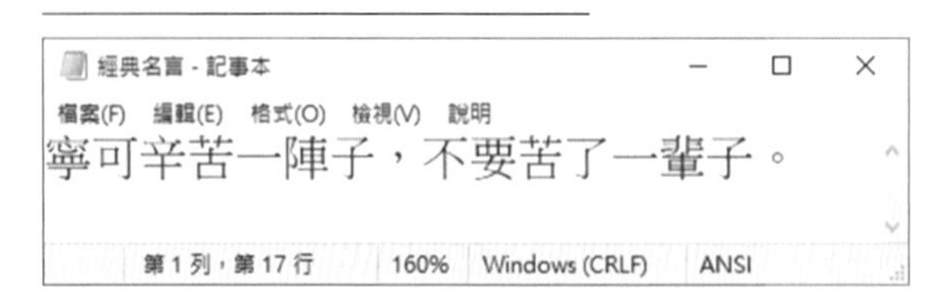

▶▶ 輸出結果：

```
寧可辛苦一陣子，不要苦了一輩子。
```

這個範例的第 1 行以讀取模式來開啟檔案，並指派給變數 file，第 2 行則是讀取檔案的內容，接著由第 3 行輸出。第 4 行有前面沒提到的 close()，這會關閉先前由 open()開啟的檔案，而關閉檔案的同時也會將留在記憶體的資料寫到磁碟上，並且不能再進行該檔案的讀寫等操作。當不再使用某些檔案時，最好能將它們關閉。

透過 open()開啟檔案，預設為讀取模式，所以範例第 1 行的「r」可省略不寫，而若檔案不存在會產生「FileNotFoundError」。要特別小心留意的是寫入模式「w」，用這個模式開啟檔案時，若檔案不存在會建立新檔，可要是檔案存在，會直接清空檔案內容再進行寫入，須謹慎使用。若想新增資料到原有檔案裡，可使用「a」模式開啟檔案，新增的資料會附加到檔案的尾端（End of File、EOF）。

此外，「r+、w+、a+」可視為「r、w、a」的升級，使其同時具備讀與寫的功能。要注意的是「r+」會將檔案指標移動到檔案開頭處，而「w+、a+」則移動檔案指標到檔案的尾端，因此寫入資料的位置有所不同。例如：

▶▶ 範例程式：

```
1  file = open("經典名言", 'r+')
2  data = file.write("r+『")        # 寫入檔案
3  file.close()
4  
5  file = open("經典名言", 'a+')
6  data = file.write("』a+")
7  file.close()
```

▶▶ 檔案內容：

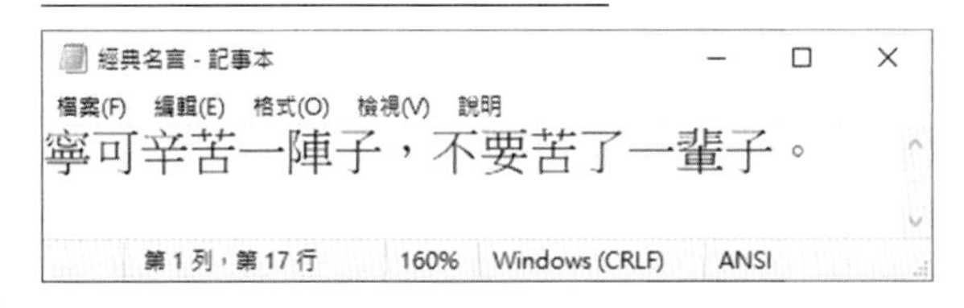

▶▶ 執行後的檔案內容：

經典名言 - 記事本
檔案(F) 編輯(E) 格式(O) 檢視(V) 說明
r+『辛苦一陣子，不要苦了一輩子。』a+
第 1 列 100% Windows (CRLF) ANSI

在前面兩個範例程式中都沒有指定路徑，這是因為程式檔與要存取的檔案位於同一個目錄下，因此可省略不寫；如若不然，要加上描述檔案所在位置的絕對或相對路徑，避免引發「FileNotFoundError」錯誤。

另一方面，檔案按照資料的組織形式可分為文字檔案與二進位檔案兩種，我們之前處理的都是文字檔案，直接用純文字編輯器打開即可看到內容。二進位檔案則包含圖片、音訊、影片、可執行檔等，用純文字編輯器直接打開會看到亂碼，只有按照預先設定的規則讀取，才能明白這些數字的具體涵義。如圖 4-2-2 所示，用文字編輯器 NotePad++直接開啟 JPG 圖檔後看到的亂碼，而底下是以十六進位檢視圖檔。相較於文字檔案，二進位檔案有節省儲存空間、讀寫速度快的優勢，且也有一定的保密作用，也有不易閱讀與編輯的缺陷。

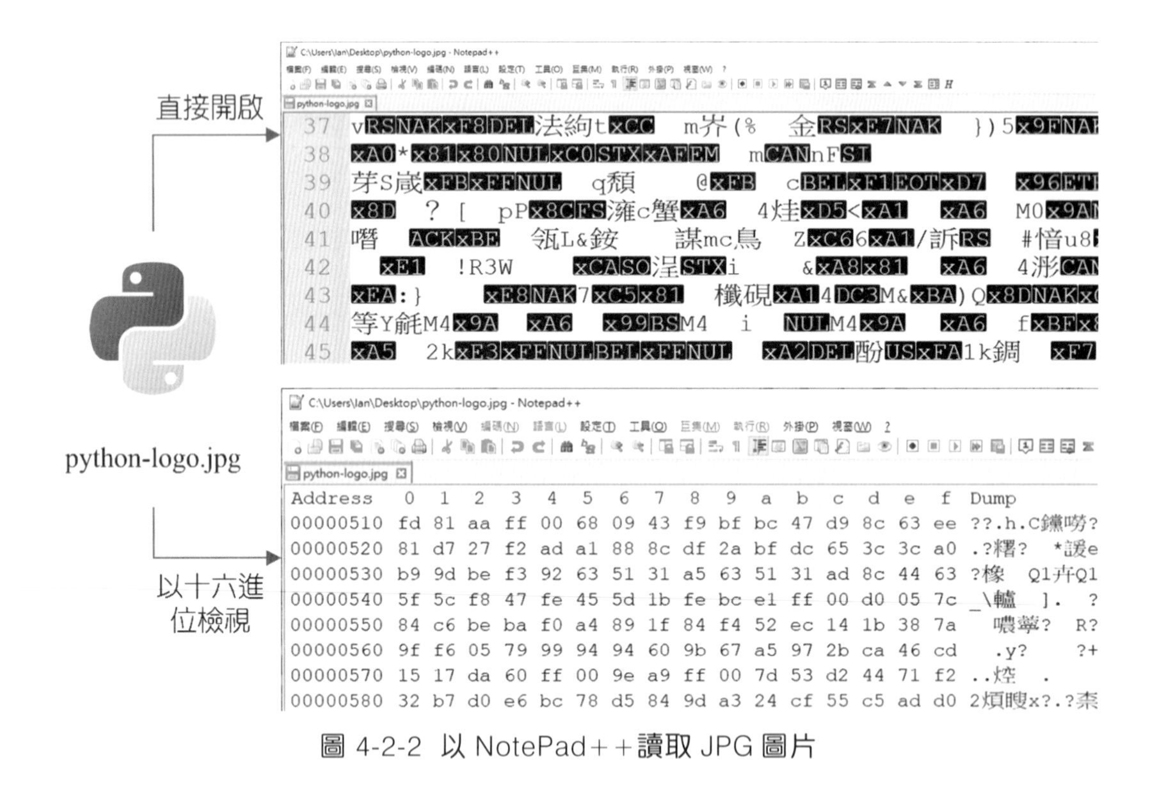

圖 4-2-2 以 NotePad++讀取 JPG 圖片

Python 也有提供二進位模式（binary mode）的開啟檔案方式，只要在前面的常用模式裡加上「b」即可，譬如 rb、wb+、ab 等。在二進位模式下，資料將被直接讀取或寫入，不進行任何特殊的文字編碼與解碼，且此時面對的是位元組（bytes）型別，而不是之前的字串型別。同時，因為不進行任何編碼或換行符號轉換，所以在跨平台使用時要特別小心。

每次在結束存取檔案後，要使用 close()來關閉檔案，著實有點麻煩，也容易忘記。因此，Python 提供 with 這個獨特敘述，將存取檔案的動作限制在其程式區塊內，並在離開程式區塊時自動關閉檔案，這樣就不用自己呼叫 close()方法。例如：

▶ 範例程式：

```
1  with open("經典名言") as file:
2      data = file.read()
3      print(data)
```

▶ 檔案內容：

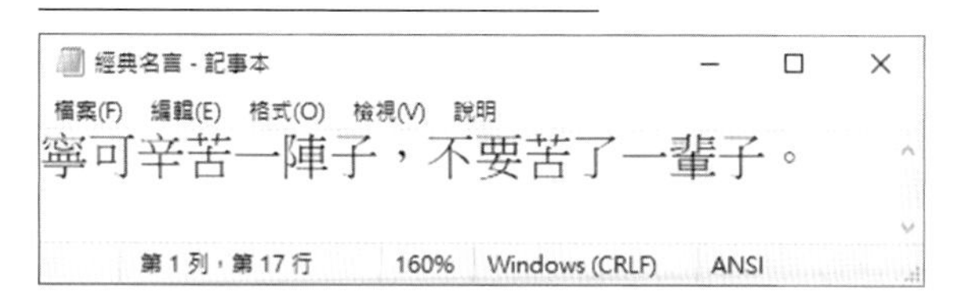

▶ 輸出結果：

```
寧可辛苦一陣子，不要苦了一輩子。
```

事實上，with 敘述的用途是建立資源管理器（context manager），資源的管理在程式設計上是很常見的問題，比如管理開啟的檔案、網路 socket 等。管理上最主要的問題是確保這些開啟的資源在使用完之後，有確實被關閉（或釋放），否則容易導致程式執行的效能問題，甚至出現錯誤，而除了關閉之外，有些特殊的資源在使用完畢之後，還必須進行一些後續的清理動作。透過 with 敘述讓 Python 自動進行資源的建立、清理與回收動作，我們在使用各種資源時就能更加方便。

此外，無法開啟檔案除了找不到檔案外，常見還有一個相當惱人的問題，就是文字編碼，這是將文字（如字母、數字、符號等）轉換為位元組序列（即二進位資料）的規範或方法，常見的有 UTF-8、ASCII、GBK（簡體中文）、Big5（繁體中文）等。當指定的編碼與檔案實際編碼不一致時，就可能會引發錯誤。雖然 Python 3 預設採用 UTF-8 編碼，但使用 open()時會根據系統環境自動挑選合適的編碼格式。譬如在西歐或北美的 Windows 系統會挑選 cp1251 編碼，而在繁體中文的環境則預設為 cp950，這個編碼是對 Big5 的擴展，除了包含 Big5 所有字元外，還加入了一些額外的繁體中文字和符號。

在 Windows 系統還有一個常見的 ANSI 編碼，這是美國國家標準協會（American National Standards Institute）按照一系列規範所編寫的編碼標準統稱，並非一個特定的編碼方式，所以在不同的語言或地區環境下，ANSI 可能會對應到不同的編碼方式。在繁體中文地區會對應到 cp950，而簡體地區則對應到 cp936。這麼一來，一個相當惱人的問題就出現了，因為 Windows 10 專業版在升級到 1903 版後，把預設編碼 ANSI（繁體中文地區為 cp950）改為 UTF-8，可是 open()根據繁體系統環境會挑選 cp950 編碼。檔案編碼與開啟時指定的編碼不一致，自然無法順利開啟檔案，會得到「UnicodeDecodeError: 'cp950' codec can't decode byte 0xe6 in position 0」的錯誤訊息。

那為何前面幾個範例程式都沒指定編碼，採用預設的 cp950，但卻能正常開啟檔案呢？大家可以注意在前面範例程式的檔案內容圖片右下角，顯示的是 ANSI 編碼，與開啟時使用的編碼格式一樣。因此，若能確定檔案的編碼格式，在使用 open()開啟檔案時可指定 encoding 參數。通常在繁體中文地區，編碼格式不外乎是 cp950 與 UTF-8 這兩種，輪流使用總會有一種能順利開啟檔案。

▶▶ 範例程式：

```
1  # UTF-8 也可寫成 utf-8、UTF8、utf8
2  with open("經典名言1", encoding='utf8') as file:
3      data = file.read()
4      print(data)
```

▶▶ 檔案內容：

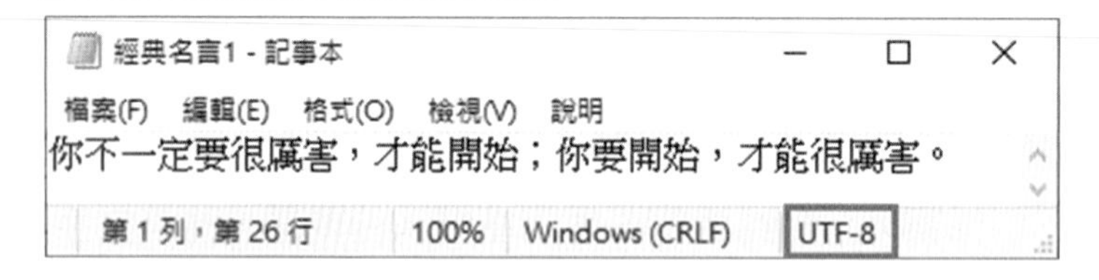

▶▶ 輸出結果：

```
你不一定要很厲害，才能開始；你要開始，才能很厲害。
```

4-2-3 讀取或寫入資料

當我們成功開啟檔案之後，接下來就是對這個檔案進行操作，而最常用的操作是讀取與寫入，其它還有關閉、移動檔案指標等。除了這些基本操作外，其餘如檔案移動、刪除、檢查是否存在等功能，需要匯入 os 模組才能進行，這部分等後續章節再來介紹。下表列出常用的檔案操作：

方法	說明
readable()	測試檔案是否可讀取，回傳結果為 True 或 False。
read([size])	讀取 size 長度的字元，若省略 size 會直接讀取整個檔案內容。
readline([size])	讀取檔案指標所在列的 size 長度字元，若省略 size 會讀取一整列內容，包括換行字元「\n」。
readlines([size])	若省略 size 參數，會直接讀取檔案的所有列，且把每列內容置於串列內並回傳。若有設定 size，將只讀取 size 長度的字元到串列內。
close()	關閉檔案，將資料寫入磁碟，並釋放佔用的記憶體空間。
flush()	強制將緩衝區的資料寫入檔案中，並清除緩衝區。
writable()	測試檔案是否可寫入，回傳結果為 True 或 False。
write(文字字串)	將指定的文字字串寫入檔案中。
tell()	回傳目前檔案指標的位置。
seek(位置編號)	移動檔案指標，位置編號 0（預設值）表示檔案開頭，1 為當前位置，2 為檔案結尾 。
next()	移動到下一列。

首先，我們先看分別測試檔案是否可讀取與可寫入的方法，使用方式如下：

▶▶ 範例程式：

```
1  with open("經典名言", 'r') as file:
2      if file.readable():    print("可讀取")
3      else:                  print("不可讀取")
4  
5      if file.writable():    print("可寫入")
6      else:                  print("不可寫入")
```

▶ 輸出結果：

```
可讀取
不可寫入
```

讀取檔案有三個方法，其中 read()可讀取指定長度的字元，或是整個檔案內容，並以字串型別回傳；readline()用以讀取一整列內容，也是回傳一個字串型別；而 readlines()則是讀取每列內容，並回傳一個串列。底下來看一些範例：

▶ 範例程式：

```
1  with open("test.txt", encoding='utf8') as file:
2      data = file.read()
3      print(1, type(data))
4      print(2, data)
5      print('='*10)
6      print(3, file.read(5))
7
8  with open("test.txt", encoding='utf8') as file:
9      print(4, file.read(5))
```

▶ 檔案內容：

▶ 輸出結果：

```
1 <class 'str'>
2 Hello Python
皮卡丘

==========
3
4 Hello
```

由這個範例可以知道 read()的確回傳一個字串，而且是連換行字元「\n」也一併讀取進來，才會造成在輸出「皮卡丘」後有一列空白。程式碼第 6 行沒有讀取的內容，原因是第 2 行用 read()讀取整個檔案時，已經將檔案指標移動到檔案的最尾端，再次使用 read()也就讀不到東西了。而第 8 行重新開啟檔案後，在透過 read(5)讀取檔案內容的前 5 個字元。接著看 readline()的範例：

▶▶ 範例程式：

```
1  with open("test.txt", encoding='utf8') as file:
2      data = file.readline(3)
3      print(1, type(data))
4      print(2, data)
5      print(3, file.readline())
6      print('='*10)
```

▶▶ 輸出結果：

```
1 <class 'str'>
2 Hel
3 lo Python

==========
```

在第 2 行指定用 readlin(3)讀取 3 個字元，接著再用 readline()讀取該列的所有字元，包括換行字元在內。因此，可看到在第 5 行輸出後，底下多了一行空白。

▶▶ 範例程式：

```
1  with open("test.txt", encoding='utf8') as file:
2      data = file.readlines()
3      print(1, type(data))
4      print(2, data)
```

▶▶ 輸出結果：

```
1 <class 'list'>
2 ['Hello Python\n', '皮卡丘\n']
```

readlines()會將檔案裡的每列內容（包含換行字元）置於串列內並回傳，後續處理時可搭配字串方法 strip()去除空白字元。這裡也要注意，readlines()並沒有讀取檔案最後一行的空白。

▶ 範例程式：

```
1  with open("test.txt", encoding='utf8') as file:
2      data = file.readlines()
3      print(1, type(data))
4      print(2, data)
```

▶ 檔案內容：

▶ 輸出結果：

```
1 <class 'list'>
2 ['\ufeffHello Python\n', '皮卡丘\n']
```

這裡先將檔案轉為有 BOM 檔首的 UTF-8 編碼，再嘗試讀取該檔案。使用 read()和readline()讀取的檔案內容，與之前都一樣，但透過 readlines()讀取可發現在串列的第一個元素前多了一串「\ufeff」，這就是所謂的 BOM（Byte Order Mark），用來說明檔案的編碼訊息。由於 BOM 佔用一個字元，可利用字串處理去除，也可在開啟檔案時指定編碼參數「encoding="utf-8-sig"」。

綜合範例

綜合範例 1：

字串基本操作

1. 題目說明：

   請依下列題意進行作答，使輸出值符合題意要求。

2. 設計說明：

   請撰寫一程式，讓使用者輸入兩個長度不超過 10 字元的字串（無空白字元），分別輸出兩字串的長度以及兩字串的連結結果。

3. 輸入輸出：

   (1) 輸入說明

   兩個長度不超過 10 字元的字串（無空白字元）

   (2) 輸出說明

   兩字串長度及連結結果

   (3) 範例輸入

```
abcd
eeeee
```

   範例輸出

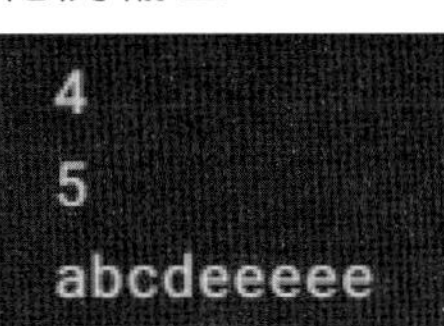

```
4
5
abcdeeeee
```

4. 參考程式：

解法 1：

```
1  str1 = input()
2  str2 = input()
3
4  print(len(str1))
5  print(len(str2))
6  print(str1 + str2)
```

解法 2：

```
1  lst = []
2
3  for _ in range(2):
4      lst.append(input())
5      print(len(lst[-1]))
6
7  print("".join(lst))
```

綜合範例 2：

字串比大小

1. 題目說明：

   請依下列題意進行作答，使輸出值符合題意要求。

2. 設計說明：

   請撰寫一程式，讓使用者輸入兩個相同長度的字串與一個正整數 n，字串長度皆不超過 128 個字元，依 ASCII 碼表上的順序比對兩字串前 n 個字元，最後輸出兩字串前 n 個字元的比較結果。若使用者輸入正整數 n 超過字串長度，則輸出「error」。

3. 輸入輸出：

   (1) 輸入說明

   兩個相同長度的字串及一個正整數

   (2) 輸出說明

   兩字串前 n 個字元的比較結果(大於、等於、小於)

   (3) 範例輸入 1

範例輸出 1

```
Apple ipad = Apple ipod
```

範例輸入 2

範例輸出 2

```
Apple ipad < Apple ipod
```

範例輸入 3

```
Apple ipad
Apple ipod
15
```

範例輸出 3

```
error
```

4. 參考程式：

解法 1：

```
1   str1 = input()
2   str2 = input()
3   n = int(input())
4   compare = 0
5
6   if n > len(str1):
7       print('error')
8       exit()
9
10  for i in range(n):
11      compare += ord(str1[i]) - ord(str2[i])
12
13  if compare > 0:
14      print(str1 + ' > ' + str2)
15  elif compare < 0:
16      print(str1 + ' < ' + str2)
17  else:
18      print(str1 + ' = ' + str2)
```

解法 2：

```
1   str1 = input()
2   str2 = input()
3   n = int(input())
4
5   if n > len(str1):
6       print('error')
7   else:
8       if str1[:n] > str2[:n]:
9           print(str1 + ' > ' + str2)
10      elif str1[:n] < str2[:n]:
11          print(str1 + ' < ' + str2)
12      else:
13          print(str1 + ' = ' + str2)
```

綜合範例 3：

字串大小寫轉換

1. 題目說明：

   請依下列題意進行作答，使輸出值符合題意要求。

2. 設計說明：

   請撰寫一程式，讓使用者輸入英文字串（無空白字元），字串長度不超過 100 字元，將字串中小寫字母轉成大寫字母、大寫字母轉成小寫字母後輸出。

3. 輸入輸出：

   (1) 輸入說明

   英文字串（無空白字元）

   (2) 輸出說明

   此字串大小寫轉換

   (3) 範例輸入 1

   ```
   ABcdefGH
   ```

   範例輸出 1

   ```
   abCDEFgh
   ```

4. 參考程式：

   解法 1：

```
1  str_ = input()
2  trans_str_ = ''
3
4  for c in str_:
5      if c.isupper():
6          trans_str += c.lower()
7      else:
8          trans_str += c.upper()
9  print(trans_str)
```

解法 2：

```
1  data = input()
2  lst = [c.lower() if c.isupper() else c.upper() \
3          for c in data]
4  print(''.join(lst))
```

解法 3：

```
1  data = input()
2  print(data.swapcase())
```

綜合範例 4：

找出最常出現的英文字母

1. 題目說明：

   請依下列題意進行作答，使輸出值符合題意要求。

2. 設計說明：

   請撰寫一程式，讓使用者輸入一個長度不超過 50 字元的字串，此字串均為小寫字母，輸出該字串出現最多次的英文字母以及出現的次數。

   提示：假設出現過最多次英文字母的次數唯一。

3. 輸入輸出：

   (1) 輸入說明

   一個長度不超過 50 字元的字串，此字串均為小寫字母

   (2) 輸出說明

   該字串出現最多次的英文字母以及出現的次數

   (3) 範例輸入

```
refrigerator
```

   範例輸出

4. 參考程式：

   解法 1：

```
1  str_ = input()
2  cnt_list = []
3  for c in str_:
4      cnt_list.append(str_.count(c))
5
6  print(str_[cnt_list.index(max(cnt_list))])
7  print(max(cnt_list))
```

解法 2：

```
1  data = input()
2  lst = [data.count(c) for c in data]
3
4  max_val = max(lst)
5  max_idx = lst.index(max_val)
6
7  print(data[max_idx])
8  print(max_val)
```

解法 3：

```
1  data = input()
2  max_val = 0
3  char = ''
4
5  for c in data:
6      if data.count(c) > max_val:
7          max_val = data.count(c)
8          char = c
9
10 print(char)
11 print(max_val)
```

綜合範例 5：

修改後的三個單字

1. 題目說明：

   請依下列題意進行作答，使輸出值符合題意要求。

2. 設計說明：

   請撰寫一程式，讓使用者輸入三個 0~9 的整數，並讀取 read.txt 檔案內容，read.txt 檔案中包含三個英文單字，若第一個輸入值為數字 n，則將第一個單字的前 n 個字元以數字 n 取代，以此類推，最後輸出修改後的三個單字。

3. 輸入輸出：

   (1) 輸入說明

   三個 0~9 的整數，並讀取 read.txt 檔案內容

   (2) 輸出說明

   修改後的三個單字

   (3) 範例輸入

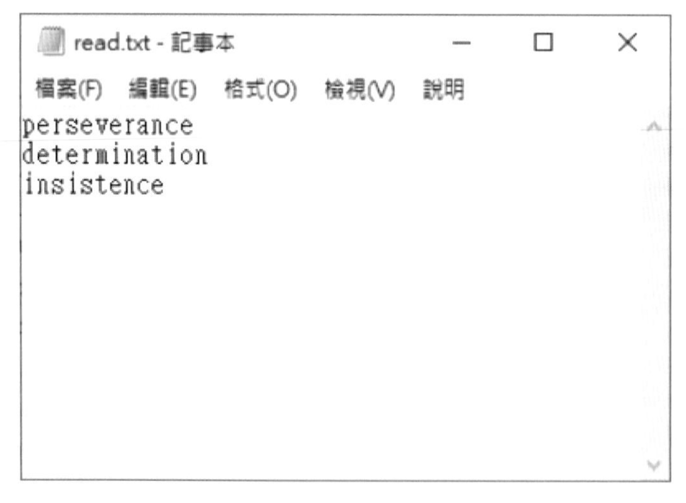

範例輸出

```
55555verance
determination
333istence
```

4. 參考程式：

解法 1：

```
1  with open('read.txt') as f:
2      contents = f.readlines()
3      contents = [contents[i].rstrip('\n') \
4                  for i in range(len(contents))]
5
6  for i in range(3):
7      n = input()
8      print(n * int(n) + contents[i][int(n):])
```

解法 2：

```
1  with open('read.txt') as file:
2      data = [x.strip() for x in file.readlines()]
3
4  for i in range(3):
5      n = eval(input())
6      print(f"{str(n)*n}{data[i][n:]}")
```

綜合範例 6：

輸出鍵盤的特定位置

1. 題目說明：

   請依下列題意進行作答，使輸出值符合題意要求。

2. 設計說明：

   請撰寫一程式，讓使用者輸入一個長度不超過 50 字元的字串，該字串包含英文大小寫，將每個字元依照鍵盤的位置，輸出它們右邊的大寫或小寫英文字母。若輸入字母的右邊並非英文字母，如「P」、「L」、「M」，則不做更動，原樣輸出。

   鍵盤上的英文字母位置圖

3. 輸入輸出：

   (1) 輸入說明

   一個長度不超過 50 字元的字串，字串包含英文大小寫

   (2) 輸出說明

   依照鍵盤位置，輸出每個字元右邊的大寫或小寫英文字母

   (3) 範例輸入

   ```
   NovemBer
   ```

   範例輸出

   ```
   MpbrmNrt
   ```

4. 參考程式：

解法 1：

```
keyboard = [['q','w','e','r','t','y','u','i','o','p']
            , ['a','s','d','f','g','h','j','k','l']
            , ['z','x','c','v','b','n','m']]

def find_right_alpha(c):
    global keyboard
    output_c = ''
    for i in range(len(keyboard)):
        if c in keyboard[i]:
            idx = keyboard[i].index(c)
            if idx == len(keyboard[i]) - 1:
                output_c = keyboard[i][idx]
            else:
                output_c = keyboard[i][idx + 1]
    return output_c

input_str = input()
output_str = ''
for c in input_str:
    if c.isupper():
        c = c.lower()
        output_str += find_right_alpha(c).upper()
    else:
        output_str += find_right_alpha(c)
print(output_str)
```

解法 2：

```
1  keyboard = [ list("qwertyuiop"), list("asdfghjkl"),
2               list("zxcvbnm")]
3  
4  def find_right_alpha(c):
5      for i in range(len(keyboard)):
6          if c in keyboard[i]:
7              idx = keyboard[i].index(c)
8              if idx == len(keyboard[i]) - 1:
9                  output_c = keyboard[i][idx]
10             else:
11                 output_c = keyboard[i][idx + 1]
12     return output_c
13 
14 input_str = input()
15 output_str = ''
16 for c in input_str:
17     if c.isupper():
18         c = c.lower()
19         output_str += find_right_alpha(c).upper()
20     else:
21         output_str += find_right_alpha(c)
22 print(output_str)
```

 綜合範例 7：

寫入檔案

1. 題目說明：

   請依下列題意進行作答，使輸出值符合題意要求。

2. 設計說明：

   請撰寫一程式，讀取 read.txt 檔案內容，將檔案中的「*」符號全部刪除，並寫入至 write.txt 檔案。

3. 輸入輸出：

   (1) 輸入說明

   讀取 `read.txt` 檔案內容

   (2) 輸出說明

   寫入至 `write.txt` 檔案

   (3) 範例輸入

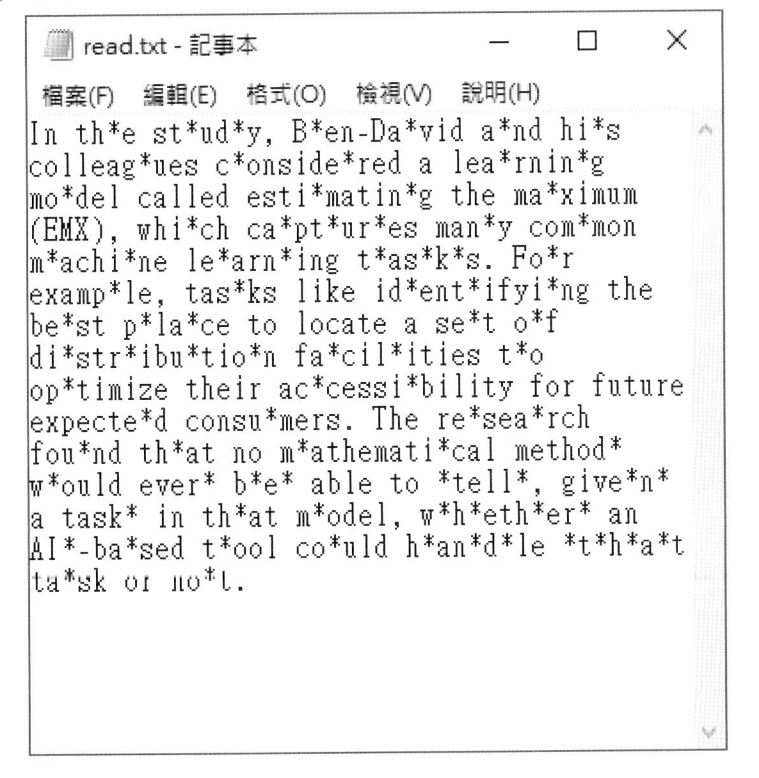
read.txt - 記事本
檔案(F) 編輯(E) 格式(O) 檢視(V) 說明(H)

```
In th*e st*ud*y, B*en-Da*vid a*nd hi*s
colleag*ues c*onside*red a lea*rnin*g
mo*del called esti*matin*g the ma*ximum
(EMX), whi*ch ca*pt*ur*es man*y com*mon
m*achi*ne le*arn*ing t*as*k*s. Fo*r
examp*le, tas*ks like id*ent*ifyi*ng the
be*st p*la*ce to locate a se*t o*f
di*str*ibu*tio*n fa*cil*ities t*o
op*timize their ac*cessi*bility for future
expecte*d consu*mers. The re*sea*rch
fou*nd th*at no m*athemati*cal method*
w*ould ever* b*e* able to *tell*, give*n*
a task* in th*at m*odel, w*h*eth*er* an
AI*-ba*sed t*ool co*uld h*an*d*le *t*h*a*t
ta*sk or no*t.
```

範例輸出

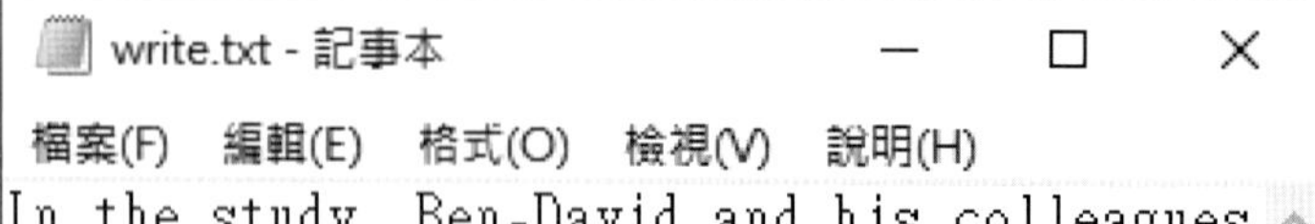


```
In the study, Ben-David and his colleagues
considered a learning model called
estimating the maximum (EMX), which
captures many common machine learning
tasks. For example, tasks like identifying
the best place to locate a set of
distribution facilities to optimize their
accessibility for future expected
consumers. The research found that no
mathematical method would ever be able to
tell, given a task in that model, whether
an AI-based tool could handle that task or
not.
```

4. 參考程式：

```
1  with open(r'read.txt', 'r') as infile, \
2  open(r'write.txt', 'w') as outfile:
3      data = infile.read()
4      data = data.replace("*", "")
5      outfile.write(data)
```

綜合範例 8：

字串操作

1. 題目說明：

   請依下列題意進行作答，使輸出值符合題意要求。

2. 設計說明：

   請撰寫一程式，讓使用者輸入兩個長度大於 3 且不超過 20 的字串，輸出兩字串的長度以及兩字串連結後反轉的結果，若字串長度有誤，請輸出「error」。

3. 輸入輸出：

   (1) 輸入說明

   兩個字串

   (2) 輸出說明

   字串長度與字串連結後反轉的結果

   (3) 範例輸入 1

範例輸出 1

範例輸入 2

範例輸出 2

```
error
```

4. 參考程式：

解法 1：

```
1  str1, str2 = input(), input()
2  
3  if len(str1) <= 3 or len(str1) > 20 or len(str2) <= 3 \
4                                        or len(str2) > 20:
5      print('error')
6  else:
7      print(len(str1))
8      print(len(str2))
9      print(str2[::-1] + str1[::-1])
```

解法 2：

```
1  str1, str2 = input(), input()
2  
3  lst = [len(str1) <= 3, len(str1) > 20, len(str2) <= 3,
4          len(str2) > 20]
5  if any(lst):
6      print('error')
7  else:
8      print(len(str1))
9      print(len(str2))
10     print(str2[::-1] + str1[::-1])
```

綜合範例 9：

讀取字母並加密後寫入檔案

1. 題目說明：

   請依下列題意進行作答，使輸出值符合題意要求。

2. 設計說明：

   請撰寫一程式，讀取 read.txt 檔案內容，將檔案中的小寫英文字母加密，加密方法為所有小寫字母向後偏移 2 個字母，並將結果寫入至 write.txt 檔案。

3. 輸入輸出：

   (1) 輸入說明

   ```
   讀取 read.txt 檔案內容
   ```

   (2) 輸出說明

   ```
   寫入至 write.txt 檔案
   ```

   (3) 範例輸入

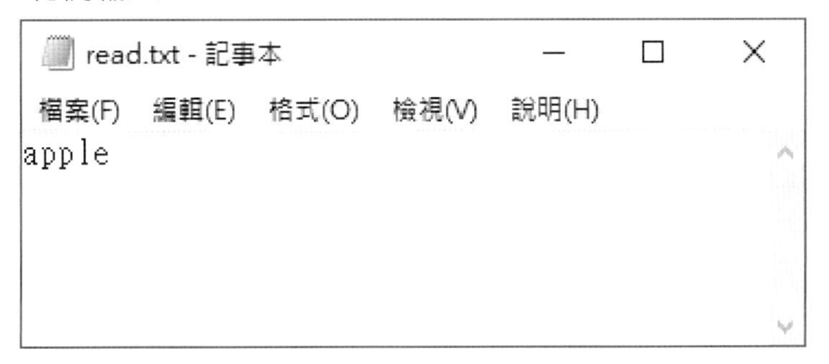

範例輸出

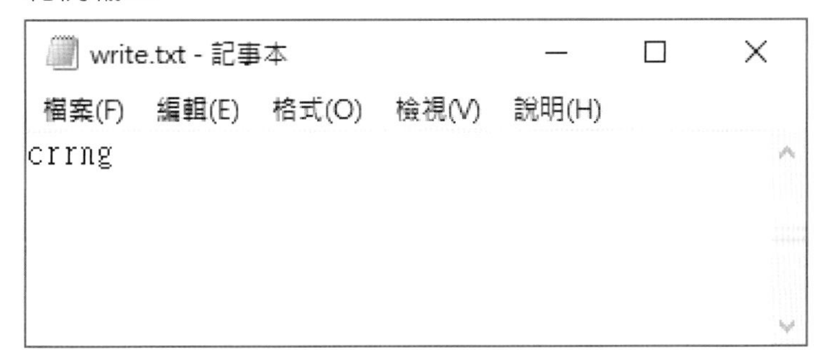

4. 參考程式：

解法 1：

```
1  f = open('read.txt','r')
2  line = f.read()
3  f.close()
4
5  wf = open('write.txt','w')
6  for i in line:
7      if i == 'y':
8          wf.write('a')
9      elif i == 'z':
10         wf.write('b')
11     else:
12         wf.write(chr(ord(i)+2))
13
14  wf.close()
```

解法 2：

```
1  with open("read.txt") as file:
2      data = file.read()
3
4  with open("write.txt", 'w') as file:
5      for c in data:
6          if c == 'y':
7              file.write('a')
8          elif c == 'z':
9              file.write('b')
10         else:
11             fite.write(chr(ord(c)+2))
```

綜合範例 10：

讀取英文句子並轉換後寫入檔案

1. 題目說明：

   請依下列題意進行作答，使輸出值符合題意要求。

2. 設計說明：

   請撰寫一程式，讓使用者輸入一個正整數，並讀取 read.txt 檔案內容，read.txt 檔案中包含多列英文句子。若輸入值為 n，則讀取 n 列 read.txt 檔案內容，將 n 列中的每個英文單字字首轉為大寫再輸出，並寫入至 write.txt 檔案。

3. 輸入輸出：

   (1) 輸入說明

   一個正整數 n，並讀取 `read.txt` 檔案內容

   (2) 輸出說明

   將 n 列中的每個英文單字字首轉為大寫再輸出，並寫入至 `write.txt` 檔案

   (3) 範例輸入

```
5
```

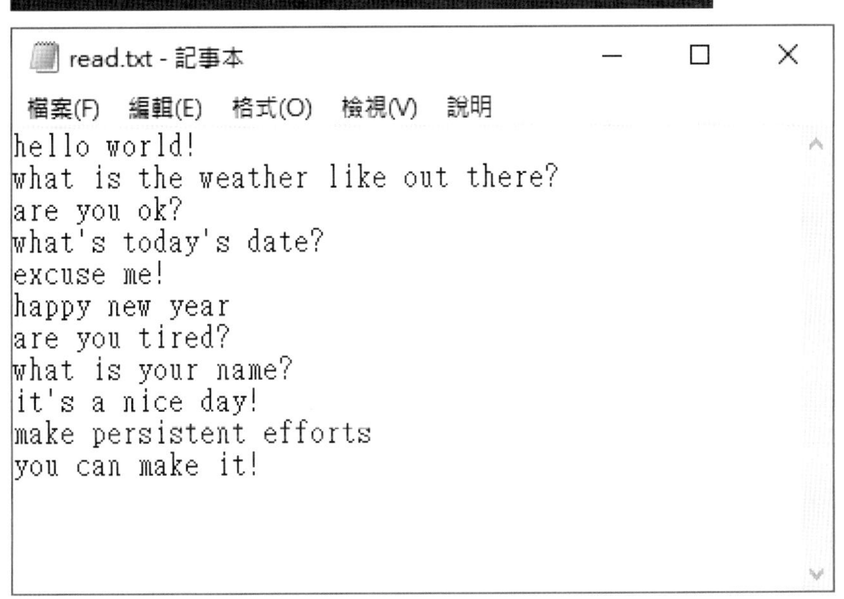

範例輸出

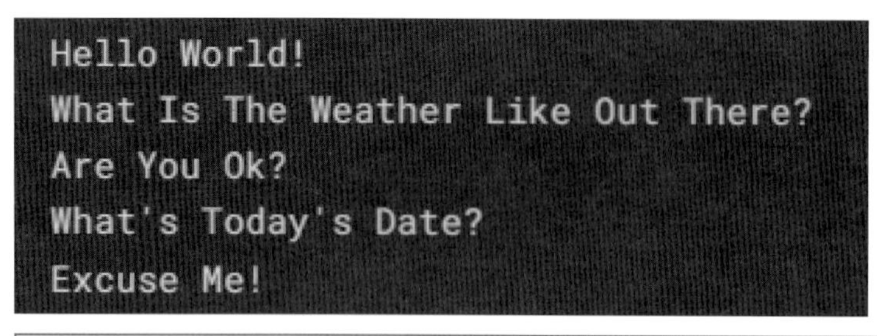
Hello World!
What Is The Weather Like Out There?
Are You Ok?
What's Today's Date?
Excuse Me!

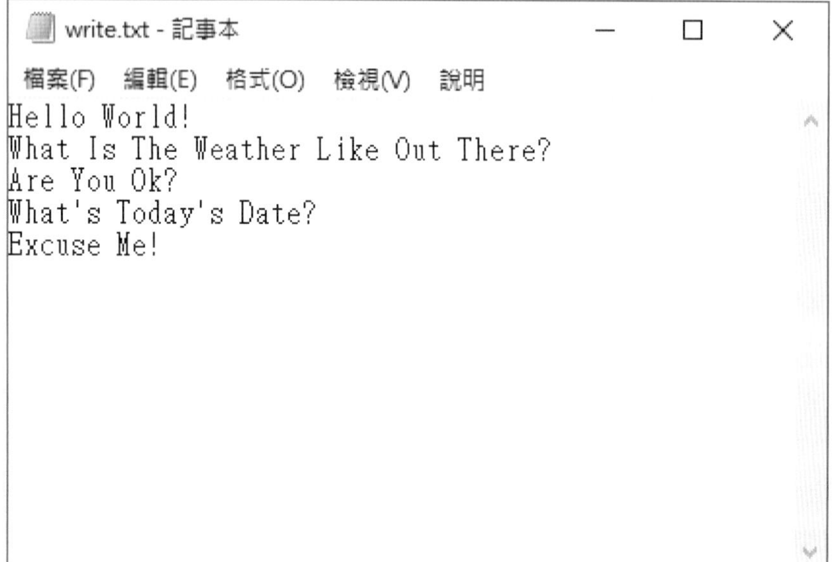
write.txt - 記事本
檔案(F) 編輯(E) 格式(O) 檢視(V) 說明
Hello World!
What Is The Weather Like Out There?
Are You Ok?
What's Today's Date?
Excuse Me!

4. 參考程式：

解法 1：

```
1  f = open('read.txt','r')
2  line = f.readlines()
3  f.close()
4  wf = open('write.txt','w')
5  
6  n = int(input())
7  for i in line[:n]:
8      i = i.strip()
9      i = i.split(' ')
10     for idx, word in enumerate(i):
11         word = word.capitalize()
12         if idx == len(i) - 1:
13             print(word)
14             wf.write(word + '\n')
15         else:
16             print(word, end = ' ')
17             wf.write(word + ' ')
18 
19  wf.close()
```

解法 2：

```
1  with open("read.txt") as file:
2      data = file.readlines()
3  
4  n = int(input())
5  
6  with open("write.txt", 'w') as file:
7      for line in data[:n]:
8          line = line.title()
9          line = line.replace("'S","'s")
10         file.write(line)
```

Chapter 4 習題

習題 1：計算單字數量

1. 請撰寫一程式，讓使用者輸入一個英文字句，計算並輸出句子內的單字數量。
2. 輸入輸出：

   (a). 輸入說明

   一個英文字句

   (b). 輸出說明

   句子內的單字數量

   (c). 範例輸入 1

```
Life is short, use Python.
```

   範例輸出 1

```
單字數量 = 5
```

   範例輸入 2

```
Above all, don’t lie to yourself.
```

   範例輸出 2

```
單字數量 = 6
```

習題 2：算術運算

1. 請撰寫一程式，讓使用者輸入數學運算式（包含數字 0 ~ 9、加號+、減號-），計算並輸出運算結果。

   注意：本題禁止直接套用內建函式 eval()到使用者輸入的運算式。
2. 輸入輸出：

   (a). 輸入說明

   數學運算式（包含數字 0 ~ 9、加號+、減號-）

(b). 輸出說明

運算結果

(c). 範例輸入 1

```
輸入運算式：3+5.6-7.1+8
```

範例輸出 1

```
運算結果：9.5
```

範例輸入 2

```
輸入運算式：-2.5+5-3.14-9.7
```

範例輸出 2

```
運算結果：-10.34
```

習題 3：大小寫轉換

1. 請撰寫一程式，讓使用者輸入一個英文字句，依下列規則轉換每個單字內字母的大小寫：

- 單字字首的大小寫互換。
- 除字首外，其餘皆為小寫。

2. 輸入輸出：

(a). 輸入說明

一個英文字句

(b). 輸出說明

依規則轉換每個單字內字母的大小寫

(c). 範例輸入 1

```
輸入：Light TomorrOw wiTH toDAY.
```

範例輸出 1

```
輸出：light tomorrow With Today.
```

範例輸入 2

```
輸入：soRRy, i GoT loSS in Your EyEs Again.
```

範例輸出 2

```
輸出：Sorry, I got Loss In your eyes again.
```

習題 4：迴文判斷

1. 請撰寫一程式，讓使用者輸入一個英文字句，在忽略字母大小寫及標點符號（逗點、句點、問號與空白）的前提下，判斷是否為迴文。
2. 輸入輸出：

   (a). 輸入說明

   一個英文字句

   (b). 輸出說明

   判斷該英文字句是否為迴文

   (c). 範例輸入 1

   ```
   請輸入：Do geese see God?
   ```

   範例輸出 1

   ```
   是迴文
   ```

   範例輸入 2

   ```
   請輸入：Was it a car or a cat I saw?
   ```

   範例輸出 2

   ```
   是迴文
   ```

   範例輸入 3

   ```
   請輸入：Step on no pet.
   ```

   範例輸出 3

   ```
   不是迴文
   ```

✅ 提示

> 迴文（palindrome）是指由左念到右或由右念到左，字母排列順序都一樣的單字、片語、句子、甚至是數字，中間的標點符號、大小寫和間隔可以忽略。例如 deed、level、1221 等。

習題 5：檢查密碼

1. 請撰寫一程式，讓使用者輸入密碼，並依下列規則檢查密碼是否有效：

    - 至少八個字元。
    - 只包含英文字母與數字。
    - 至少包含兩個數字。

    若密碼符合上述規則，則顯示「valid password」，否則顯示「invalid password」。

2. 輸入輸出：

    (a). 輸入說明

    一個密碼

    (b). 輸出說明

    「valid password」或「invalid password」

    (c). 範例輸入 1

    ```
    請輸入密碼：123pikachu
    ```

    範例輸出 1

    ```
    valid password
    ```

    範例輸入 2

    ```
    請輸入密碼：pokemnon9
    ```

    範例輸出 2

    ```
    invalid password
    ```

範例輸入 3

```
請輸入密碼：2pokemon3_5
```

範例輸出 3

```
invalid password
```

習題 6：單字在檔案中出現的位置

1. 請撰寫一程式，讓使用者輸入一個英文單字 s，請找出 s 出現在檔案「06.txt」的所有位置；若找不到，則輸出 -1。
2. 檔案「06.txt」的部分內容：

```
06.txt - 記事本
檔案(F) 編輯(E) 格式(O) 檢視(V) 說明
Pokemon is a Japanese media franchise consisting of video games,
animated series and films, a trading card game, and other related media.
The franchise takes place in a shared universe in which humans co-exist
with creatures known as Pokemon, a large variety of species endowed with
special powers.
The franchise's target audience is children aged 5 to 12,
but it is known to attract people of all ages.

The franchise originated as a pair of role-playing games developed by Game
Freak.
第 5 列，第 47 行    100%    Windows (CRLF)    UTF-8
```

3. 輸入輸出：
   (a). 輸入說明

   一個英文單字 s

   (b). 輸出說明

   找出 s 出現在檔案內的所有位置；若找不到，則輸出-1。

   (c). 範例輸入 1

```
請輸入單字：Pokemon
```

   範例輸出 1

```
單字 'Pokemon' 的出現位置：[0, 236, 737, 891, 1063, 1125]
```

範例輸入 2

```
請輸入單字：Niantic
```

範例輸出 2

```
單字 'Niantic' 的出現位置：[1115]
```

範例輸入 3

```
請輸入單字：pokemon
```

範例輸出 3

```
-1
```

習題 7：寶可夢計算

1. 請撰寫一程式，讀取檔案「pokemon.csv」，檔案的第一列為欄位名稱，且欄位間以逗點（,）隔開，請計算 Type1 欄位為 Water 寶可夢的數量與 HP 平均值。

2. 檔案「pokemon.csv」的部分內容：

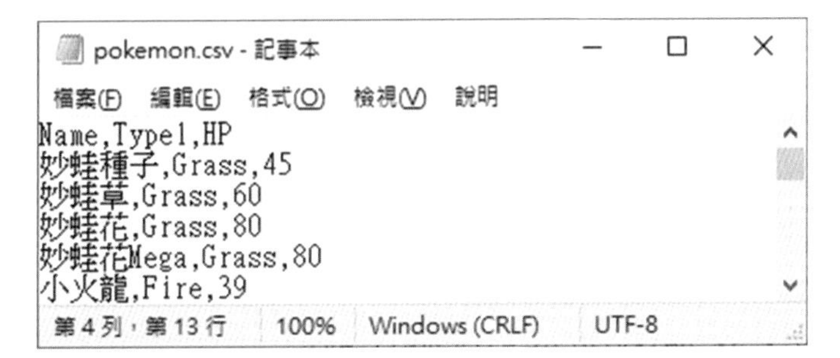

```
Name,Type1,HP
妙蛙種子,Grass,45
妙蛙草,Grass,60
妙蛙花,Grass,80
妙蛙花Mega,Grass,80
小火龍,Fire,39
```


3. 輸入輸出：

   (a). 輸入說明

   無

   (b). 輸出說明

   Type1 欄位為 Water 寶可夢的數量與 HP 平均值

   (c). 範例輸出

```
數量 = 122
HP平均 = 70.90163934426229
```

CHAPTER

5

綜合應用一

綜合應用一

在前面章節的範例與練習題中，相信大家已經發現串列好用之處。除了能容納不同資料型別的元素，也有依靠索引值與迭代的存取方式，更有串列綜合運算以及多個方便的操作函式。透過串列不僅能輕易撰寫解決問題的程式，而且也能讓程式碼更加簡潔。儘管串列好用，但其執行速度也比較慢，當處理的資料量一大就很容易感覺到差異。同時，在應對某些情況時使用串列需要轉換邏輯思維，並不直覺。Python 除了串列，還有三個常見能儲存資料的容器，分別是元組（tuple）、字典（dictionary）與集合（set），將在本章一一介紹。

在程式執行的過程中，難免有機會發生錯誤，原因可能是使用者的輸入不合法、檔案不存在、資料型別不符或甚至是網路斷線等。在程式執行期間發生錯誤時會引發例外（exception），若沒有規劃好相應的處理機制，程式很可能因此中斷或發生不可預期的情況。試想，當不小心輸入錯誤時，會希望程式直接中斷，亦或是提醒輸入有誤可再重新輸入呢？倘若客戶直接看到系統給的錯誤訊息，對產品品質的信心也會大打折扣。為了避免上述窘境，在程式開發過程中就要考慮到當錯誤發生時，程式要給出哪些適當的反應，並據此撰寫例外處理（exception handling）。除了不讓程式輕易中斷外，也能友善地提醒並引導使用者進行操作。

5-1　元組、字典與集合

串列、元組、字典與集合都是 Python 常用的資料結構（data type），它們各自具有不同的特性和用途。初學 Python 時大多由串列入手，在熟練一段時間後，當撰寫程式過程中需要存放資料時，第一時間想到的就是串列。可是隨著接觸的需求越來越多元，單單只倚賴串列難免會有力不從心的感覺。畢竟靠一招半式就想闖蕩江湖，有些不切實際了。

5-1-1　元組

語法

元組（tuple）的語法如下：

```
元組名稱 = (元素 1, 元素 2, 元素 3, …)
```

元組和串列一樣都是有順序的序列結構，但有以下幾點不同：

- 元組在建立後不能修改元素值。
- 元組使用小括號，但串列使用中括號。
- 如果元組內只有一個元素，後方必須加上逗點，多個元素就不用。

範例程式：

```
1  tup1 = ()         # 建立一個空元組，也可用 tuple()
2  tup2 = ("皮卡丘", "小火龍", "傑尼龜")
3  print(type(tup2))
4  print(tup2[1])
5  
6  tup = tup2 + ("可達鴨",)
7  lst = list(tup)   # 利用串列間接修改元組內容
8  lst[0] = "雷丘"
9  tup = tuple(lst)
10 print(tup)
```

輸出結果：

```
<class 'tuple'>
小火龍
('雷丘', '小火龍', '傑尼龜', '可達鴨')
```

元組在使用上與串列頗為相似，若建立時沒有指派儲存值，則必須先宣告，如同第 1 行使用一對小括號或是內建函式 tuple()來進行；而雖然建立時用小括號，存取時也和串列一樣將索引值放在中括號內，如第 4 行般。第 6 行以類似字串的結合方式，透過「+」號結合兩個元組，這裡還有一個要特別注意的地方，若元組內只有一個元素，該元素後面要加上逗點。接著第 9 ~ 11 行則是以串列為媒介，間接修改內容後再轉回元組。相較於串列，雖然元組在使用上有不少限制，可是也有讀取速度快、資料更安全等優點，而 Python 提供的內建和第三方函式，其回傳值也大多是元組結構，以確保資料不會被變更。順帶一提，數學上所謂的元組是指有限個元素所組成的有序序列，若元組有 n 個元素，通常稱為 n 元組（n-tuple），例如 (2, 7, 4, 1, 7) 即為 5 元組。

5-1-2 字典

語法

字典（dictionary）的語法如下：

```
字典名稱 = {鍵 1: 值 1, 鍵 2: 值 2, …}
```

由字典的語法可以看到，其元素是以「鍵:值」對的方式儲存，可透過以鍵（key）為索引值來存取字典裡對應的值（value），而「鍵」可以是數字或字串，只要不重複就行了，至於「值」可以是前面學過的數字、字串、串列，甚至是字典也行。若把串列的索引值看成鍵，那麼串列也可視為一種鍵皆為數字的特殊字典，但是與串列相比，字典有以下幾點不同：

- 字典使用大括號，而串列使用中括號。
- 元素在字典內沒有順序（與設定順序無關），但串列是有序結構。

範例程式：

```
1   dct = {}          # 建立一個空字典，也可用 dict()
2   hp_dct = {"皮卡丘":90, "小火龍":80, "傑尼龜":75}
3   print(type(hp_dct))
4   print(hp_dct)
5   print("小火龍 HP =", hp_dct["小火龍"])
6   
7   if "傑尼龜" in hp_dct:
8       hp_dct["傑尼龜"] = 85     # 修改元素內容
9   else:
10      hp_dct["傑尼龜"] = 85     # 新增元素內容
11  
12  print("傑尼龜 HP =", hp_dct["傑尼龜"])
```

輸出結果：

```
<class 'dict'>
{'皮卡丘': 90, '小火龍': 80, '傑尼龜': 75}
小火龍 HP = 80
傑尼龜 HP = 85
```

與串列、元祖相仿，若建立字典時沒有同時指派儲存值，則需要以一對大括號或內建函式 dict()進行宣告，而存取方式則是把「鍵」放在中括號內，以取出對應字典元素的「值」，如第 5 行那般。接著是第 7 行的 if 敘述，之所以這樣寫是因為想區分出究竟是修改（第 8 行）抑或是新增（第 10 行）元素，所以才先確認這個鍵是否有在字典內，避免不小心修改到元素內容。至於刪除字典內容，有下列三種方式：

▶ 範例程式：

```
1  dct = {"皮卡丘":90, "小火龍":80, "傑尼龜":75}
2
3  del dct["皮卡丘"]        # 刪除字典內的特定元素
4  print(dct)
5  dct.clear()             # 刪除字典內所有元素
6  print(dct)
7  del dct                 # 刪除字典變數
8  print(dct)
```

▶ 輸出結果：

```
{'小火龍': 80, '傑尼龜': 75}
{}
NameError: name 'dct' is not defined
```

如果只是想單純取得字典的所有鍵，其實可以簡單地透過 for 迴圈，把字典當成可迭代物件來一一拜訪。例如：

▶ 範例程式：

```
1  dct = {"皮卡丘":90, "小火龍":80, "傑尼龜":75}
2
3  for key in dct:
4      print(f"key:{key} -> value:{dct[key]}")
```

▶ 輸出結果：

```
key:皮卡丘 -> value:90
key:小火龍 -> value:80
```

```
key:傑尼龜 -> value:75
```

Python 對字典提供的操作方法如下表所示，表中的 dct = {'A':3, 'B':5}：

方法	意義	範例	變數 n 的值
len(dct)	取得字典元素個數	n = len(dct)	2
copy()	複製字典	n = dct.copy()	{'A':3, 'B':5}
in / not in	檢查鍵是否在字典內	'X' in dct	False
items()	取出所有元素的「鍵:值」	n = dct.items()	[('A':3), ('B':5)]
keys()	取出所有元素的「鍵」	n = dct.keys()	['A', 'B']
values()	取出所有元素的「值」	n = dct.values()	[3, 5]
pop()	取得「鍵」對應的「值」，並刪除該「鍵:值」。	n = dct.pop('B')	5
get(鍵, 值)	取得「鍵」對應的「值」，若該「鍵」不存在，則回傳參數內的值。	n = dct.get('B', 9)	5
		n = dct.get('X', 9)	9
Setdefault (鍵, 值)	若「鍵」不存在，則以參數的「鍵:值」建立新元素。	dct.setdefault ('A', 9)	{'A':3, 'B':5}
		dct.setdefault ('X', 9)	{'A':3, 'B':5, 'X':9}

▶▶ 範例程式：

```
1   dct = {'X':90, 'a':80, 'A':75, 'x':65}
2
3   for key, val in dct.items():
4       print(f"[{key}]->{val},", end=' ')
5
6   print("\n對「鍵」排序：", end=' ')
7   for key in sorted(dct):
8       print(f"[{key}]->{dct[key]},", end=' ')
9
10  print("\n對「值」排序：", end=' ')
11  for key in sorted(dct, key=dct.get):
12      print(f"[{key}]->{dct[key]},", end=' ')
```

▶ 輸出結果：

```
[X]->90, [a]->80, [A]->75, [x]->65,
對「鍵」排序： [A]->75, [X]->90, [a]->80, [x]->65,
對「值」排序： [x]->65, [A]->75, [a]->80, [X]->90,
```

透過 items()方法可在 for 迴圈內逐步取出所有「鍵:值」元素，而之前也提到字典內的元素並沒有順序，所以這個範例也展示分別以「鍵」和「值」來排序的作法。要排序字典的「鍵」直接利用 sorted()函式即可，但要以「值」作為排序的依據就得麻煩些，要搭配 get()方法來進行，如第 11 行。此外，若要將多個字典合併成一個，可以透過底下範例的兩個方法，但需要注意同一個「鍵」的「值」會被覆蓋掉：

▶ 範例程式：

```
1  dct1 = {"皮卡丘":90, "小火龍":80, "傑尼龜":75}
2  dct2 = {"雷丘":120, "傑尼龜":90}
3  dct1.update(dct2)
4  print(dct1)
5
6  dct3 = {"皮卡丘":10, "小火龍":20}
7  # 「**」會將字典拆解為元素，再由大括號組合，需注意相同「鍵」的覆蓋
8  dct = {**dct1, **dct2, **dct3}
9  print(dct)
```

▶ 輸出結果：

```
{'皮卡丘': 90, '小火龍': 80, '傑尼龜': 90, '雷丘': 120}
{'皮卡丘': 10, '小火龍': 20, '傑尼龜': 90, '雷丘': 120}
```

5-1-3 集合

語法

集合（set）的語法如下：

```
集合名稱 = {元素 1, 元素 2, 元素 3, …}
```

Python 定義的集合在概念上就比較接近數學的集合，同樣是包含一些沒有順序且不重複的元素，而且也有類似的集合運算，如交集、聯集、差集等。這裡的集合以大括號標示，元素可以是不同資料型別，且以逗點隔開。

▶▶ 範例程式：

```
1  st = set()          # 建立一個空集合
2  
3  st = {1, 3, 5, 7, 9}
4  print(len(st))
5  print(max(st))
6  print(sum(st))
```

▶▶ 輸出結果：

```
5
9
25
```

集合的基本操作方法整理如下，表中的 st = {1, 3, 5}：

方法	意義	範例	集合 st 的值
add(x)	新增元素 x 到集合內	st.add(9)	{1, 3, 5, 9}
remove(x)	從集合中移除元素 x，若該元素不存在，會引發錯誤。	st.remove(1)	{3, 5}
pop()	由集合內取出一個元素並回傳	n = st.pop()	{3, 5, 9}
copy()	複製集合	st1 = st.copy()	{1, 3, 5}
clear()	移除集合所有元素	st.clear()	set()

除了上表中的基本操作外，還有一些常見的集合運算如下表，表中的 S1 = {1, 3, 5}、S2 = {5, 7, 9}：

方法	意義	範例	運算結果
in / not in	檢查元素是否在集合內	5 in S1	True
issubset(S)	檢查集合是否為 S 的子集合	S1.issubset({1})	False

<table>
<tr><th>方法</th><th>意義</th><th>範例</th><th>運算結果</th></tr>
<tr><td>isssuperset(S)</td><td>檢查集合是否為 S 的超集合</td><td>S1.issuperset({1})</td><td>True</td></tr>
<tr><td>isdisjoint(S)</td><td>檢查集合與 S 是否沒有相同元素</td><td>S1.isdisjoint({1})</td><td>False</td></tr>
<tr><td rowspan="2">union(S)</td><td rowspan="2">將集合與 S 進行聯集
(也可用運算子 |)</td><td>S1.union(S2)</td><td>{1, 3, 5, 7, 9}</td></tr>
<tr><td>S1 | S2</td><td>{1, 3, 5, 7, 9}</td></tr>
<tr><td rowspan="2">intersection(S)</td><td rowspan="2">將集合與 S 進行交集
(也可用運算子 &)</td><td>S1.intersection(S2)</td><td>{5}</td></tr>
<tr><td>S1 & S2</td><td>{5}</td></tr>
<tr><td rowspan="2">difference(S)</td><td rowspan="2">將集合與 S 進行差集
(也可用運算子 -)</td><td>S1.difference(S2)</td><td>{1, 3}</td></tr>
<tr><td>S1 - S2</td><td>{1, 3}</td></tr>
<tr><td>symmetric_
difference(S)</td><td>將集合與 S 進行對稱差集
(也可用運算子 ^)</td><td>S1 ^ S2</td><td>{1, 3, 7, 9}</td></tr>
</table>

串列可透過索引值存取元素，但集合不行，可仍然能透過 for 迴圈逐一拜訪集合元素。此外，利用集合內元素不能重複的性質，能協助快速取出不重複資料。例如：

▶▶ 範例程式：

```
1  data = [11, 22, 33, 44, 11, 22, 33, 11, 33, 44]
2
3  st = set(data)
4  for x in st:
5      print(x, end=',')
```

▶▶ 輸出結果：

```
33,11,44,22,
```

5-2 例外處理

學習到此，即便是從新手入門，相信也已經寫過不少 Python 程式，期間也遇過不少錯誤訊息。面對這些冷不防就跳出來的錯誤訊息，著實也耗費我們不少精力與時間進行除錯，而也正因為如此，我們在過程中累積不少開發經驗，對程式設計也越來越上手。儘管如此，從使用者的角度，並不想看到系統給出如天書般的錯誤訊息，所以在應用程式開發過程中就要針對有可能發生錯誤的地方，進行對應的防範並引導使用者接下來的操作。當 Python 程式發生錯誤時，系統會根據錯誤類型丟出不同的例外。我們以往常看到的例外訊息有「TypeError」、「IndexError」、「FileNotFoundError」等，錯誤類型太多難以一一列舉，可參考 Python 官網的「Built-in Exceptions」了解更多訊息。底下來介紹基本的例外處理方式。

5-2-1 例外處理方式

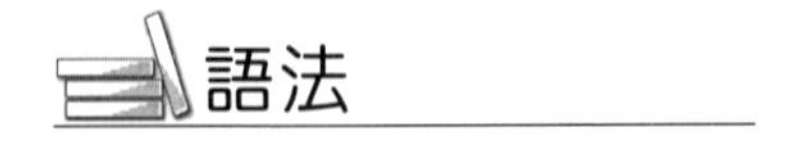

利用 try…except 敘述處理例外的語法如下：

```
try:
    程式區塊（可能引發錯誤的程式碼）
[except 例外情況:
    程式區塊（處理指定的例外）]
except:
    程式區塊（處理其他例外）
[else:
    程式區塊（沒有發生例外時執行）]
[finally:
    程式區塊（一定會執行）]
```

- try 敘述：將可能發生錯誤的程式碼放在 try 敘述的程式區塊內。
- except 敘述：用來捕捉指定的例外，一旦有捕捉到就執行對應的程式區塊。若有指定的例外，需要寫在前面，省略不寫的話代表所有的例外類型都要捕捉。此外，也可將捕捉到的例外指派給變數，再透過該變數取得例外的訊息。
- else 敘述：當 try 敘述的程式區塊沒有引發錯誤，會接著執行 else 敘述部分。

■ finally 敘述：無論是否有發生例外，都會執行這個敘述的程式區塊，通常是用來清除錯誤或是收尾。

▶ 範例程式：

```
1  try:
2      a = int(input("請輸入整數："))
3      b = int(input("請輸入整數："))
4      print("總和為", a + b)
5  except Exception as e:
6      print("發生錯誤為", e)
7  else:
8      print("程式執行沒有發生錯誤")
9  finally:
10     print("離開程式 ...")
```

▶ 輸出結果：

```
請輸入整數：3.14
發生錯誤為 invalid literal for int() with base 10: '3.14'
離開程式 ...
```

在合適的地方撰寫例外處理，對程式設計者來說可協助除錯，也可讓程式不會因為錯誤的影響而中斷執行；對使用者而言，不會因為程式錯誤而不知所措。常見需要例外處理的狀況是程式需要與外部溝通的時候，比方說存取檔案、和資料庫溝通、透過網路傳遞或接受資料等。此時有可能程式本身沒問題，可是外部卻發生意外，例如檔案不存在、網路連線中斷等，導致系統拋出例外而中斷程式，這時就能藉由例外處理來排除障礙或是顯示錯誤訊息。

5-2-2 自行拋出例外

除了系統因程式執行錯誤而拋出例外，我們也能透過 raise 敘述自行拋出指定的例外。常用在 try 敘述內需要強制中斷執行的時候，例如：

▶ 範例程式：

```
1  try:
```

```
2        a = int(input("請輸入0 ~ 9的數字："))
3        if (a < 0) or (9 < a):
4            raise ValueError("輸入不合法數字")
5        print(a)
6    except ValueError as err:
7        print(err)
8    else:
9        print("輸入合法數字")
```

輸出結果：

```
請輸入0 ~ 9的數字：111
輸入不合法數字
```

還有一個用法與 raise 類似的 assert 敘述，同樣都是執行後就會拋出例外，並傳遞錯誤資訊，不同之處在於 assert 是在條件測試為假時才引發例外。例如：

範例程式：

```
1    try:
2        lst = []
3        assert len(lst), "空串列"
4        print(lst)
5    except AssertionError as err:
6        print(err)
7    else:
8        print("不是空串列")
```

輸出結果：

```
空串列
```

綜合範例

綜合範例 1：

字串轉換

1. 題目說明：

   請依下列題意進行作答，使輸出值符合題意要求。

2. 設計說明：

   請撰寫一程式，讓使用者輸入長度不超過 10 字元的數字字串，將字串轉換為整數後，輸出原本的字串內容及轉換後的結果。

   提示：需將字串轉換成整數。

3. 輸入輸出：

   (1) 輸入說明

   一個 1~9 位數的數字

   (2) 輸出說明

   原本的字串內容及轉換後的結果

   (3) 範例輸入

   ```
   123.456
   ```

   範例輸出

   ```
   123.456 change to 123
   ```

4. 參考程式：

   解法 1：

```
1  number = input()
2  print(number + ' change to ' + number.split('.')[0])
```

   解法 2：

```
1  num = input()
2  print(f"{num} change to {int(eval(num))}")
```

綜合範例 2：

數字相乘

1. 題目說明：

   請依下列題意進行作答，使輸出值符合題意要求。

2. 設計說明：

   請撰寫一程式，讓使用者輸入一個 1~9 位數的數字，輸出每一個數字相乘的算式及結果。

3. 輸入輸出：

   (1) 輸入說明

   一個 1~9 位數的數字

   (2) 輸出說明

   每一個數字相乘的算式及結果

   (3) 範例輸入 1

   ```
   57326
   ```

   範例輸出 1

   ```
   5*7*3*2*6=1260
   ```

   範例輸入 2

   ```
   0
   ```

   範例輸出 2

   ```
   0=0
   ```

4. 參考程式：

解法 1：

```
1  n = input()
2  ret = 1
3  mult = ''
4
5  for i in range(len(n)):
6      ret *= int(n[i])
7      mult += n[i]
8      if i != len(n) - 1:
9          mult += '*'
10 print(mult + '=' + str(ret))
```

解法 2：

```
1  num = input()
2  num_lst = list(num)
3  ans = 1
4
5  for x in num_lst:
6      ans *= int(x)
7
8  print('*'.join(num_lst) + f"={ans}")
```

綜合範例 3：

區間運算

1. 題目說明：

   請依下列題意進行作答，使輸出值符合題意要求。

2. 設計說明：

   請撰寫一程式，讓使用者輸入兩個正整數 a、b，請輸出區間〔1,a）中，a 開根號為正整數且執行下方公式後的所有結果。

   公式：$(\sqrt{a})^b$

3. 輸入輸出：

   (1) 輸入說明

   兩個正整數

   (2) 輸出說明

   公式計算後的結果

   (3) 範例輸入

   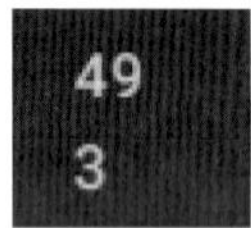

   範例輸出

   ```
   1
   8
   27
   64
   125
   216
   ```

4. 參考程式：

```
1  a, b = int(input()), int(input())
2  
3  for i in range(1, int(a / 2) + 1):
4      if i*i < a:
5          print(i ** b)
```

綜合範例 4：

迴文數

1. 題目說明：

   請依下列題意進行作答，使輸出值符合題意要求。

2. 設計說明：

   請撰寫一程式，讓使用者輸入一正整數，判斷是否為迴文數，若是，請輸出「Yes」；若不是，請輸出「No」。

   迴文數：此數的數字按相反的順序重新排列後，所得到的數和原來的數一樣。

3. 輸入輸出：

   (1) 輸入說明

   一個正整數

   (2) 輸出說明

   判斷是否為迴文數

   (3) 範例輸入 1

   ```
   14641
   ```

   範例輸出 1

   ```
   Yes
   ```

   範例輸入 2

   ```
   25523
   ```

   範例輸出 2

   ```
   No
   ```

4. 參考程式：

```
1  input_str = input()
2  if input_str == input_str[::-1]:
3      print('Yes')
4  else:
5      print('No')
```

綜合範例 5：

公式計算

1. 題目說明：

   請依下列題意進行作答，使輸出值符合題意要求。

2. 設計說明：

   請撰寫一程式，讓使用者輸入 a、b、c、d、e 及 f 六個浮點數變數值，計算並輸出下列公式值（四捨五入至小數點後第二位）。

   公式：$|a| * \lfloor b \rfloor + c^d * \sqrt{e} + \log_{10} f$

3. 輸入輸出：

   (1) 輸入說明

   六個浮點數

   (2) 輸出說明

   公式計算後的結果（四捨五入至小數點後第二位）

   (3) 範例輸入

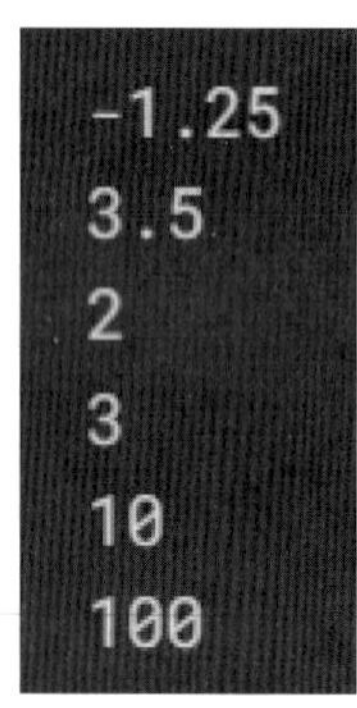

```
-1.25
3.5
2
3
10
100
```

範例輸出

```
31.05
```

4. 參考程式：

```
1  import math
2
3  lst = []
4  for _ in range(6):
5      lst.append(eval(input()))
6
7  ans = abs(lst[0]) * math.floor(lst[1]) \
8        + (lst[2]**lst[3]) * (lst[4]**0.5) \
9        + math.log(lst[5], 10)
10 print(f"{ans:.2f}")
```

綜合範例 6：

質因數分解

1. 題目說明：

   請依下列題意進行作答，使輸出值符合題意要求。

2. 設計說明：

   請撰寫一程式，讓使用者輸入一個正整數，輸出該數的質因數分解式子，質因數請由小而大相乘；若為質數，請輸出「-1」。

3. 輸入輸出：

   (1) 輸入說明

   一個正整數

   (2) 輸出說明

   該數的質因數分解式子，若為質數，請輸出「-1」

   (3) 範例輸入 1

   ```
   360
   ```

   範例輸出 1

   ```
   2*2*2*3*3*5
   ```

   範例輸入 2

   ```
   2
   ```

   範例輸出 2

   ```
   -1
   ```

4. 參考程式：

解法 1：

```
1   number = int(input())
2   factor_list = []
3   for i in range(2, int(number / 2) + 1):
4       while number % i == 0:
5           number /= i
6           factor_list.append(i)
7
8   if len(factor_list) == 0:
9       print('-1')
10      exit()
11
12  factor_str = ''
13  for idx in range(len(factor_list)):
14      factor_str += str(factor_list[idx])
15      if idx != len(factor_list) - 1:
16          factor_str += '*'
17  print(factor_str)
```

解法 2：

```
1   num = int(input())
2   lst = []
3
4   for x in range(2, int(num/2) + 1):
5       while num % x == 0:
6           num /= x
7           lst.append(str(x))
8
9   if len(lst) == 0:
10      print('-1')
11  else:
12      print('*'.join(lst))
```

綜合範例 7：

猜數字

1. 題目說明：

   請依下列題意進行作答，使輸出值符合題意要求。

2. 設計說明：

   請撰寫一程式，製作一個 4 位數的猜數字系統，讓使用者先輸入一個 4 位數字，為猜數字的答案，接著再輸入三組數字，若數值、位置與答案完全相同，則為 A；若數值與答案相同但位置不同，則為 B，最後依序輸出猜數字的結果。

   提示：每個 4 位數數值皆不能重複。

3. 輸入輸出：

   (1) 輸入說明

   四組 4 位數字

   (2) 輸出說明

   猜數字結果

   (3) 範例輸入

```
1350
1234
5678
1305
```

   範例輸出

```
1A1B
0A1B
2A2B
```

4. 參考程式：

解法 1：

```
1  ans = input()
2  input_list = []
3  for i in range(3):
4      input_list.append(input())
5
6  cnt = [0] * 6
7  for pos in range(len(ans)):
8      for idx in range(len(input_list)):
9          for leng in range(len(input_list[0])):
10             if ans[pos] == input_list[idx][leng]:
11                 if pos == leng:
12                     cnt[idx * 2 + 0] += 1
13                 else:
14                     cnt[idx * 2 + 1] += 1
15
16 for i in range(0, 6, 2):
17     print(str(cnt[i]) + 'A' + str(cnt[i + 1]) + 'B')
```

解法 2：

```
1  ans = input()
2  lst = []
3  for i in range(3):
4      lst.append(input())
5
6  for num in lst:
7      result = []
8      for i in range(len(ans)):
9          if num[i] == ans[i]:
10             result.append('A')
11         elif num[i] in ans:
12             result.append('B')
13     print(f"{result.count('A')}A{result.count('B')}B")
```

解法 3：

```
1  ans = input()
2  lst = []
3  for i in range(3):
4      lst.append(input())
5
6  for num in lst:
7      dct = {'A':0, 'B':0}
8      for i in range(len(ans)):
9          if num[i] == ans[i]:
10             dct['A'] += 1
11         elif num[i] in ans:
12             dct['B'] += 1
13     print(f"{dct['A']}A{dct['B']}B")
```

綜合範例 8：

二進位運算

1. 題目說明：

   請依下列題意進行作答，使輸出值符合題意要求。

2. 設計說明：

   請撰寫一個程式，讓使用者輸入兩個 8 位元的二進位字串，分別輸出兩字串以十進位、二進位相加的結果，若二進位相加超出位元顯示範圍，皆以「11111111」表示。

3. 輸入輸出：

   (1) 輸入說明

   兩個二進位字串

   (2) 輸出說明

   兩字串以十進位、二進位相加的結果

   (3) 範例輸入 1

```
11001100
00010010
```

   範例輸出 1

```
204 + 18 = 222
11011110
```

   範例輸入 2

```
11111011
10010011
```

   範例輸出 2

```
251 + 147 = 398
11111111
```

4. 參考程式：

解法 1：

```
def bin2dec(bin):
    dec = 0
    bin_reverse = bin[::-1]
    for idx in range(0, len(bin_reverse)):
        dec += int(bin_reverse[idx]) * (2 ** idx)
    return dec

def dec2bin(dec):
    if dec > 255:
        return '11111111'
    bin = ''
    while dec:
        bin = str(int(dec % 2)) + bin
        dec = int(dec/2)
    return bin

n1, n2 = input(), input()
print(str(bin2dec(n1)) + ' + ' + str(bin2dec(n2)) + \
                ' = ' + str(int(n1, 2) + int(n2, 2)))
ans = str(dec2bin(int(n1, 2) + int(n2, 2)))
while(len(ans) < 8):
    ans = '0' + ans
print(ans)
```

解法 2：

```
a, b = input(), input()

ans = int(a, 2) + int(b,2)
print(f"{int(a,2)} + {int(b,2)} = {ans}")

bin_add = bin(ans)[2:]
print(f"{11111111 if len(bin_add)>8 else bin_add}")
```

綜合範例 9：

字串拆解

1. 題目說明：

   請依下列題意進行作答，使輸出值符合題意要求。

2. 設計說明：

   請撰寫一程式，讓使用者輸入一個用斜線（/）分隔的整數字串，字串長度不得超過 128 字元，將字串中的整數字元轉換為整數後輸出（以半形空格隔開），最後計算總合。

3. 輸入輸出：

   (1) 輸入說明

   用斜線(/)分隔的整數字串

   (2) 輸出說明

   字串轉為整數的結果及總和

   (3) 範例輸入

   ```
   6/-3/8/12
   ```

   範例輸出

   ```
   6 -3 8 12
   23
   ```

4. 參考程式：

解法 1：

```
1  input_list = input().split('/')
2  cnt = 0
3  for idx in range(len(input_list)):
4      cnt += int(input_list[idx])
5  
6      if idx != len(input_list) - 1:
7          print(str(input_list[idx]), end = ' ')
8      else:
9          print(input_list[idx])
10 print(cnt)
```

解法 2：

```
1  inp = input()
2  data = inp.split('/')
3  num = [eval(x) for x in data]
4  
5  print(' '.join(data))
6  print(sum(num))
```

綜合範例 10：

星號輸出

1. 題目說明：

   請依下列題意進行作答，使輸出值符合題意要求。

2. 設計說明：

   請撰寫一程式，讓使用者輸入兩個正整數 n、m，代表 n*m 矩陣。在矩陣內各別輸入 0 或 1，若矩陣最外圍的輸入為 1，則輸出符號「*」；若 1 的上下左右有其一為 0，亦輸出符號「*」；其餘則以半形空格表示，最後將結果輸出在畫面上。

3. 輸入輸出：

   (1) 輸入說明

   兩個正整數 n、m 及 n*m 矩陣中的所有元素（只有 0 和 1）

   (2) 輸出說明

   轉換後的結果

   (3) 範例輸入

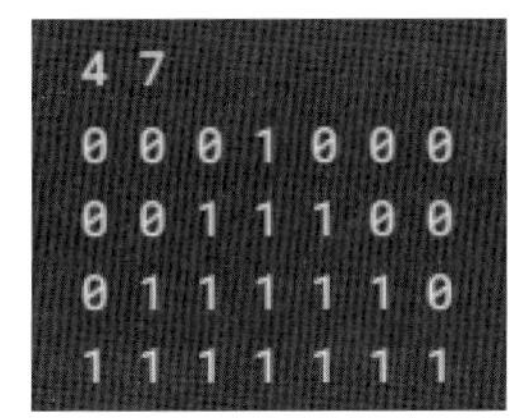

範例輸出

程式輸出擷圖

下圖中的 黃色圓點 為 空格

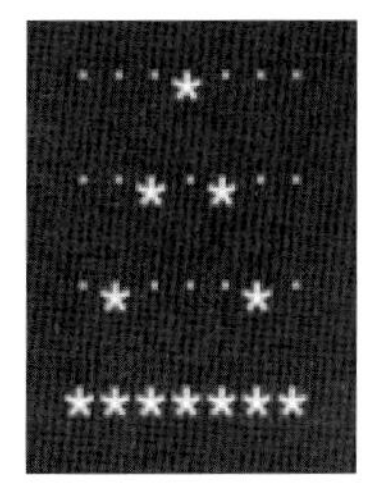

4. 參考程式：

解法 1：

```
1  size = input().split(' ')
2  height, width = int(size[0]), int(size[1])
3  matrix = []
4
5  for i in range(height):         # input
6      input_row = input().split(' ')
7      row_list = []
8      for j in range(len(input_row)):
9          row_list.append(input_row[j])
10     matrix.append(row_list)
11
12 for i in range(height):         # generate output
13     output_str = ''
14     for j in range(width):
15         if matrix[i][j] == '1':
16             if (i == 0) or (j == 0) or \
17                 (i == height - 1) or (j == width - 1):
18                 output_str += '*'
19             else:
20                 if (matrix[i-1][j]=='0') or \
21                   (matrix[i+1][j] =='0') or \
22                     (matrix[i][j-1] == '0') or \
23                       (matrix[i][j+1] == '0'):
24                     output_str += '*'
25                 else:
26                     output_str += ' '
27         else:
28             output_str += ' '
29     print(output_str)
```

解法 2：

```
1  size = input().split(' ')
2  H, W = eval(size[0]), eval(size[1])
3  mat = []
4
5  for i in range(H):          # input
6      row = input().split(' ')
7      row = ['*' if x=='1' else ' ' for x in row]
8      mat.append(row)
9
10 for i in range(H):          # generate output
11     if (i == 0) or (i == H-1):
12         print(''.join(mat[i]))
13     else:
14         print(mat[i][0], end='')
15         for j in range(1, W-1):
16             lst = [mat[i-1][j]=='*', mat[i+1][j]=='*', \
17                    mat[i][j-1]=='*', mat[i][j+1]=='*']
18             if all(lst):
19                 print(' ', end='')
20             else:
21                 print(mat[i][j], end='')
22         print(mat[i][W-1])
```

Chapter 5 習題

習題 1：保留最強寶可夢

1. 寶可夢訓練家小智、小霞與小剛一同旅行，三人都持有一些寶可夢如下，且每隻寶可夢有一個代表強弱的數值。假設同一種寶可夢只保留最大數值者，請撰寫程式列出保留下來的寶可夢名稱、強弱數值與持有者。

   底下以字典形式列出三位訓練家手中寶可夢的名稱與數值，可直接複製到程式碼內（假設同名稱寶可夢的數值皆不相同）：

   - 小智={'皮卡丘':90, '小火龍':80, '傑尼龜':75, '菊石獸':35, '小拳石':55 , '太陽珊瑚':25, '可達鴨':60}
   - 小霞={'小火龍':20, '傑尼龜':85, '菊石獸':55, '太陽珊瑚':75 , '可達鴨':65}
   - 小剛={'皮卡丘':60, '小火龍':50, '可達鴨':45, '小拳石':75, '太陽珊瑚':65}

2. 輸入輸出：

   (a). 輸入說明

   無

   (b). 輸出說明

   列出保留下來的寶可夢名稱、強弱數值與持有者

   (c). 範例輸出

```
皮卡丘, 數值: 90, 擁有者: 小智
小火龍, 數值: 80, 擁有者: 小智
傑尼龜, 數值: 85, 擁有者: 小霞
菊石獸, 數值: 55, 擁有者: 小霞
小拳石, 數值: 75, 擁有者: 小剛
太陽珊瑚, 數值: 75, 擁有者: 小霞
可達鴨, 數值: 65, 擁有者: 小霞
```

習題 2：找中文字的出現次數

1. 請撰寫一程式讀取檔案「三分鐘看懂人工智慧.txt」，找出檔案內出現次數最多中文字（標點符號不計）的前九名，並輸出該字與其出現次數。

2. 檔案「三分鐘看懂人工智慧.txt」的部分內容：

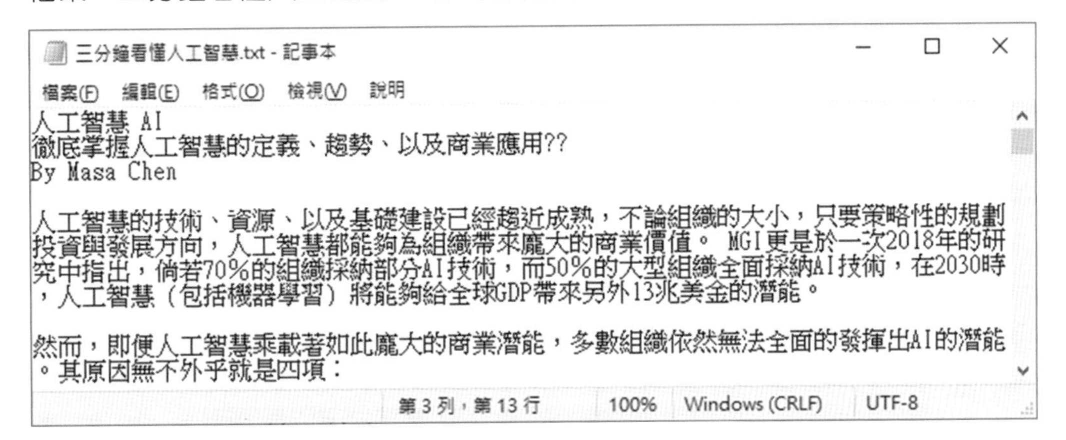

3. 輸入輸出：

(a). 輸入說明

檔案「三分鐘看懂人工智慧.txt」

(b). 輸出說明

找出檔案內出現次數最多中文字（標點符號不計）的前九名，並輸出次數

(c). 範例輸出

習題 3：不重複出現的字元

1. 請撰寫一程式，讓使用者輸入一個字串，找出該字串不重複出現的所有字元，並由大到小排序輸出。
2. 輸入輸出：

(a). 輸入說明

一個字串

(b). 輸出說明

該字串不重複出現的所有字元，並由大到小排序輸出。

(c). 範例輸入 1

```
輸入字串：Stars can’t shine without darkness.
```

範例輸出 1

```
’_w_u_t_s_r_o_n_k_i_h_e_d_c_a_S_._
```

範例輸入 2

```
輸入字串：It’s Okay to not to be Okay.
```

範例輸出 2

```
’_y_t_s_o_n_k_e_b_a_O_I_._
```

習題 4：全字母句

1. 全字母句（pangram）是英文字母表所有的字母都出現至少一次（最好只出現一次）且言之成義的句子。請撰寫一程式，讓使用者輸入一個英文句子，並判斷該句子是否為全字母句。
2. 輸入輸出：

(a). 輸入說明

一個英文句子

(b). 輸出說明

該句子是否為全字母句

(c). 範例輸入 1

```
請輸入：The quick brown fox jumps over the lazy dog.
```

範例輸出 1

```
True
```

範例輸入 2

```
請輸入：The jay, pig, fox, zebra and my wolves quack!
```

範例輸出 2

```
True
```

範例輸入 3

```
請輸入：Sex-charged fop blew my junk TV.
```

範例輸出 3

```
False
```

提示

可先將所有英文字母放在集合內，再以超集合 `issuperset()` 判斷之。

CHAPTER

6

綜合應用二

- 6-1 模組與套件
- 6-2 再探函式

綜合應用二

在我們對程式語言還不嫻熟，開發經驗也還不足的時候，一旦遇到稍微複雜或是大型應用程式的開發需求時，難免手忙腳亂。好不容易將問題拆解成數個待實現的功能，卻又千頭萬緒不知從何做起。而 Python 最為人津津樂道的特色之一就是大量功能覆蓋眾多領域的模組（module）與套件（package），能滿足各式各樣應用的開發需求。將這些模組與套件想像成許多積木，可以快速取用、組合以實現各種功能，不僅增加開發效能，也讓程式碼更容易維護。因此，本章將介紹如何匯入模組來使用。

此外，我們在 Chapter 3 學習過函式，能協助將重複或有特別定義的程式片段，拆開成容易管理且獨立的程式片段。有提高程式可讀性、容易除錯與維護等優點，而採用這種模組化開發也有利於團隊分工。因此，本章繼續介紹 Python 函式的參數傳遞模式與匿名函式。

6-1 模組與套件

事實上，模組也是一個 Python 程式的檔案，裡面定義了一些資料、函式與類別。要使用模組所提供的功能時，得先匯入（import）該模組；而套件可以想成是一堆模組的集合，能提供更全面的功能，使用前也一樣要先匯入。

6-1-1 匯入模組

語法

匯入模組與套件的方式一樣，語法如下：

```
import 模組或套件名稱
```

▶▶ 範例程式：

```
1  import random          # 匯入亂數模組
2
3  print(random.random())            # 在0~1間隨機取一個浮點數
4  print(random.randint(1, 10))   # 在1~10間隨機取一個整數
5  print(random.uniform(1, 10))   # 在1~10間隨機取一個浮點數
```

▶ 輸出結果：

```
0.9465516603981697
9
1.0139022503442041
```

模組內通常有許多函式提供我們挑選，在匯入之後就能透過內建函式 dir() 列出模組內所有函式，也可用 help() 查閱更詳細的使用說明。上述範例在第 1 行匯入亂數模組 random 後，接著就能使用模組提供的函式產生符合我們需求的亂數。有些模組的名稱很長，每次使用時都要輸入名稱也很麻煩。因此，有幾種比較簡便的使用方式，例如單獨匯入模組中要使用的函式名稱，或是透過萬用字元「*」直接匯入模組的所有函式，但不推薦這種 all in 的匯入方式，因為容易與其他模組同名稱的函式相衝突。

```
from random import randint, uniform
from random import *
```

這種 from…import 的用法雖然免去使用模組函式時要先輸入模組名稱的麻煩，但也需要對該模組有相當程度的了解，且使用時因為沒有標註模組名稱，也容易誤會或與自己撰寫的同名稱函式相混在一起。另一個作法則是幫模組取一個簡短的別名，以此在後續的程式碼中替代模組名稱。例如：

▶ 範例程式：

```
1  import random as rd
2
3  print(rd.random())
4  print(rd.choice([1, 2, 3, 4, 5]))      # 隨機挑1個號碼
5  print(rd.sample([1, 2, 3, 4, 5], 3))   # 隨機挑3個不重複號碼
```

▶ 輸出結果：

```
0.3753755382924715
5
[3, 4, 1]
```

再舉一個實用的模組為例，有些問題可以透過暴力窮舉所有可能性，再逐一檢驗排查。例如只使用 1 ~ 4 個數字組合成兩位數，且個位數要大於十位數。這類排列組合問題可透過兩層巢狀迴圈（因為是兩位數）列舉所有可能性並檢驗之，可是若題

目再複雜些，使用多層巢狀迴圈容易降低可讀性與執行效率。Python 有一個內建模組 itertools 可協助輕鬆產生所有排列組合，例如：

範例程式：

```
1  import itertools as it
2  
3  for x in it.permutations(range(1,5), 2):   # 窮舉所有排列
4      if x[0] < x[1]:
5          print(x[0]*10 + x[1], end=' ')
6  
7  print("\n === 底下是所有組合 ===")
8  print(list(it.combinations(range(1,5), 2)))
```

輸出結果：

```
12 13 14 23 24 34
=== 底下是所有組合 ===
[(1, 2), (1, 3), (1, 4), (2, 3), (2, 4), (3, 4)]
```

這個範例的第 3 行先窮舉所有兩位數的排列可能，再以 for 迴圈逐一探訪並檢驗是否滿足題目要求，而第 8 行則是窮舉所有組合，即 12 與 21 是同一筆，本章後面的習題可找到相關題目來做練習。

此外，既然模組也是 Python 檔案，除了使用內建與第三方模組外，也能自己建立模組打包共用的程式，再由其他程式匯入使用。此時，匯入模組使用的目錄底下會多一個名為「__pycache__」的資料夾，內有「.pyc」檔案。這是 Python 透過解譯器（interpreter）對程式碼逐行翻譯成「位元組碼」（byte code）的結果，有助於提供更靈活架構與跨平台能力，也能提升載入模組的速度。

6-1-2 使用套件

如果把模組比喻成工具，套件就像工具箱一樣，裡面擺放數個模組。原則上，只要該目錄底下有包含「__init__.py」檔案，就會被當作 Python 的套件。相較於內建模組與套件會在安裝 Python 時也一併安裝，第三方套件（third-party package）則需要手動安裝後才能匯入使用。常見是在命令提示字元的視窗內，透過 pip 指令進行安裝，例如：

```
pip list                  # 列出目前安裝的套件與版本
pip show 套件名稱         # 查詢已經安裝的套件資訊
pip install 套件名稱      # 安裝指定套件
pip uninstall 套件名稱    # 移除指定套件
```

當我們透過 pip 指令來安裝套件時，預設是從 PyPI 網站下載套件。PyPI（the Python Package Index）是官方的第三方套件儲存庫，類似 Google Play 和 App Store 般。迄今為止，PyPI（https://pypi.org/）已收錄了近五十萬個專案，涵蓋眾多應用領域，在程式開發過程中所需要的功能，幾乎都能在這裡找到適合的套件來協助。以下列出幾個常見的第三方套件與其功能：

- NumPy：提供陣列與平行處理能力，許多重量級數據科學的相關套件都奠基在 numpy 的基礎上開發。
- SciPy：基於 numpy 開發而成，主要用於科學計算。
- Pandas：進行數據處理，能大幅簡化複雜的數據操作過程。
- PyGame：多媒體與遊戲開發。
- Statsmodels：統計分析。
- Scikit-learn：機器學習。
- TensorFlows、PyTorch：兩個主流的深度學習（deep learning）框架。

底下我們來看 NumPy 這個著名的第三方套件，它提供陣列與大量操作陣列的函式，同時也能處理傅立葉轉換、線性代數、多項式等科學計算。陣列（array）是一種能存放多筆資料的結構，與 Python 串列類似的地方是存放在陣列裡的資料也稱為元素（element），且一樣是透過索引值（index）來存取元素；然而，最明顯的差異在於陣列只能存放同型別的元素，Python 的串列則沒有這個限制。

NumPy 提供的陣列型別稱為 ndarray（n-dimensional array），其建立方式通常是使用 array()方法轉換串列而來。ndarray 三個最重要的屬性如下：

- ndarray.ndim：陣列的維度，例如 2 代表是二維陣列。
- ndarray.shape：陣列的形狀，以元組的結構儲存，每個整數代表該維度的元素個數，例如(3, 2)意謂第一維度有 3 個元素，而第二維度有 2 個元素。
- ndarray.dtype：陣列的元素型別，可以是 Python 內建的 int、bool、str 等型別，也可以是 NumPy 提供的 int32、float64 等型別。

▶▶ 範例程式：

```
1   import numpy as np
2
3   arr = np.array([1, 2, 3, 4, 5])
4   print(arr)
5   print("ndim =", arr.ndim)
6   print("shape =", arr.shape)
7   print("dtype =", arr.dtype)
8
9   print(np.arange(0, 2, 0.3))
10  print(np.linspace(0, 2, 5))
```

▶▶ 輸出結果：

```
[1 2 3 4 5]
ndim = 1
shape = (5,)
dtype = int32
[0.  0.3 0.6 0.9 1.2 1.5 1.8]
[0.  0.5 1.  1.5 2. ]
```

這個範例除了透過 array()方法轉換串列成陣列，也使用 NumPy 提供的 arrange()與 linspace()方法建立陣列，其中前者的用法類似 range()，同樣可指定起始、中止及間隔值，而後者的前兩個參數也是起始及中止值，最後一個參數則是在範圍內均勻產生的數量點。陣列可搭配條件式建立所謂的遮罩（mask），可用來選取陣列內的目標元素，例如：

▶▶ 範例程式：

```
1   import numpy as np
2
3   score = np.array([60, 11, 33, 70, 22, 80])
4   print("原始分數", score)
5   print("遮罩", score < 60)
6
7   score[score < 60] += 10      # 只選出低於60分的來加分
8   print("修改分數", score)
```

輸出結果：

```
原始分數 [60 11 33 70 22 80]
遮罩 [False  True  True False  True False]
修改分數 [60 21 43 70 32 80]
```

二維陣列（two-dimensional array）的操作方式與二維串列相仿，一樣是透過列索引與行索引來存取元素，其建立方式可由二維串列轉換而來，也可用 reshape() 方法改變一維陣列的形狀而成。例如：

範例程式：

```
1  import numpy as np
2
3  mat = np.array([[1, 2, 3], [4, 5, 6]])
4  print(mat)
5  print('='*10)
6  mat = np.array(range(1, 7)).reshape(2, 3)
7  print(mat)
```

輸出結果：

```
[[1 2 3]
 [4 5 6]]
==========
[[1 2 3]
 [4 5 6]]
```

矩陣（matrix）以二維陣列來表示後，就能進行一些矩陣基本運算，例如：

範例程式：

```
1  import numpy as np
2  mat_A = np.array(range(1, 7)).reshape(2, 3)
3  mat_add = mat_A + mat_A     # 矩陣對應項相加
4  print(mat_add)
5  mat_mul = mat_A * mat_A     # 矩陣對應項相乘
6  print(mat_mul)
```

⯮ 輸出結果：

```
[[ 2  4  6]
 [ 8 10 12]]
[[ 1  4  9]
 [16 25 36]]
```

要注意的是上述範例裡第 5 行的矩陣相乘是矩陣內對應元素的相乘，因此只要相乘的兩個矩陣有同樣形狀即可進行。若是想得到線性代數裡的矩陣相乘結果，可使用 dot() 方法，此時若因為矩陣形狀限制而無法相乘，會得到「ValueError」錯誤訊息。因此，執行矩陣相乘的程式碼也常被放在 try 敘述內，以便於在引發錯誤時能捕捉到系統拋出的例外。

⯮ 範例程式：

```
1  import numpy as np
2  
3  try:
4      mat_A = np.array(range(1, 7)).reshape(2, 3)
5      mat_B = np.array(range(1, 7)).reshape(3, 2)
6      print(np.dot(mat_A, mat_B))
7      print(np.dot(mat_A, mat_A))
8  except:
9      print("矩陣無法相乘")
```

⯮ 輸出結果：

```
[[22 28]
 [49 64]]
矩陣無法相乘
```

這個範例在第 4 與 5 行分別建立形狀為 2×3 與 3×2 兩個矩陣，這兩個矩陣相乘可得到 2×2 的矩陣，但第 7 行因為相乘的兩個矩陣形狀不對，故而進行例外處理，顯示無法相乘的錯誤訊息。做為許多重量級應用（如數據分析、機器學習、深度學習等）的基礎套件，NumPy 不僅支援高維度的陣列與矩陣運算，也具備大量的數學與統計函式庫以及平行處理的能力，可到 NumPy 官網（https://numpy.org/）查閱更多功能。

6-2 再探函式

我們在前面已經學習過函式的相關知識，能嫻熟地使用 Python 的內建函式，也能透過自訂函式來簡化程式撰寫，並提升可讀性。在呼叫函式執行任務時，能將資料傳遞到函式的參數，這個傳遞的方式一般有「傳值」（pass-by-value）與「傳址」（pass-by-reference）兩種，而 Python 採用所謂的 pass-by-assignment，這相當於傳值與傳址的一種綜合。此外，Python 不允許程式設計者自行選擇參數傳遞方式，而是利用所傳遞的引數是屬於可變或不可變物件來判斷。

6-2-1 參數傳遞方式

「傳值方式」在呼叫函式時，會將引數的值逐一複製給函式的參數，因此在函式內變更參數值並不會影響原來的引數。當要傳遞的引數屬於不可改變內容的物件（immutable object）時，如數值、字串與元組，Python 會採取傳值呼叫。例如：

▶ 範例程式：

```
1  def swap(x, y):
2      print(f"函式內交換前：x={x}, y={y}")
3      x, y = y, x
4      print(f"函式內交換後：x={x}, y={y}")
5
6  a, b = 1, 99
7  print(f"函式外交換前：a={a}, b={b}")
8  swap(a, b)
9  print(f"函式外交換後：a={a}, b={b}")
```

▶ 輸出結果：

```
函式外交換前：a=1, b=99
函式內交換前：x=1, y=99
函式內交換後：x=99, y=1
函式外交換後：a=1, b=99
```

由這個範例可以看到，在函式內修改參數值，並不會變更原來的引數值。然而，若要傳遞的引數是可改變內容的物件（mutable object）時，如串列、字典與集合，此時 Python 會採用「傳址呼叫」，意謂著在呼叫函式時，系統沒有額外分配記憶體空間給函式的參數，而是直接將引數的位址傳遞給對應參數。這麼一來，因為佔用同一個記憶體位址的緣故，在函式內修改參數值會連帶影響原來的引數。例如：

範例程式：

```
1  def swap(num):
2      print(f"函式內交換前：{num}")
3      num[0], num[1] = num[1], num[0]
4      print(f"函式內交換後：{num}")
5
6  num = [1, 99]
7  print(f"函式外交換前：{num}")
8  swap(num)
9  print(f"函式外交換後：{num}")
```

輸出結果：

```
函式外交換前：[1, 99]
函式內交換前：[1, 99]
函式內交換後：[99, 1]
函式外交換後：[99, 1]
```

這個範例在第 8 行將串列傳遞給函式，並在函式內變更串列的元素值（第 3 行），此舉也連帶影響到函式外的串列，所以在第 9 行的輸出可以看到串列的內容也跟著改變。此外，雖然傳遞的是可變內容物件，但若是在函式內進行重新指派的動作，系統將會指派新的記憶體位址，也就不會影響到原來的引數。例如：

範例程式：

```
1  def swap(num):
2      print(f"函式內交換前：{num}")
3      num = [100, 200]
4      print(f"函式內交換後：{num}")
5
6  num = [1, 99]
7  print(f"函式外交換前：{num}")
8  swap(num)
9  print(f"函式外交換後：{num}")
```

▶▶ 輸出結果：

```
函式外交換前：[1, 99]
函式內交換前：[1, 99]
函式內交換後：[100, 200]
函式外交換後：[1, 99]
```

由於 Python 不允許我們自行選擇參數傳遞方式，而是以傳遞的引數是屬於可變或不可變物件來判斷，因此在使用函式時要多加小心，以避免在函式內的動作改變了原始引數值卻不自知。

6-2-2 匿名函式 lambda

語法

lambda 的語法如下：

```
lambda 參數序列: 運算式
```

lambda 是只有一行的函式，用來取代一些小型函式，主要目的是為了簡化程式，因為不用為了一小段程式碼而建立一個具名的函式。因此，lambda 也稱為匿名函式（anonymous function），與一般函式相比有以下特性：

- 匿名函式不用定義名稱，但一般函式需要。
- 匿名函式只有一行運算式，而一般函式可以有多行。
- 匿名函式執行完後自動回傳結果，但一般函式透過關鍵字 return 才能回傳。

底下範例程式裡 hello()函式的執行結果等同於 lambda 函式：

▶▶ 範例程式：

```
1  def hello(word):
2      print(word)
3
4  hello("Hello! Python")
5
6  (lambda word: print(word))("Hello! Python")
```

▶ 輸出結果：

```
Hello! Python
Hello! Python
```

lambda 函式也可有多個參數，只要參數間同樣以逗點（,）隔開即可，而計算完畢後就直接回傳結果，不用額外撰寫 return 敘述。例如：

▶ 範例程式：

```
1  def compute(x, y):
2      return x + y
3
4  a = compute(2, 3)
5  print(a)
6
7  b = (lambda x, y: x + y)(2, 3)
8  print(b)
```

▶ 輸出結果：

```
5
5
```

有趣的是，我們也可將 lambda 函式指派給一個變數作為其名稱，使用時就像呼叫函式一樣，只是 lambda 函式僅能撰寫一行，所以只適用於實現小功能。例如：

▶ 範例程式：

```
1  def compute(x, y):
2      return x + y
3
4  print(compute(2, 3))
5
6  my = lambda x, y: x + y
7  print(my(2, 3))
```

▶▶ 輸出結果：

```
5
5
```

lambda 函式也能搭配 if 條件式與 for 迴圈，產生更多作用，例如：

▶▶ 範例程式：

```
1  def compute(n):
2      if n < 10:
3          return list(range(5))
4      else:
5          return 100
6
7  print(compute(5))
8
9  my = lambda n: list(range(5)) if n<10 else 100
10 print(my(20))
```

▶▶ 輸出結果：

```
[0, 1, 2, 3, 4]
100
```

還記得在介紹串列時提到的排序方法 sorted()，在排序二維串列的時候，會依序比較每個元素串列的第一個元素，若相同再比較下一個，依此類推。底下範例裡的二維串列，經過這個既定的排序方式，最終輸出由小到大的排序結果。然而，若我們想在串列比較時先比第二個元素，若相同再比較第一個元素，那麼搭配 lambda 函式就能輕鬆達成。例如：

▶▶ 範例程式：

```
1  lst = [[3, 2], [3, 5], [1, 8], [2, 4], [1, 2], [2, 9]]
2  print(sorted(lst))
3
4  print("--底下先比較第2個元素 --")
5  print(sorted(lst, key = lambda x:x[1]))
```

▶▶ 輸出結果：

```
[[1, 2], [1, 8], [2, 4], [2, 9], [3, 2], [3, 5]]
-- 底下先比較第2個元素 --
[[3, 2], [1, 2], [2, 4], [3, 5], [1, 8], [2, 9]]
```

搭配內建函式 filter()與 map()也能讓 lambda 函式達成更多任務，而且程式碼也相當簡潔，例如：

▶▶ 範例程式：

```
1  scores = [x for x in range(5, 100, 10)]
2  print(scores)
3
4  scores_adj = list(map(lambda x:int(10*x**0.5), scores))
5  print("調整分數：", scores_adj)
6
7  pass_scores = list(filter(lambda x: x>=60, scores_adj))
8  print("及格分數：", pass_scores)
```

▶▶ 輸出結果：

```
[5, 15, 25, 35, 45, 55, 65, 75, 85, 95]
調整分數： [22, 38, 50, 59, 67, 74, 80, 86, 92, 97]
及格分數： [67, 74, 80, 86, 92, 97]
```

這個範例的第 4 與 7 行分別使用 map()及 filter()，雖然乍看之下有些複雜，但一步步解析之後就能明白其用法。首先，map()與 filter()函式在作用完畢後會回傳一個序列（sequence），若想查看其內容可利用 list()先轉換成串列型態。其次，兩個函式均將各自的 lambda 函式套用在給定串列的每一個元素，以此達到調整分數與挑出及格分數的結果。

綜合範例

綜合範例 1：

大小寫轉換

1. 題目說明：

   請依下列題意進行作答，使輸出值符合題意要求。

2. 設計說明：

   請撰寫一程式，讓使用者輸入一個字串及自然數 n，n 為字串的索引值，請判斷索引值為 n 的字元，若為大寫，則將大寫轉成小寫；若為小寫，則將小寫轉成大寫，並替換成新的字串，最後輸出大小寫轉換後的字元與字串。

3. 輸入輸出：

   (1) 輸入說明

   一個字串及自然數 n

   (2) 輸出說明

   大小寫轉換後的字元與字串

   (3) 範例輸入

```
abcdef
3
```

範例輸出

```
The letter that was selected is: D
abcDef
```

4. 參考程式：

解法 1：

```
1  input, n = input(), int(input())
2  output = ''
3
4  if input[n].isupper():
5      output = input[:n] + input[n].lower() + input[n+1:]
6  else:
7      output = input[:n] + input[n].upper() + input[n+1:]
8
9  print('The letter that was selected is: ' + output[n])
10 print(output)
```

解法 2：

```
1  inp = input()
2  n = int(input())
3
4  output = inp[:n] + inp[n].swapcase() + inp[n+1:]
5  print(f'The letter that was selected is: {output[n]}')
6  print(output)
```

綜合範例 2：

字串拆解

1. 題目說明：

   請依下列題意進行作答，使輸出值符合題意要求。

2. 設計說明：

   請撰寫一程式，讓使用者輸入一個包含英文大小寫的字串，並依序將字串中的大、小寫字母分離，最後依序輸出字串中的大寫字串、小寫字串及大寫字母的數量。

3. 輸入輸出：

   (1) 輸入說明

   一個包含英文大小寫的字串

   (2) 輸出說明

   字串中的大寫字串、小寫字串及大寫字母的數量

   (3) 範例輸入

```
ComPuTer
```

   範例輸出

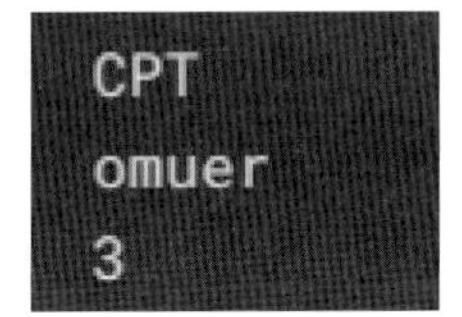

```
CPT
omuer
3
```

4. 參考程式：

```
1  input_str = input()
2  U, L = '', ''
3  for i in input_str:
4      if i.isupper():
5          U += i
6      else:
7          L += i
8  print(U)
9  print(L)
10 print(len(U))
```

綜合範例 3：

多重迴圈

1. 題目說明：

   請依下列題意進行作答，使輸出值符合題意要求。

2. 設計說明：

   請撰寫一程式，讓使用者輸入兩個正整數 n、m 及 n*m 個整數，建立 n*m 的二維陣列資料，請將輸入的陣列以半形逗號隔開後輸出。

3. 輸入輸出：

   (1) 輸入說明

   兩個正整數 n、m 及 n*m 個整數

   (2) 輸出說明

   以半形逗號隔開的二維陣列資料

   (3) 範例輸入

```
5 4
1 1 1 1
2 2 2 2
3 3 3 3
4 4 4 4
5 5 5 5
```

   範例輸出

```
1,1,1,1
2,2,2,2
3,3,3,3
4,4,4,4
5,5,5,5
```

4. 參考程式：

解法 1：

```
1  size = input().split(' ')
2  matrix = []
3  
4  for i in range(int(size[0])):
5      row = input().replace(' ', ',')
6      matrix.append(row)
7  
8  for i in range(int(size[0])):
9      print(matrix[i])
```

解法 2：

```
1  size = input().split(' ')
2  output = ''
3  
4  for i in range(int(size[0])):
5      row = input().replace(' ', ',')
6      output += row + '\n'
7  
8  print(output)
```

綜合範例 4：

選擇排序

1. 題目說明：

   請依下列題意進行作答，使輸出值符合題意要求。

2. 設計說明：

   請撰寫一程式，讓使用者輸入九個整數，請輸出由小而大排序後的結果及其總和。

3. 輸入輸出：

   (1) 輸入說明

   九個整數

   (2) 輸出說明

   由小而大的排序結果及總和

   (3) 範例輸入

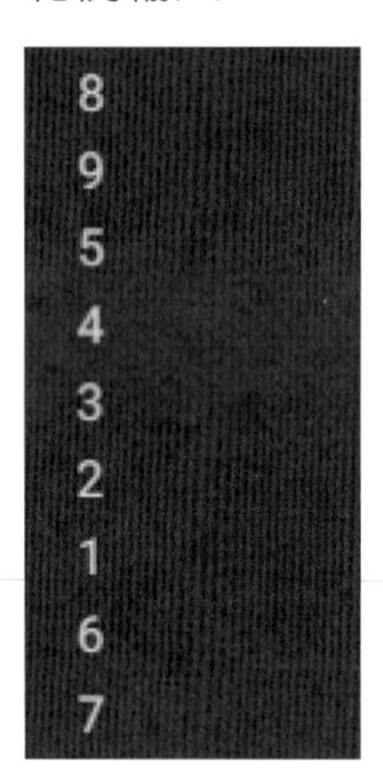

```
8
9
5
4
3
2
1
6
7
```

範例輸出

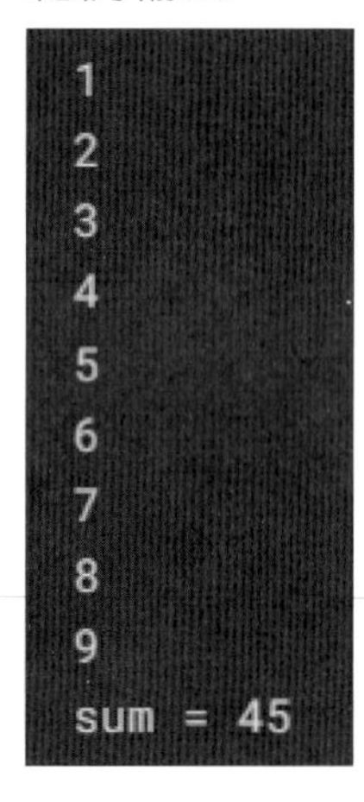

```
1
2
3
4
5
6
7
8
9
sum = 45
```

4. 參考程式：

解法 1：

```
1   input_list = []
2
3   for i in range(9):
4       input_list.append(int(input()))
5   input_list.sort()
6
7   sum = 0
8   for i in input_list:
9       print(i)
10      sum += int(i)
11
12  print('sum = '+ str(sum))
```

解法 2：

```
1   lst = []
2
3   for _ in range(9):
4       lst.append(eval(input()))
5
6   for x in sorted(lst):
7       print(x)
8
9   print(f'sum = {sum(lst)}')
```

綜合範例 5：

差值計算

1. 題目說明：

   請依下列題意進行作答，使輸出值符合題意要求。

2. 設計說明：

   請撰寫一程式，讓使用者輸入六個不重複的整數，計算並輸出較大的三個數值和與較小的三個數值和之差。

3. 輸入輸出：

   (1) 輸入說明

   六個不重複的整數

   (2) 輸出說明

   較大的三個數值和與較小的三個數值和之差

   (3) 範例輸入

   ```
   10
   20
   30
   40
   50
   60
   ```

   範例輸出

   ```
   90
   ```

4. 參考程式：

```
1  input_list = []
2  
3  for i in range(6):
4      input_list.append(int(input()))
5  input_list.sort()
6  print(sum(input_list[3:]) - sum(input_list[:3]))
```

綜合範例 6：

檢驗學號

1. 題目說明：

   請依下列題意進行作答，使輸出值符合題意要求。

2. 設計說明：

   (1) 請撰寫一程式，讓使用者輸入三組學號，學號總共有 6 個字元，由左至右分別以 s0~s5 表示，s0~s4 均是數字；s5 是大寫英文字母的檢查碼。

   (2) s5 的判斷規則：若公式「((s0+s2+s4)+(s1+s3)*5)%26」的計算結果為 1，則 s5 為 A；若計算結果為 2，則 s5 為 B，以此類推。請依序判斷使用者輸入的學號是否正確，正確則輸出「Pass」，否則輸出「Fail」。

   ※提示：數字「0」的 ASCII 碼=48，英文字母「A」的 ASCII 碼=65。

3. 輸入輸出：

   (1) 輸入說明

   三組學號

   (2) 輸出說明

   三組學號是否合法

   (3) 範例輸入

```
12345M
55237B
03805A
```

   範例輸出

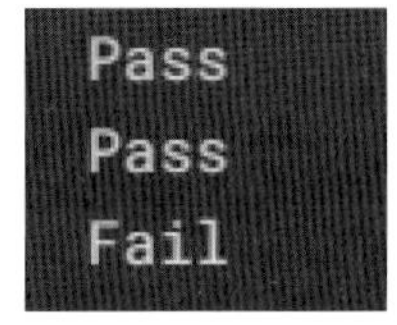

4. 參考程式：

```
1  for i in range(3):
2      number = input()
3      cnt = ((int(number[0]) + int(number[2]) \
4              + int(number[4])) + \
5              ((int(number[1]) + int(number[3])) * 5))% 26
6
7      if cnt == ord(number[-1]) - ord('A') + 1:
8          print('Pass')
9      else:
10         print('Fail')
```

綜合範例 7：

撲克牌比大小

1. 題目說明：

   請依下列題意進行作答，使輸出值符合題意要求。

2. 設計說明：

   (1) 請撰寫一程式，製作撲克牌比大小遊戲，讓使用者輸入兩張牌，比較兩張牌的大小並將結果輸出。

   (2) 撲克牌比大小規則：每張牌分別以英文及數字表示，其中 S 代表黑桃、H 代表紅心、D 代表方塊、C 代表梅花，數字為 1~13。首先比較花色：黑桃>紅心>方塊>梅花；當花色相同時，再比較數字：13 最大、1 最小。

   提示：數字「0」的 ASCII 碼=48。

3. 輸入輸出：

   (1) 輸入說明

   ```
   兩張撲克牌，以英文(S、H、D、C)及數字(1~13)表示
   ```

   (2) 輸出說明

   ```
   兩張撲克牌比大小結果
   ```

   (3) 範例輸入 1

   ```
   S1 D13
   ```

   範例輸出 1

   ```
   S1 > D13
   ```

   範例輸入 2

   ```
   C5 C5
   ```

   範例輸出 2

   ```
   C5 = C5
   ```

4. 參考程式：

解法 1：

```
1  flower = ['S', 'H', 'D', 'C']
2  cards = input().split(' ')
3
4  if flower.index(cards[0][0]) < flower.index(cards[1][0]):
5      print(cards[0] + ' > ' + cards[1])
6  elif flower.index(cards[0][0])> flower.index(cards[1][0]:
7      print(cards[0] + ' < ' + cards[1])
8  else:
9      if int(cards[0][1:]) < int(cards[1][1:]):
10         print(cards[0] + ' < ' + cards[1])
11     elif int(cards[0][1:]) > int(cards[1][1:]):
12         print(cards[0] + ' > ' + cards[1])
13     else:
14         print(cards[0] + ' = ' + cards[1])
```

解法 2：

```
1  dct = {'C': 0, 'D': 1, 'H': 2, 'S': 3}
2  cards = input().split(' ')
3
4  lst = [(dct[X[0]], eval(X[1:])) for X in cards]
5
6  if lst[0] < lst[1]:
7      print(f"{cards[0]} < {cards[1]}")
8  elif lst[0] > lst[1]:
9      print(f"{cards[0]} > {cards[1]}")
10 else:
11     print(f"{cards[0]} = {cards[1]}")
```

綜合範例 8：

棒球計分

1. 題目說明：

   請依下列題意進行作答，使輸出值符合題意要求。

2. 設計說明：

   (1) 請撰寫一程式，製作棒球打擊計分器，讓使用者輸入十個 0~4 之間的整數，輸入 0 代表打者被三振，輸入 1 代表一壘安打，以此類推，輸入 4 代表全壘打，最後輸出十個打擊數結束後，此局的得分。

   (2) 棒球計分規則：若打出一壘安打則一壘有人，以此類推，若打出全壘打，壘上所有人包含自己皆能得分。假設目前壘上無人，在打出二壘安打後，接著打出一壘安打，則會向前推進一個壘包造成一、三壘有人，若再打出二壘安打，則一、三壘向前推進兩個壘包，獲得 1 分，並且二、三壘有人。若十個打擊數結束後，壘包上還有人，則為殘壘不得分。

3. 輸入輸出：

   (1) 輸入說明

   ```
   十個 0~4 之間的整數
   ```

   (2) 輸出說明

   ```
   得分數
   ```

   (3) 範例輸入

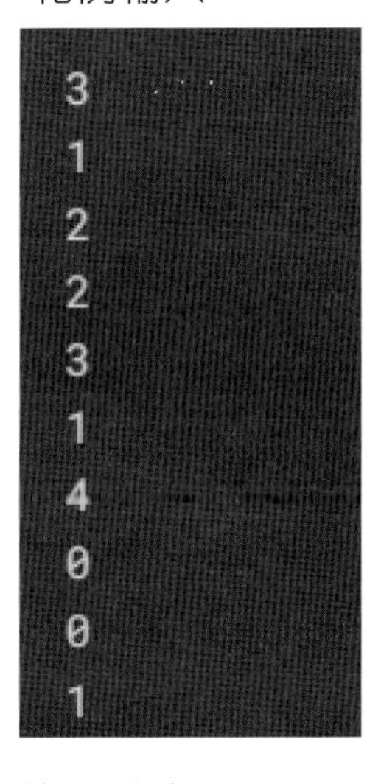

```
3
1
2
2
3
1
4
0
0
1
```

範例輸出

```
score = 7
```

4. 參考程式：

```
1  score = 0
2  input_list = []
3
4  for i in range(10):
5      n = int(input())
6      input_list = [x + n for x in input_list]
7      input_list.append(n)
8
9  print('score = ' + str(sum(i > 3 for i in input_list)))
```

綜合範例 9：

閏年

1. 題目說明：

   請依下列題意進行作答，使輸出值符合題意要求。

2. 設計說明：

   請撰寫一程式，讓使用者輸入三個正整數，分別為西元年、月、日，請計算此日期為當年的第幾天，需注意閏年；若輸入的日期有誤，請輸出「error」。

   閏年：

   - 西元年份除以 4 不可整除，為平年。
   - 西元年份除以 4 可整除，且除以 100 不可整除，為閏年。
   - 西元年份除以 100 可整除，且除以 400 不可整除，為平年。
   - 西元年份除以 400 可整除，為閏年。

3. 輸入輸出：

   (1) 輸入說明

   三個正整數，分別為西元年、月、日

   (2) 輸出說明

   此日期為當年的第幾天

   (3) 範例輸入 1

   ```
   2012 3 7
   ```

   範例輸出 1

   ```
   67
   ```

   範例輸入 2

   ```
   2018 6 31
   ```

   範例輸出 2

   ```
   error
   ```

4. 參考程式：

```
1   def if_leap_year(y):
2       if y%400 == 0 or (y%4 == 0 and not (y%100 == 0)):
3           return True
4       else:
5           return False
6
7   cnt = 0
8   date = input().split(' ')
9   date = [int(x) for x in date]
10  month_day = [0, 31, 28, 31, 30, 31, 30, 31, 31,30,31,30,31]
11
12  if if_leap_year(date[0]):
13      month_day[2] += 1
14
15  if date[2] > month_day[date[1]]:
16      print('error')
17      exit()
18
19  for i in range(1, len(month_day)):
20      month_day[i] += month_day[i - 1]
21
22  print(month_day[date[1] - 1] + date[2])
```

綜合範例 10：

矩陣乘積

1. 題目說明：

   請依下列題意進行作答，使輸出值符合題意要求。

2. 設計說明：

   請撰寫一程式，讓使用者建立兩個矩陣，先輸入兩個正整數 a、b，代表第一個矩陣為 a x b 矩陣，接著再輸入 a x b 矩陣的元素；第二個矩陣作法相同，最後輸出兩矩陣相乘的結果，同一列的矩陣元素請使用半形空格隔開，若無法相乘，請輸出「error」。

   矩陣乘法：若 A 是 m x n 的矩陣，B 是 n x p 的矩陣，則它們的乘積 AB 是 m x p 的矩陣。

   公式：$(AB)_{ij} = \sum_{r=1}^{n} a_{ir}b_{rj} = a_{i1}b_{1j} + a_{i2}b_{2j} + \cdots + a_{in}b_{nj}.$

3. 輸入輸出：

   (1) 輸入說明

   兩組矩陣維度及矩陣元素

   (2) 輸出說明

   兩矩陣相乘的結果

   (3) 範例輸入 1

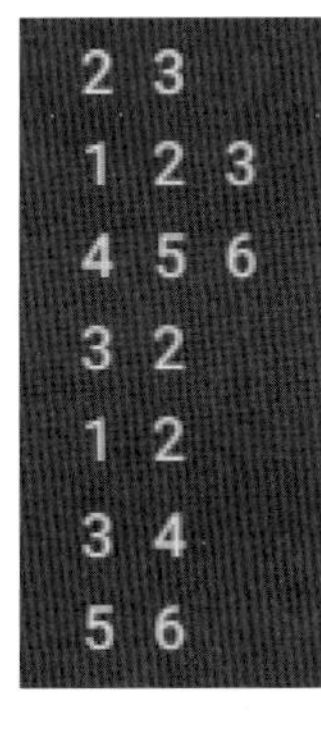

範例輸出 1

```
22 28
49 64
```

範例輸入 2

```
2 1
5
5
2 3
4 5 6
7 8 9
```

範例輸出 2

```
error
```

4. 參考程式：

解法 1：

```
1   # read matrix 1
2   size1 = [int(x) for x in input().split(' ')]
3   matrix1 = []
4   for i in range(size1[0]):
5       row = [int(x) for x in input().split(' ')]
6       matrix1.append(row)
7   
8   # read matrix 2
9   size2 = [int(x) for x in input().split(' ')]
10  matrix2 = []
11  for i in range(size2[0]):
12      row = [int(x) for x in input().split(' ')]
13      matrix2.append(row)
14  
15  # check size
16  if size1[1] != size2[0]:
17      print('error')
18      exit()
19  
20  # count
21  output_matrix = []
22  for i in range(size1[0]):
23      row = []
24      for j in range(size2[1]):
25          cnt = 0
```

```
26            for k in range(size1[1]):
27                cnt += matrix1[i][k] * matrix2[k][j]
28            row.append(cnt)
29        output_matrix.append(row)
30
31    # print
32    for i in range(len(output_matrix)):
33        for j in range(len(output_matrix[0])):
34            if j != len(output_matrix[0]) - 1:
35                print(output_matrix[i][j], end = ' ')
36            else:
37                print(output_matrix[i][j])
```

解法 2：

```
1   import numpy as np
2
3   def get_matrix():
4       size = [int(x) for x in input().split(' ')]
5       matrix = []
6       for i in range(size[0]):
7           row = [int(x) for x in input().split(' ')]
8           matrix.append(row)
9
10      return matrix
11
12  mat1 = np.array(get_matrix())
13  mat2 = np.array(get_matrix())
14
15  try:
16      result = np.dot(mat1, mat2)
17      for X in result:
18          for i in range(result.shape[0]):
19              lst = [str(x) for x in list(result[i, :])]
20              print(' '.join(lst))
21  except:
22      print('error')
```

Chapter 6 習題

習題 1：大樂透中獎號碼

1. 大樂透中獎號碼為 6 個 1~49 間的數字，再加上一個特別號。請撰寫一程式，讓使用者隨機產生中獎號碼，並以小到大排序顯示。
2. 輸入輸出：

(a). 輸入說明

無

(b). 輸出說明

6+1 個中獎號碼（因為是隨機產生亂數，所以每次的執行結果皆不同）

(c). 範例輸出 1

```
大樂透中獎號碼為 6,10,19,25,31,43
大樂透特別號碼為 11
```

範例輸出 2

```
大樂透中獎號碼為 1,2,14,30,32,33
大樂透特別號碼為 15
```

習題 2：找出五位數

1. 有一個五位數「ABCDE」，其限制條件如下，請撰寫一程式找出符合要求的所有五位數。
   - A、B、C、D、E 分別代表五個不同數字
   - A > E，B > D
   - 「ABCDE」+「EDCBA」 = 163535
2. 輸入輸出：

(a). 輸入說明

無

(b). 輸出說明

符合題目要求的所有五位數

(c). 範例輸出

```
98746
```

習題 3：填入九個數字

1. 請撰寫一程式，在底下 a ~ i 標示的九個空格填入不重複數字 1 ~ 9，使得三個分數相加的和為 1。

$$\frac{a}{bc} + \frac{d}{ef} + \frac{g}{hi} = 1$$

2. 輸入輸出：

(a). 輸入說明

無

(b). 輸出說明

符合題目要求的九個數字

(c). 範例輸出

```
(5, 3, 4, 7, 6, 8, 9, 1, 2)
(5, 3, 4, 9, 1, 2, 7, 6, 8)
(7, 6, 8, 5, 3, 4, 9, 1, 2)
(7, 6, 8, 9, 1, 2, 5, 3, 4)
(9, 1, 2, 5, 3, 4, 7, 6, 8)
(9, 1, 2, 7, 6, 8, 5, 3, 4)
```

CHAPTER

7

綜合應用三

綜合應用三

我們在前面的章節已經知道把資料儲存在檔案內，比較能夠長久地保存，也知道如何進行開啟、讀取、寫入以及關閉檔案等操作。這樣已經能妥善地處理單一檔案，可是對於處理一個目錄下的所有檔案仍舊是力不從心。所幸 Python 有一些內建模組能協助管理目錄，且配合各種篩選方式能輕易取得符合條件的檔案列表，接著方能逐一處理目標檔案。因此，本章將介紹一些常見管理與拜訪目錄內所有檔案的模組與方法。

另一方面，當我們要透過電腦解決問題前，必須以電腦能理解的模式來描述問題，而資料結構（data structure）就是描述資料的方法，也是電腦內儲存資料的基本架構。資料結構不僅涉及儲存的資料與儲存方法，同時也考慮到存取資料的方式，能讓程式的執行速度加快，並降低佔用的計算資源（如 CPU、記憶體等）。著名的瑞士計算機科學家尼克勞斯・維爾特（Niklaus Wirth）曾在 1984 年因發展數個程式語言而獲圖靈獎（Turing Award），他寫過一本書的書名是『Algorithms + Data Structures = Programs』（演算法+資料結構=程式），這已經是計算機科學的名句。一個程式應該包括對「資料」與「操作」的描述，其中前者是指在程式中要指定資料的類型和資料的組織形式，亦即前面提到的資料結構；而後者則意指操作步驟，也就是演算法。本章將以簡單易懂的方式，介紹在資料結構裡最基本的堆疊（stack）與佇列（queue）兩個結構。

7-1 目錄管理

我們已經熟悉單一檔案的開啟、讀取及寫入等處理動作，但面對多個檔案，目前除了手動一個個利用程式處理外，似乎也沒有比較方便的做法。然而，許多實務應用的第一步大多是從眾多檔案裡讀取資料，這裡涉及目錄管理與檔案操作的各種技巧，能將整個操作過程自動化。底下我們介紹 Python 提供的 glob 與 os 兩個實用模組，以便於操作檔案與目錄。

7-1-1 檔案搜尋：glob 模組

若想快速地取得指定條件的檔案名稱，可使用 glob 模組來進行。這是一個簡單的檔案搜尋模組，除了能明確指定檔案名稱外，也可以搭配正規表示法（regular expression）來描述指定條件，比方說用萬用字元「*」代表所有可能性。舉例如下：

範例程式：

```
1  from glob import glob
2
3  files = glob('*.csv') + glob('*05.*')
4  print(type(files))
5
6  for f in files:
7      print(f)
```

資料夾內容：

名稱	修改日期	類型
1.csv	2023/11/8 下午 03:41	Microsoft Excel ...
2.csv	2023/11/8 下午 03:41	Microsoft Excel ...
3.csv	2023/11/8 下午 03:41	Microsoft Excel ...
FBAFC0001-04.png	2023/11/8 下午 03:41	PNG 檔案
FBAFC0002-05.png	2023/11/8 下午 03:41	PNG 檔案
FBAFC0003-05.jpg	2023/11/8 下午 03:41	JPG 檔案
FBAFC0005-11.jpg	2023/11/8 下午 03:41	JPG 檔案
glob模組.py	2023/11/8 下午 03:47	Python 來源檔案

輸出結果：

```
<class 'list'>
1.csv
2.csv
3.csv
FBAFC0002-05.png
FBAFC0003-05.jpg
```

這個範例的第 3 行描述要取出檔案名稱的條件，包括副檔名為 csv 以及檔名內有「05.」的所有檔案，而 glob()方法會把符合的檔名放在串列內。因此，第 6 行可透過 for 迴圈逐一瀏覽並處理目標檔案。

7-1-2 檔案操作：os 模組

如果要處理的目標檔案不是單純放置在單一資料夾內，而分散在許多資料夾，甚至是涉及數個不同目錄，可以考慮使用 os 模組。這個模組提供取得工作目錄、目錄與檔案操作、執行作業系統命令等，功能包山包海，但使用起來也較繁瑣。例如：

▶ 範例程式：

```
1  import os
2  
3  print(os.getcwd())          # 取得目前的工作目錄
4  
5  file = "myFile.txt"
6  if os.path.exists(file):    # 檢查檔案是否存在
7      os.remove(file)         # 移除指定檔案
8  else:
9      print(file + "檔案不存在")
10 
11 os.system("cls")            # 執行作業系統命令，清除螢幕
12 os.system("mkdir myDir")    # 建立 myDir 目錄
```

▶ 輸出結果：

```
C:\Users\Ian\VS_Code
```

若要更細緻地處理檔案路徑與名稱、取得檔案各種屬性等功能，可使用 os.path 模組，其提供的方法整理如下：

	os.path 的方法	說明
檢查（True/False）	exists()	檔案或路徑是否存在
	isabs()	是否為絕對路徑
	isfile()	指定路徑是否為檔案
	isdir()	指定路徑是否為目錄
處理檔案路徑	abspath()	傳回絕對路徑
	basename()	傳回指定字串最後的檔案或路徑名稱
	dirname()	傳回指定檔案的絕對路徑
	split()	分割路徑成 dirname 和 basename
	splitdrive()	分割路徑成磁碟機與路徑名稱
	join()	合併路徑與檔名為完整路徑
處理檔案	getsize()	傳回檔案大小
	getctime()	傳回檔案建立時間
	getatime()	傳回檔案最後的訪問時間

▶▶ 範例程式：

```
1   import os.path as op
2   
3   file = op.abspath("os_path.py")
4   print("檔案絕對路徑：", file)
5   
6   if op.exists(file):
7       f_path, f_name = op.split(file)
8       print("檔案路徑：", f_path)
9       print("檔案名稱：", f_name)
10      print("檔案大小：", op.getsize(file), "bytes")
11  
12  print("組合路徑：", op.join(f_path, f_name))
```

▶▶ 輸出結果：

```
檔案絕對路徑： C:\Users\Ian\VS_Code\myDir\os_path.py
檔案路徑： C:\Users\Ian\VS_Code\myDir
檔案名稱： os_path.py
檔案大小： 341 bytes
組合路徑： C:\Users\Ian\VS_Code\myDir\os_path.py
```

在使用 Python 開發處理檔案的程式時，時常會需要列舉目錄內的所有檔案名稱，然後再透過迴圈逐一處理之。此時，可使用 os.lisrdir 模組取得檔案列表，而 os.walk 模組更是能以遞迴（recursive）方式列出特定路徑下的所有子目錄與檔案。比方有一個檔案目錄如圖 7-1-1 所示，則列出所有目錄與檔案的程式可以這樣寫：

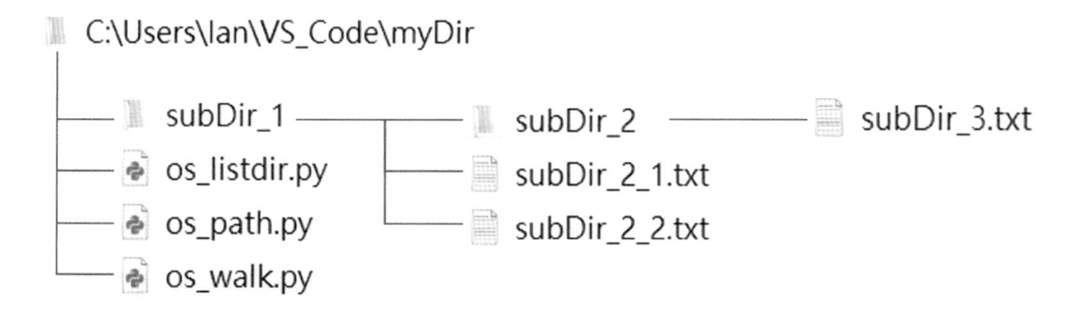

圖 7-1-1 電腦內的一個檔案目錄

範例程式：

```
1  import os.path as op
2  from os import listdir
3
4  my_path = r"C:\Users\Ian\VS_Code\myDir"
5  files = listdir(my_path)        # 取得所有檔案與目錄名稱
6
7  for f in files:
8      full_path = op.join(my_path, f)
9
10     if op.isfile(full_path):
11         print("檔案：", f)
12     elif op.isdir(full_path):
13         print("目錄：", f)
```

輸出結果：

```
檔案： os_listdir.py
檔案： os_path.py
檔案： os_walk.py
目錄： subDir_1
```

os.walk()方法會回傳一個包含三個元素的元組，分別是「目前路徑」、「資料夾串列」以及「檔案串列」，且由於是採用遞迴方式處理，功能強大可是程式也不太好理解。同樣以圖 7-1-1 的目錄結構為例來撰寫底下範例：

範例程式：

```
1  import os.path as op
2  from os import walk
3
4  my_path = r"C:\Users\Ian\VS_Code\myDir"
5
6  # 遞迴列出所有目錄與檔案
7  for root, dirs, files in walk(my_path):
8      print("路徑：", root)
9      print("∟目錄：", dirs)
10     print("∟檔案：", files)
```

▶ 輸出結果：

```
路徑： C:\Users\Ian\VS_Code\myDir
∟目錄： ['subDir_1']
∟檔案： ['os_listdir.py', 'os_path.py', 'os_walk.py']
路徑： C:\Users\Ian\VS_Code\myDir\subDir_1
∟目錄： ['subDir_2']
∟檔案： ['subDir_2_1.txt', 'subDir_2_2.txt']
路徑： C:\Users\Ian\VS_Code\myDir\subDir_1\subDir_2
∟目錄： []
∟檔案： ['subDir_3.txt']
```

倘若要取得目錄下所有檔案的絕對路徑，讓程式能逐一處理的話，可以如底下範例這樣改寫，搭配 os.path.basename()能進一步取出絕對路徑最後的檔案名稱，以便於繼續篩選目標檔案。

▶ 範例程式：

```
1  import os.path as op
2  from os import walk
3
4  my_path = r"C:\Users\Ian\VS_Code\myDir"
5
6  for root, dirs, files in walk(my_path):
7      for f in files:
8          full_path = op.join(root, f)
9          print(full_path)
```

▶ 輸出結果：

```
C:\Users\Ian\VS_Code\myDir\os_listdir.py
C:\Users\Ian\VS_Code\myDir\os_path.py
C:\Users\Ian\VS_Code\myDir\os_walk.py
C:\Users\Ian\VS_Code\myDir\subDir_1\subDir_2_1.txt
C:\Users\Ian\VS_Code\myDir\subDir_1\subDir_2_2.txt
C:\Users\Ian\VS_Code\myDir\subDir_1\subDir_2\subDir_3.txt
```

7-2 堆疊與佇列結構

一個程式要能有效率地執行完畢，取決於資料結構是否適當，而程式能否正確地解決問題，則視演算法的優劣而定。以圖書館的藏書來做比喻，「資料結構」就好比書籍擺放的方式，不僅是要依書籍特性制定合適的索書號，也要依書架與動線來設計同類型書籍的擺放位置；相對而言，「演算法」就像是找書的方法，可能是先從系統查詢到書籍對應的索書號，再據此找到目標書籍。

程式設計師必須依照問題或實作的特性，選擇合適的資料結構來進行資料的新增、修改、刪除、儲存等動作，方能讓演算法發揮最大效能。傳統上，常討論的基礎資料結構有陣列、堆疊、佇列、鏈結串列（linked list）、樹狀結構（tree）、圖形（graph）、雜湊表（hash table）等。我們在之前的章節已經認識了陣列，也知道利用 Python 提供的串列來實現陣列的操作，可以更加有彈性且更好使用。這個小節會介紹堆疊與佇列的概念，並同樣利用 Python 的串列簡單地實現其基礎操作。

7-2-1 堆疊

堆疊（stack）是一個有序串列（ordered list），或者稱為線性串列（linear list），其放入（push）與取出（pop）元素的操作都發生在同一端，通常稱為頂端（top），並具有「後進先出」（Last in First out、LIFO）的特性。所謂 LIFO 的概念，可以想像一個乒乓球筒，只能從一端取出或放入乒乓球的作法，而堆疊的兩個操作方式可參考圖 7-2-1。底下接著以範例程式實作堆疊：

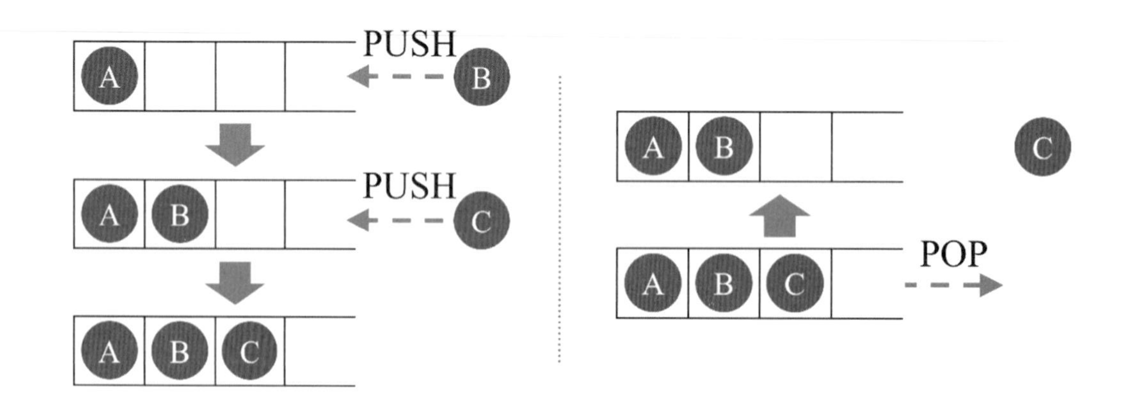

圖 7-2-1 堆疊的 PUSH 與 POP 操作方式

範例程式：

```
1   def create():               # 建立一個空堆疊
2       return []
3
4   def isEmpty(stk):           # 檢查堆疊是否為空
5       if len(stk):    return False
6       else:           return True
7
8   def isFull(stk):            # 檢查堆疊是否為滿
9       return False
10
11  def PUSH(stk, data):        # 放入資料
12      if not isFull(stk):
13          stk.append(data)
14
15  def POP(stk):               # 取出資料
16      if not isEmpty(stk):
17          return stk.pop()
18
19  stack = create()
20  PUSH(stack, 'A'); PUSH(stack, 'B'); PUSH(stack, 'C')
21  print("堆疊內容：", stack)
22  print("取出資料：", POP(stack))
23  print("堆疊內容：", stack)
```

輸出結果：

```
堆疊內容： ['A', 'B', 'C']
取出資料： C
堆疊內容： ['A', 'B']
```

7-2-2 佇列

佇列（queue）也稱為對列，與堆疊一樣是個有序串列，其兩個操作插入（insert）與刪除（delete）元素分別發生在不同的兩端，並具有「先進先出」（Fast in First out、FIFO）的特性。所謂 FIFO 可類比成羽球筒的取和放球，在看的到羽球頭的那端便於取出，而看到羽毛的那端則用於放入羽球。圖 7-2-2 展示佇列的兩個操作方式，並接著以範例程式實作之：

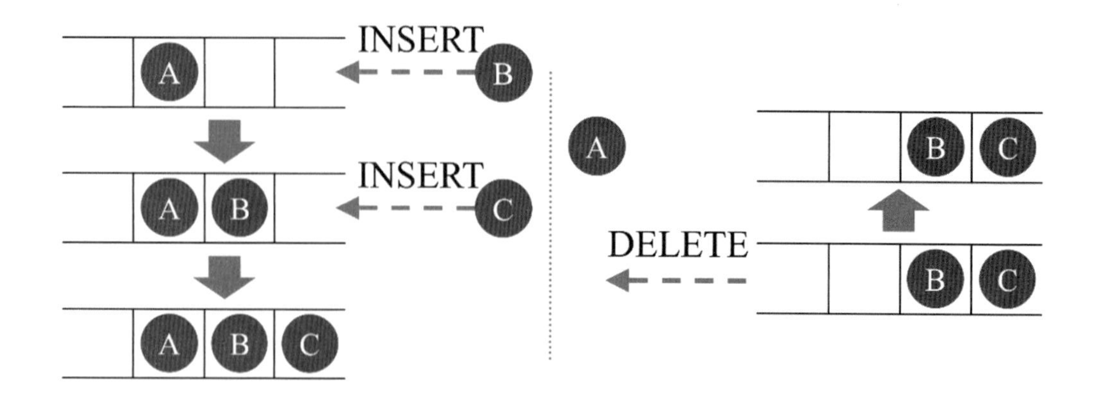

圖 7-2-2 佇列的 INSERT 與 DELETE 操作方式

▶▶ 範例程式：

```
1   def create():               # 建立一個空佇列
2       return []
3
4   def isEmpty(que):           # 檢查佇列是否為空
5       return False if len(que) else True
6
7   def INSERT(que, data):      # 插入資料
8       if not isFull(que):
9           que.append(data)
10
11  def DELETE(que):            # 刪除資料
12      return que.pop(0) if not isEmpty(que) else None
13
14  queue = create()
15  INSERT(queue, 'A'); INSERT(queue, 'B'); INSERT(queue, 'C')
16  print("佇列內容：", queue)
17  print("刪除資料：", DELETE(queue))
18  print("佇列內容：", queue)
```

▶▶ 輸出結果：

```
佇列內容： ['A', 'B', 'C']
刪除資料： A
佇列內容： ['B', 'C']
```

以上是使用 Python 簡單地實作堆疊與佇列，至於其相關應用與延伸（如雙向佇列、環狀佇列等），等到資料結構或演算法課程會再做深入介紹。

綜合範例

綜合範例 1：

海龍公式

1. 題目說明：

   請依下列題意進行作答，使輸出值符合題意要求。

2. 設計說明：

   請撰寫一程式，讓使用者輸入三個正整數，做為三角形邊長，再利用海龍公式計算並輸出三角形面積至小數點後第二位。

   提示：海龍公式 $A = \sqrt{s(s-a)(s-b)(s-c)}$

   提示：$s = (a+b+c)/2$

3. 輸入輸出：

   (1) 輸入說明

   三個正整數，為三角形邊長

   (2) 輸出說明

   三角形面積

   (3) 範例輸入

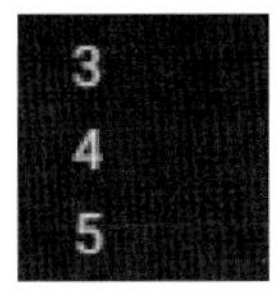

   範例輸出

```
6.00
```

4. 參考程式：

```
1  lst = [eval(input()) for _ in range(3)]
2  s = sum(lst)/2
3  area = (s*(s-lst[0])*(s-lst[1])*(s-lst[2]))**0.5
4  print(f"{area:.2f}")
```

綜合範例 2：

二進位轉十進位

1. 題目說明：

   請依下列題意進行作答，使輸出值符合題意要求。

2. 設計說明：

   請撰寫一個程式，讓使用者輸入一個 10 字元以內的二進位字串，將其轉換成十進位並輸出。

3. 輸入輸出：

   (1) 輸入說明

   一個二進位字串

   (2) 輸出說明

   轉換成十進位的結果

   (3) 範例輸入

   ```
   1100
   ```

   範例輸出

   ```
   12
   ```

4. 參考程式：

   解法 1：

```
1  def bin2dec(bin):
2      dec = 0
3      bin_reverse = bin[::-1]
4  
5      for idx in range(0, len(bin_reverse)):
6          dec += int(bin_reverse[idx]) * (2 ** idx)
7      return dec
8  
9  print(bin2dec(input()))
```

解法 2：

```
1  inp = input()
2  
3  ans = 0
4  size = len(inp)
5  for i in range(size):
6      ans += int(inp[i])*(2**(size-i-1))
7  
8  print(ans)
```

綜合範例 3：

找零錢

1. 題目說明：

   請依下列題意進行作答，使輸出值符合題意要求。

2. 設計說明：

   (1) 請撰寫一程式，製作販賣機找零系統，讓使用者輸入一個正整數，代表需要找零的金額，請依照面額大至小輸出找零結果，不同面額請用半形空格隔開。

   (2) 販賣機找零規則：只有 50 元、10 元、5 元及 1 元四種面額的硬幣，請使用最少的硬幣數目找零。

3. 輸入輸出：

   (1) 輸入說明

   一個正整數

   (2) 輸出說明

   找零結果

   (3) 範例輸入 1

   ```
   32
   ```

   範例輸出 1

   ```
   3*$10 2*$1
   ```

   範例輸入 2

   ```
   78
   ```

   範例輸出 2

   ```
   1*$50 2*$10 1*$5 3*$1
   ```

4. 參考程式：

解法 1：

```
1  n = int(input())
2  cnt_list = [0] * 5
3  output_str = ''
4
5  while n >= 50:
6      n -= 50
7      cnt_list[0] += 1
8  if cnt_list[0]:
9      output_str += str(cnt_list[0]) + '*$50 '
10
11 while n >= 10:
12     n -= 10
13     cnt_list[1] += 1
14 if cnt_list[1]:
15     output_str += str(cnt_list[1]) + '*$10 '
16
17 while n >= 5:
18     n -= 5
19     cnt_list[2] += 1
20 if cnt_list[2]:
21     output_str += str(cnt_list[2]) + '*$5 '
22
23 while n >= 1:
24     n -= 1
25     cnt_list[3] += 1
26 if cnt_list[3]:
27     output_str += str(cnt_list[3]) + '*$1 '
28
29 print(output_str[:-1])
```

解法 2：

```
1  money = eval(input())
2  dct = {50:0, 10:0, 5:0, 1:0}
3  
4  for key in sorted(dct, reverse=True):
5      dct[key] = money // key
6      money -= key*dct[key]
7  
8  output = ''
9  for key in sorted(dct, reverse=True):
10     if dct[key] == 0:    continue
11     output += f"{dct[key]}*${key} "
12 
13 print(output.strip())
```

綜合範例 4：

過半數

1. 題目說明：

   請依下列題意進行作答，使輸出值符合題意要求。

2. 設計說明：

   請撰寫一程式，讓使用者輸入一個正整數 n（$1 < n \leq 15$），接著輸入 n 個整數，判斷此數列中是否有數值出現的次數超過半數。若有，請輸出此數值為何；若無，請輸出「error」。

   提示：n 個整數的數列中，若出現次數大於 n/2 的值，稱為「過半數」。

3. 輸入輸出：

   (1) 輸入說明

   一個正整數 n（1 < n ≤ 15）及 n 個整數

   (2) 輸出說明

   判斷是否有過半數

   (3) 範例輸入 1

範例輸出 1

範例輸入 2

範例輸出 2

```
error
```

4. 參考程式：

解法 1：

```
1  n = input()
2  input_list = input().split(' ')
3  
4  for i in range(len(input_list)):
5      if input_list.count(input_list[i])>len(input_list)/2:
6          print(input_list[i])
7          exit()
8  
9  print('error')
```

解法 2：

```
1  n = input()
2  lst = input().split(' ')
3  
4  for x in set(lst):
5      if lst.count(x) > len(lst)/2:
6          print(x)
7          break
8  else:
9      print('error')
```

 綜合範例 5：

庫存函數

1. 題目說明：

   請依下列題意進行作答，使輸出值符合題意要求。

2. 設計說明：

   請撰寫一程式，讓使用者先輸入三組字串及其相對應的庫存量做為比對標準，接著再輸入五個字串，若這五個字串與任一比對標準相同，則加上庫存量，最後輸出庫存量總合。

   提示 1：字串長度皆不超過 20 字元且庫存量皆為整數。

   提示 2：大小寫視為不同的字串。

3. 輸入輸出：

   (1) 輸入說明

   三組字串及其相對應的庫存量、五個字串

   (2) 輸出說明

   庫存量總和

   (3) 範例輸入

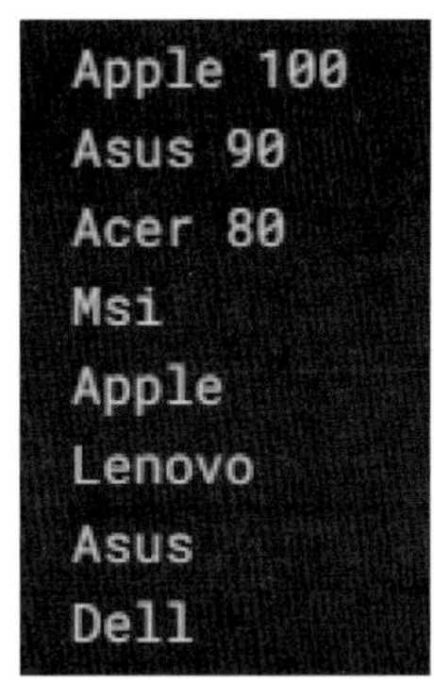

```
Apple 100
Asus 90
Acer 80
Msi
Apple
Lenovo
Asus
Dell
```

   範例輸出

```
190
```

4. 參考程式：

```
1   n = {}
2   for i in range(3):
3       a,b = input().split()
4       n[a] = b
5   
6   tot = 0
7   for i in range(5):
8       c = input()
9       if c in n:
10          tot += int(n[c])
11  print(tot)
```

綜合範例 6：

整數檔案讀寫

1. 題目說明：

   請依下列題意進行作答，使輸出值符合題意要求。

2. 設計說明：

   請撰寫一程式，讓使用者輸入四個整數，並讀取 read.txt 檔案內容，read.txt 檔案中包含多個整數。將輸入值與 read.txt 檔案中的整數由小而大排序後輸出，並寫入至 write.txt 檔案。

3. 輸入輸出：

   (1) 輸入說明

   四個整數，並讀取 `read.txt` 檔案內容

   (2) 輸出說明

   排序後的結果，並寫入至 `write.txt` 檔案

   (3) 範例輸入

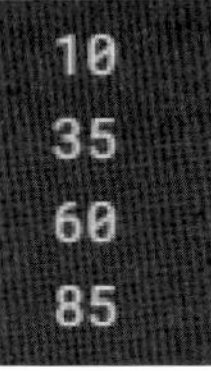

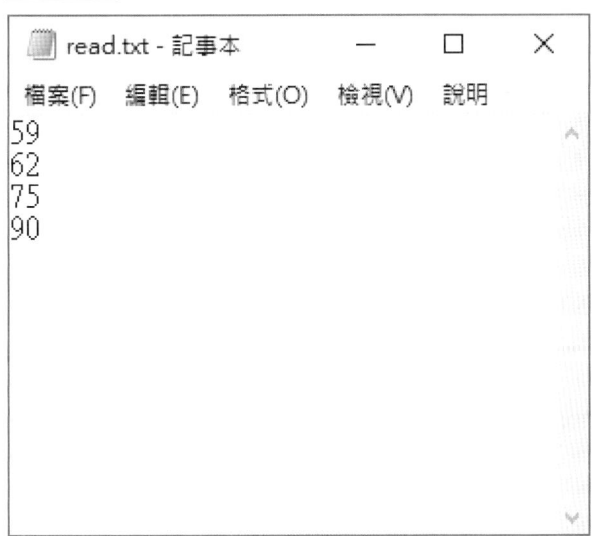

範例輸出

```
10
35
59
60
62
75
85
90
```

write.txt - 記事本

檔案(F) 編輯(E) 格式(O) 檢視(V) 說明

```
10
35
59
60
62
75
85
90
```

4. 參考程式：

```
1  l = []
2  for i in range(4):
3      l.append(int(input()))
4
5  with open('read.txt','r') as f:
6      for i in f:
7          l.append(int(i))
8  l.sort()
9
10 with open('write.txt','w') as f:
11     for i in l:
12         print(i)
13         f.write(str(i)+'\n')
```

綜合範例 7：

動態記憶體配置

1. 題目說明：

   請依下列題意進行作答，使輸出值符合題意要求。

2. 設計說明：

   請撰寫一程式，製作矩形面積計算機，讓使用者輸入一個正整數 n，代表有 n 個矩形，接著依序輸入 n 個矩形的長、寬（皆為正整數），計算各個矩形的面積並由小而大輸出。

3. 輸入輸出：

   (1) 輸入說明

   一個正整數 n 及 n 個矩形的長、寬（皆為正整數）

   (2) 輸出說明

   由小而大的矩形面積計算結果

   (3) 範例輸入 1

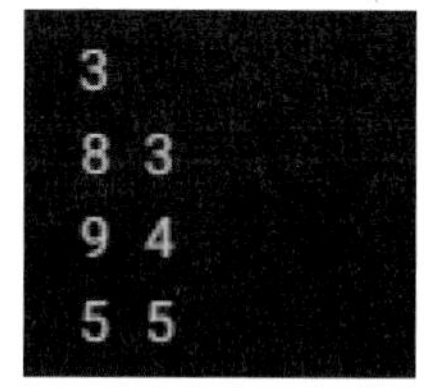

```
3
8 3
9 4
5 5
```

範例輸出 1

```
8x3=24
5x5=25
9x4=36
```

範例輸入 2

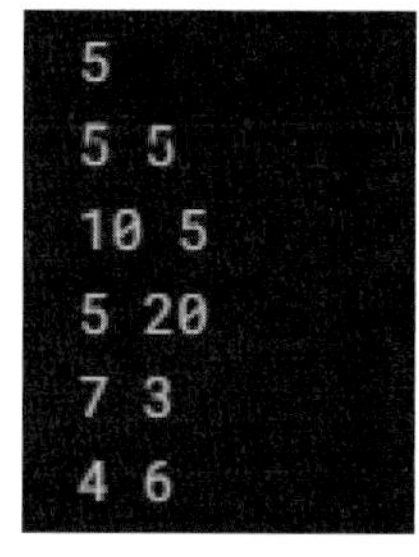

```
5
5 5
10 5
5 20
7 3
4 6
```

範例輸出 2

```
7x3=21
4x6=24
5x5=25
10x5=50
5x20=100
```

4. 參考程式：

```
1   tc = int(input())
2   ans = []
3   for i in range(tc):
4       a, b = input().split()
5       a, b = int(a), int(b)
6       tup = (a, b, a*b)
7       ans.append(tup)
8
9   f_ans = sorted(ans, key = lambda x:x[2])
10  for i in range(tc):
11      print(str(f_ans[i][0])+'x'+str(f_ans[i][1])+ \
12              '='+str(f_ans[i][2]))
```

綜合範例 8：

12 小時制時間

1. 題目說明：

   請依下列題意進行作答，使輸出值符合題意要求。

2. 設計說明：

   請撰寫一程式，讓使用者輸入三組 24 小時制的「時」與「分」，將輸入的 24 小時制時間轉換為 12 小時制後輸出，並輸出有幾個時間屬於 AM 時段。

   提示：24 小時制，「時」的範圍是 0 ~ 23、「分」的範圍是 0 ~ 59。

3. 輸入輸出：

   (1) 輸入說明

   三組 24 小時制的「時」與「分」

   (2) 輸出說明

   三組 12 小時制的時間以及有幾個時間屬於 AM 時段

   (3) 範例輸入

   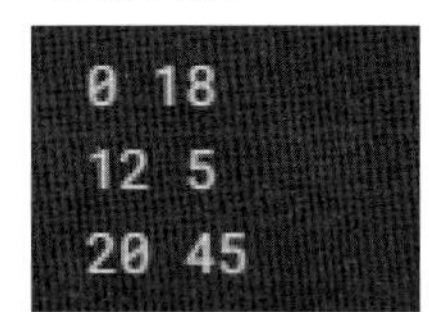

   範例輸出

   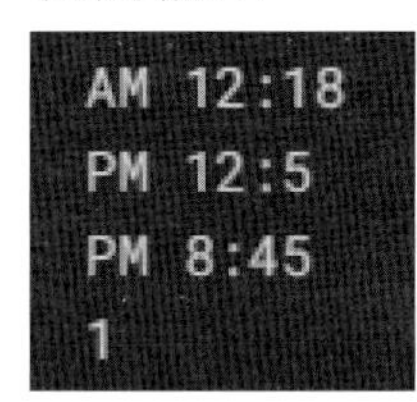

4. 參考程式：

```
1  cnt = 0
2  t = []
3  for i in range(3):
4      a,b = input().split()
5      t.append((int(a), int(b)))
6
7  for i in range(3):
8      if t[i][0] < 12:
9          if t[i][0] == 0:
10             print('AM '+str(t[i][0]+12)+':'+str(t[i][1]))
11         else:
12             print('AM '+str(t[i][0])+':'+str(t[i][1]))
13         cnt+=1
14     else:
15         if t[i][0] == 12:
16             print('PM '+str(t[i][0])+':'+str(t[i][1]))
17         else:
18             print('PM '+str(t[i][0]-12)+':'+str(t[i][1]))
19 print(cnt)
```

綜合範例 9：

圓面積計算

1. 題目說明：

   請依下列題意進行作答，使輸出值符合題意要求。

2. 設計說明：

   請撰寫一程式，讓使用者輸入一個正整數 n 以及 n 個圓心座標(x,y)和不重複的半徑，計算並輸出圓面積總和至小數點後第二位，以及最大圓的 x、y 座標與半徑。

   提示：圓周率請使用 3.14159 進行運算。

3. 輸入輸出：

   (1) 輸入說明

   一個正整數 n 以及 n 個圓心座標(x,y)和不重複的半徑

   (2) 輸出說明

   圓面積總和以及最大圓的 x、y 座標與半徑

   (3) 範例輸入

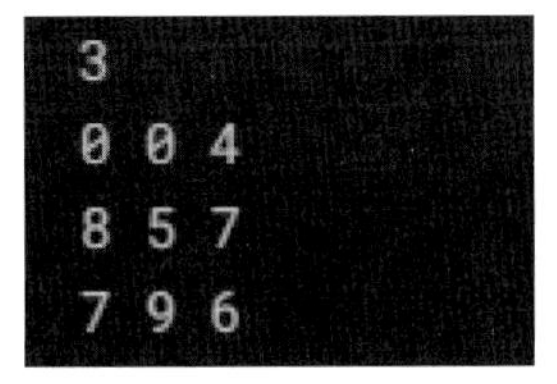

```
3
0 0 4
8 5 7
7 9 6
```

   範例輸出

```
Sum = 317.30
x: 8, y: 5
radius: 7
```

4. 參考程式：

解法 1：

```
1  n = int(input())
2  a = [input().split(' ') for i in range(n)]
3  PI = 3.14159
4  r = [int(a[i][2]) for i in range(n)]
5  cnt = 0
6
7  for i in range(n):
8      cnt += int(a[i][2]) ** 2
9  print("Sum = {:.2f}".format(cnt * PI))
10
11 for idx in range(3):
12     if int(a[idx][2]) == max(r):
13         print("x: "+str(a[idx][0]) + ", y: "+ \
14                 str(a[idx][1])+"\nradius: "+str(a[idx][2]))
15         break
```

解法 2：

```
1  PI = 3.14159
2
3  n = int(input())
4  lst = [input().split(' ') for _ in range(n)]
5
6  max_radius, sum_ = 0, 0
7  for i in range(n):
8      r = int(lst[i][2])
9      sum_ += PI*r*r
10     if max_radius < int(r):
11         x, y, max_radius = lst[i][0], lst[i][1], r
12
13 print(f"Sum = {sum_:.2f}")
14 print(f"x: {x}, y: {y}")
15 print(f"radius: {max_radius}")
```

綜合範例 10：

FIFO 分頁替換演算法

1. 題目說明：

   請依下列題意進行作答，使輸出值符合題意要求。

2. 設計說明：

   (1) 請撰寫一程式，實作 FIFO（First in First out）分頁替換演算法，讓使用者輸入十個小於 10 的正整數，要儲存在四個記憶體空間中，請依序輸出每次經過 FIFO 演算法後的結果。輸出的每個值請給予兩個欄位寬並靠左對齊，若記憶體空間為 Null 時，以數字「0」表示。

   (2) FIFO 規則：先進先出法，當記憶體空間滿的時候，會淘汰掉最先進入記憶體的資料。

   (3) 分頁替換規則：輸入的資料若存在於記憶體空間中，則不動作；反之，則執行 FIFO 規則。

3. 輸入輸出：

   (1) 輸入說明

   ```
   十個小於 10 的正整數
   ```

   (2) 輸出說明

   ```
   每次經過 FIFO 分頁替換演算法後的結果
   ```

   (3) 範例輸入

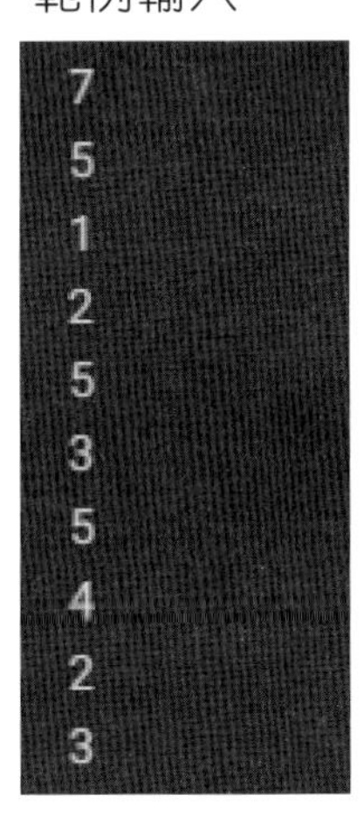

```
7
5
1
2
5
3
5
4
2
3
```

範例輸出

```
7 0 0 0
7 5 0 0
7 5 1 0
7 5 1 2
7 5 1 2
3 5 1 2
3 5 1 2
3 4 1 2
3 4 1 2
3 4 1 2
```

程式輸出擷圖

下圖中的 黃色點 為 空格

```
7·0·0·0·
7·5·0·0·
7·5·1·0·
7·5·1·2·
7·5·1·2·
3·5·1·2·
3·5·1·2·
3·4·1·2·
3·4·1·2·
3·4·1·2·
```

4. 參考程式：

解法 1：

```
1  l = [int(input()) for i in range(10)]
2  a = [0, 0, 0, 0]#4
3  p = 0
4  
5  for i in l:
6      if a.count(i) == 0:
7          a[p] = i
8          p = (p+1)%4
9      print(str(a[0]) + ' ' + str(a[1]) + ' ' + \
10             str(a[2]) + ' ' + str(a[3]) + ' ')
```

解法 2：

```
1  def create():                        # 建立佇列（長度為4）
2      return [0]*4
3  
4  def isFull(que):                     # 檢查佇列是否為滿
5      return True if que[-1] else False
6  
7  def INSERT(que, data):               # 插入資料
8      global front
9      if que.count(data) == 1:  pass
10     elif not isFull(que):     que[que.index(0)] = data
11     else:
12         DELETE(que, front)
13         que.insert(front, data)
14         front = (front + 1)%4
15 
16 def DELETE(que, front):              # 刪除資料
17     return que.pop(front)
18 
19 inp = [int(input()) for i in range(10)]
20 queue, front = create(), 0
21 for x in inp:
22     INSERT(queue, x)
23     print(''.join([f"{n:<2d}" for n in queue]))
```

Chapter 7 習題

習題 1：計算空氣品質指標(AQI)

1. 請撰寫一程式，讀取三個資料夾裡所有 csv 檔案，這些檔案分別記錄 2021.1 ~ 2021.3 每天的 AQI（檔案內容如下圖），請取出每天臺中市的 AQI 數值，並計算其平均值。

aqx_p_488_2021-01-01.csv

```
1  SiteName,County,AQI,Pollutant,Status,SO2,CO,O3
2  基隆,基隆市,38,,良好,1.7,0.21,34.9,34,26,8,2.7
3  汐止,新北市,50,,良好,0.5,0.27,23.5,25,22,15,9.
4  萬里,新北市,56,懸浮微粒,普通,1.2,0.2,,,69,16,2
5  新店,新北市,42,,良好,1.6,0.23,29.5,24,21,9,3.1
6  土城,新北市,46,,良好,1.1,0.21,28.3,25,19,12,3.
7  板橋,新北市,48,,良好,1.2,0.31,21.4,17,19,13,10
8  新莊,新北市,55,細懸浮微粒,普通,1.1,0.34,22,26,
9  菜寮,新北市,48,,良好,1.8,0.22,32,28,25,12,4.4,
10 林口,新北市,53,細懸浮微粒,普通,0,0.2,33.1,33,2
11 淡水,新北市,43,,良好,1.5,0.21,33.8,32,24,13,2.
```

2. 輸入輸出：

(a). 輸入說明

無

(b). 輸出說明

讀取所有 csv 檔案的臺中市 AQI，並計算平均值。

(c). 範例輸出

```
臺中市的AQI平均為 76.19688403065712
```

提示

利用 os.lisrdir 或 os.walk 模組取得資料夾底下的所有檔案名稱，再逐一進行檔案處理取出 AQI 數值。

習題 2：檢查小括號個數

1. 請撰寫一程式，讓使用者輸入包含左/右小括號之四則運算式，並判斷左/右小括號的個數是否匹配，並顯示成對或不成對的小括號數量。
2. 輸入輸出：

(a). 輸入說明

包含左/右小括號之四則運算式

(b). 輸出說明

判斷左/右小括號的個數是否匹配，並顯示成對或不成對數量。

(c). 範例輸入 1

```
請輸入含小括號之四則運算式：((1+2)-3)*(4/5)
```

範例輸出 1

```
成對小括號數量 = 3
```

範例輸入 2

```
請輸入含小括號之四則運算式：(((1+2+3)
```

範例輸出 2

```
不成對小括號數量 = 2
```

範例輸入 3

```
請輸入含小括號之四則運算式：((1+2)*(3+4)*(5+6))/(7+8)
```

範例輸出 3

```
成對小括號數量 = 5
```

提示

本題可嘗試使用堆疊結構撰寫。

認證簡章

TQC+專業設計人才認證是針對職場專業領域職務需求所開發之證照考試。應考人請於報名前詳閱簡章各項說明內容，並遵守所列之各項規範，如有任何疑問，請洽各區推廣中心詢問。簡章內容如有修正部分，將於網站首頁明顯處公告，不另行個別通知。

壹、認證介紹 — TQC+ 程式語言 Python 第 2 版

近年來，隨著全球對於科技產業的重視，教育部實施「108 課綱」與「推動大學程式設計教學計畫」等政策，強化了學生的程式能力基礎，也鼓勵大學提供更多程式相關的課程，培養程式人才。在這樣的背景下，學習程式成為了一種必要的技能。

程式語言的學習，首重邏輯思考能力，結合工程和數學的思考方式，工程方面的務實及效率，數學方面的抽象描述問題及各種資訊的能力，善用這種能力，面對未來快速變化的社會，建構解決將會遇到複雜問題的能力。

本會提供之 TQC+ 程式語言認證由淺入深學習程式設計，期望能透過程式碼撰寫奠定流程思考與邏輯思維能力，貼近產業需求，創造自己的價值。

一、認證舉辦單位

認證主辦單位：財團法人中華民國電腦技能基金會

二、測驗對象

- 從事軟體設計相關工作 1 至 2 年之社會人士
- 受過軟體設計領域之專業訓練，欲進入該領域就職之人員

三、認證方式

- 本認證為操作題，總分為 100 分。
- 操作題為第一至七類各考一題共七大題，第一大題至第四大題每題 10分、第五大題至第七大題每題 20 分，總計 100 分。
- 於認證時間 100 分鐘內作答完畢，成績加總達 70 分（含）以上者該科合格。

四、人員別介紹

本會根據各專業職務之工作職務（Task），以及核心職能（Core Competency）、專業職能（Functional Competency），規劃出每一專業人員應考內容，分為「知識體系（學科）」，以及「專業技能（術科）」二大部分。其中第一部分「知識體系（學科）」每一專業人員均須選考。第二部分「專業技能（術科）」則依專業人員之不同，規劃各相關考科，請參閱下表：

知識體系 認證科目	專業技能 認證科目	專業設計人才 證書名稱
軟體開發知識(PSK3)	程式語言(PPY3) 網頁資料擷取與分析(PWA3)	TQC+ Python 大數據分析專業人員
軟體開發知識(PSK3)	人工智慧：機器學習(PML3) 程式語言(PPY3) 網頁資料擷取與分析(PWA3)	TQC+ Python 機器學習專業人員

貳、報名及認證方式

一、本年度報名與認證日期

各場次認證日三週前截止報名，詳細認證日期請至 TQC+ 認證網站查詢（https://www.tqcplus.org.tw），或洽各考場承辦人員。

二、認證報名

1. 報名方式分為「個人線上報名」及「團體報名」二種。

   (1) 個人線上報名

   A. 登錄資料

   a. 請連線至 TQC+ 認證網站，網址為 https://www.TQCPLUS.org.tw

   b. 選擇網頁上「考生服務」選項，進入考生服務系統，開始進行線上報名。如尚未完成註冊者，請選擇『註冊帳號』選項，填入個人資料。如已完成註冊者，直接選擇『登入系統』，並以身分證統一編號及密碼登入。

   c. 依網頁說明填寫詳細報名資料。姓名如有罕用字無法輸入者，請按 CMEX 圖示下載 Big5-E 字集。並於設定個人密碼後送出。

d. 應考人完成註冊手續後，請重新登入即可繼續報名。

B. 執行線上報名

a. 登入後請查詢最新認證資訊。

b. 選擇欲報考之科目。

C. 選擇繳款方式

系統顯示乙組銀行虛擬帳號，同時並顯示應繳金額，請列印該畫面資料，並依下列任何一種方式一次繳交認證費用。

a. 持各金融機構之金融卡至各金融機構 ATM 轉帳。

b. 至各金融機構臨櫃繳款。

c. 電話銀行語音轉帳。

d. 網路銀行繳款

繳費時可能需支付手續費，費用依照各銀行標準收取，不包含於報名費中。應考人依上述任一方式繳款後，系統查核後將發送電子郵件確認報名及繳費手續完成，應考人收取電子郵件確認資料無誤後，即完成報名手續。

D. 列印資料

上述流程中，應考人如於各項流程中，未收到電子郵件時，皆可自行上網至原報名網址以個人帳號密碼登入系統查詢列印，匯款及各項相關資料請自行保存，以利未來報名查詢。

(2) 團體報名

20 人以上得團體報名，請洽各區推廣中心，有專人提供服務。

2. 各科目報名費用，請參閱 TQC+ 認證網站。

3. 各項科目凡完成報名程序後，除因本身之傷殘、自身及一等親以內之婚喪、重病或天災等不可抗力因素，造成無法於報名日期應考時，得依相關憑證辦理延期手續（以一次為限且不予退費），請報名應考人確認認證考試時間及考場後再行報名，其他相關規定請參閱「四、注意事項」。

4. 凡領有身心障礙證明報考各項測驗者，相關注意事項請至官網查詢。

三、認證方式

1. 本項認證採電腦化認證，應考人須依題目要求，以滑鼠及鍵盤操作填答應試。
2. 試題文字以中文呈現，專有名詞視需要加註英文原文。
3. 題目類型

   (1) 操作題型：

   A. 請依照試題指示，使用各報名科目特定軟體進行操作或填答。

   B. 考場提供 Microsoft Windows 內建輸入法供應考人使用。若應考人需使用其他輸入法，請於報名時註明，並於認證當日自行攜帶合法版權之輸入法軟體應考。但如與系統不相容，致影響認證時，責任由應考人自負。

四、注意事項

1. 本認證之各項試場規則，參照考試院公布之『國家考試試場規則』辦理。
2. 於填寫報名表之個人資料時，請務必於傳送前再次確認檢查，如有輸入錯誤部分，得於報名截止日前進行修正。報名截止後若有因資料輸入錯誤以致影響應考人權益時，由應考人自行負責。
3. 凡完成報名程序後，除因本身之傷殘、自身及一等親以內之婚喪、重病或天災等不可抗力因素，造成無法於報名日期應考時，得依相關憑證辦理延期手續（以一次為限且不予退費），請報名應考人確認後再行報名。
4. 應考人需具備基礎電腦操作能力，若有身心障礙之特殊情況應考人，相關注意事項請至官網查詢，以便事先安排考場服務，若逕自報名而未告知主辦單位者，將與一般應考人使用相同之考場電腦設備。
5. 參加本項認證報名不需繳交照片，但請於應試時攜帶具照片之身分證件正本備驗（國民身分證、駕照等）。未攜帶證件者，得於簽立切結書後先行應試，但基於公平性原則，應考人須於當天認證考試完畢前，請他人協助送達查驗，如未能及時送達，該應考人成績皆以零分計算。
6. 非應試用品包括書籍、紙張、尺、皮包、收錄音機、行動電話、呼叫器、鬧鐘、翻譯機、電子通訊設備及其他無關物品不得攜帶入場應試，違者扣分，並得視其使用情節加重扣分或扣減該項全部成績。（請勿攜帶貴重物品應試，考場恕不負保管之責。）

7. 認證時除在規定處作答外，不得在文具、桌面、肢體上或其他物品上書寫與認證有關之任何文字、符號等，違者作答不予計分；亦不得左顧右盼，意圖窺視、相互交談、抄襲他人答案、便利他人窺視答案、自誦答案、以暗號告訴他人答案等，如經勸阻無效，該科目將不予計分。

8. 若遇考場設備損壞，應考人無法於原訂場次完成認證時，將遞延至下一場次重新應考；若無法遞延者，將擇期另行舉辦認證或退費。

9. 認證前發現應考人有下列各款情事之一者，取消其應考資格。證書核發後發現者，將撤銷其認證及格資格並吊銷證書。其涉及刑事責任者，移送檢察機關辦理：

   (1) 冒名頂替者。

   (2) 偽造或變造應考證件者。

   (3) 自始不具備應考資格者。

   (4) 以詐術或其他不正當方法，使認證發生不正確之結果者。

10. 請人代考者，連同代考者，三年內不得報名參加本認證。請人代考者及代考者若已取得 TQC+ 證書，將吊銷其證書資格。其涉及刑事責任者，移送檢察機關辦理。

11. 意圖或已將試題或作答檔案攜出試場或於認證中意圖或已傳送試題者將被視為違反試場規則，該科目不予計分並不得繼續應考當日其餘科目。

12. 本項認證試題採亂序處理，考畢不提供試題紙本，亦不公布標準答案。

13. 應考時不得攜帶無線電通訊器材（如呼叫器、行動電話等）入場應試。認證中通訊器材鈴響，將依監場規則視其情節輕重，扣除該科目成績五分至二十分，通聯者將不予計分。

14. 應考人已交卷出場後，不得在試場附近逗留或高聲喧嘩、宣讀答案或以其他方式指示場內應考人作答，違者經勸阻無效，將不予計分。

15. 應考人入場、出場及認證中如有違反規定或不服監試人員之指示者，監試人員得取消其認證資格並請其離場。違者不予計分，並不得繼續應考當日其餘科目。

16. 應考人對試題如有疑義，得於當科認證結束後，向監場人員依試題疑義處理辦法申請。

參、成績與證書

一、合格標準

1. 各項認證成績滿分為 100 分，應考人該科成績達 70（含）分以上為合格。
2. 成績計算以四捨五入方式取至小數點第一位。

二、成績公布與複查

1. 各科目認證成績將於認證結束次工作日起算兩週後，公布於 TQC+ 認證網站，應考人可使用個人帳號登入查詢。
2. 認證成績如有疑義，可申請成績複查。請於認證成績公告日後兩週內（郵戳為憑）以書面方式提出複查申請，逾期不予受理（以一次為限）。
3. 請於 TQC+ 認證網站下載成績複查申請表，填妥後寄至本會各區推廣中心辦理。
4. 成績複查結果將於十五日內通知應考人；遇有特殊原因不能如期複查完成，將酌予延長並先行通知應考人。
5. 應考人申請複查時，不得有下列行為：
   (1) 申請閱覽試卷。
   (2) 申請為任何複製行為。
   (3) 要求提供申論式試題參考答案。
   (4) 要求告知命題委員、閱卷委員之姓名及有關資料。

三、證書核發

1. 單科證書：

   單科證書於各科目合格後，於一個月後主動寄發至應考人通訊地址，無須另行申請。
2. 人員別證書：

   應考人之通過科目，符合各人員別發證標準時，可申請頒發證書（每張證書申請及郵寄費用請參閱 TQC+ 認證網站資訊）。請至 TQC+ 認證網站進行線上申請，步驟如下：

(1) 填寫線上證書申請表，並確認各項基本資料。

(2) 列印填寫完成之申請表。

(3) 黏貼身分證正反面影本。

(4) 繳交換證費用

申請表上包含乙組銀行虛擬帳號及應繳金額，請以轉帳或臨櫃繳款方式繳交換證費用。該組帳號僅限當次申請使用，請勿代繳他人之相關費用。

繳費時可能需支付銀行手續費，費用依照各銀行標準收取，不包含於申請費用中。

(5) 以掛號郵寄申請表至以下地址：

105 台北市松山區八德路三段 32 號 8 樓

『TQC+ 專業設計人才認證服務中心』收

3. 各項繳驗之資料，如查證為不實者，將取消其頒證資格。相關資料於審查後即予存查，不另附還。

4. 若應考人通過科目數，尚未符合發證標準者，可保留通過科目成績，待符合發證標準後申請。

5. 為契合證照與實務工作環境，認證成績有效期限為 5 年（自認證日起算），逾時將無法換發證書，需重新應考。

6. 人員別證書申請每月 1 日截止收件（郵戳為憑），當月月底以掛號寄發。

7. 單科證書如有毀損或遺失時，請依人員別證書發證方式至 TQC+ 認證網站申請補發。

肆、本辦法未盡事宜者，主辦單位得視需要另行修訂

本會保有修改報名及測驗等相關資料之權利，若有修改恕不另行通知。

最新資料歡迎查閱本會網站！

（TQC+ 各項測驗最新的簡章內容及出版品服務，以網站公告為主）

本會網站：https://www.CSF.org.tw

考生服務網：https://www.TQCPLUS.org.tw

伍、聯絡資訊

應考人若需取得最新訊息，可依下列方式與我們連繫：
TQC+ 專業設計人才認證網：https://www.TQCPLUS.org.tw
電腦技能基金會網站：https://www.csf.org.tw
TQC+ 專業設計人才認證推廣中心聯絡方式及服務範圍：

北區推廣中心

新竹（含）以北，包括宜蘭、花蓮及金馬地區

地　　址：105 台北市松山區八德路 3 段 32 號 8 樓

服務電話：(02) 2577-8806

中區推廣中心

苗栗至嘉義，包括南投地區

地　　址：406 台中市北屯區文心路 4 段 698 號 24 樓

服務電話：(04) 2238-6572

南區推廣中心

台南（含）以南，包括台東及澎湖地區

地　　址：807 高雄市三民區博愛一路 366 號 7 樓之 4

服務電話：(07) 311-9568

CODE JUDGER 學習平台

Code Judger 是由 Kyosei.ai 共生智能股份有限公司所開發之自動化批改及教學管理系統，讓學生們在解題中學習，獲得成就，整合題庫與課程概念，為學習程式的學員、解題挑戰者以及程式教師提供最佳化的課程與題目管理。

【適用對象】

1. 培養學習者具備程式設計的基本認知及將邏輯運算思維應用於解決問題的能力及具程式設計思維的跨領域資訊應用能力。
2. 學習者可實際演練操作程式設計的編輯與執行環境，熟悉程式設計的開發流程，建立實作的能力。
3. 具備考取 TQC+ 程式語言 Python 第 2 版證照之能力。

【功能介紹】

【支援多種語言的程式設計題目】

包含 Python、C、C++、TQC+認證題目..等。

【作答即時回饋】

題組式學習即練即評、精進自己的思考與解題能力。

【跨裝置平台應用】

可在電腦、手機、平板上運行。

【學習歷程全都錄】

學習歷程全記錄、完美呈現。

【完整教師功能】— 校園團體方案提供

具小考、作業、自動評分、自建題庫、個人、班級及系所分析功能。

TQC+

問題反應表

親愛的讀者：

感謝您購買「程式語言第 2 版入門特訓教材 Python」，雖然我們經過縝密的測試及校核，但總有百密一疏、未盡完善之處。如果您對本書有任何建言或發現錯誤之處，請您以最方便簡潔的方式告訴我們，作為本書再版時更正之參考。謝謝您！

讀者資料			
公司行號		姓名	
聯絡住址			
E-Mail Address			
聯絡電話	(O)	(H)	
應用軟體使用版本			
使用的 P C		記憶體	
對本書的建言			

勘誤表		
頁碼及行數	不當或可疑的詞句	建議的詞句
第　　頁		
第　　行		
第　　頁		
第　　行		

覆函請以 E-Mail 或逕寄：

E-Mail：master@mail.csf.org.tw
TEL：(02)25778806 轉 760
地址：台北市105八德路三段32號8樓
中華民國電腦技能基金會 教學資源中心 收

國家圖書館出版品預行編目資料

程式語言第 2 版入門特訓教材 Python/林英志編著. -- 初版. -- 新北市：全華圖書股份有限公司, 2024.02
面； 公分
ISBN 978-626-328-847-8(平裝)

1.CST: Python(電腦程式語言)
312.32P97 113001035

程式語言第 2 版入門特訓教材 Python

編著／林英志
總策劃／財團法人中華民國電腦技能基金會
發行人／陳本源
執行編輯／王詩蕙
封面設計／戴巧耘
出版者／全華圖書股份有限公司
地址／23671 新北市土城區忠義路 21 號
電話／(02)2262-5666
圖書編號／19426
初版一刷／2024 年 02 月
定價／新台幣 550 元
ISBN／978-626-328-847-8(平裝)
若您對書籍內容有任何問題，歡迎來信：master@mail.csf.org.tw

經銷商／全華圖書股份有限公司 經銷
地址／23671 新北市土城區忠義路 21 號
電話／(02)2262-5666 傳眞／(02)6637-3696
圖書編號／19426
全華網路書店／www.opentech.com.tw